Einführung in die Netzwerkanalyse mit SPICE

Von Dr.-Ing. Rudolf Kleinöder
Professor an der Fachhochschule Gießen-Friedberg

B. G. Teubner Stuttgart 1993

Die Deutsche Bibliothek – CIP-Einheitsaufnahme

Kleinöder, Rudolf:
Einführung in die Netzwerkanalyse mit SPICE / von Rudolf Kleinöder. –
Stuttgart : Teubner, 1993
ISBN 978-3-519-06166-3   ISBN 978-3-322-91861-1 (eBook)
DOI 10.1007/978-3-322-91861-1

Gesamtherstellung: Zechnersche Buchdruckerei GmbH, Speyer

Vorwort

Die Ausbildung in den Grundgebieten der Elektrotechnik ist meist durch hohen mathematischen Aufwand gekennzeichnet, wenn Übungsaufgaben zu rechnen oder Schaltungen zu analysieren sind. Das Experimentieren an konkreten Schaltungen ist oftmals erst nach Ableistung der "Grundlagen der Elektrotechnik" vorgesehen. Begründet wird dies mit geringer Effektivität und hohem "Rauchanteil" in den Praktika. Bei einer zu berechnenden Schaltung kann die für den Lernprozeß wichtige unmittelbare positive oder negative Rückkopplung durch Lösungsvorschläge sichergestellt werden. Die Kreativität bei der Lösung der Aufgabe beschränkt sich jedoch oftmals auf die Aufgabenstellung. Ein weitergehendes Untersuchen, ein Experimentieren mit der Schaltung, entfällt meistens, weil der mathematische Aufwand oder der Aufwand an Meßmitteln für den Lernenden zu groß erscheint. An dieser Stelle setzt die Aufgabenstellung für dieses Buch an. Das Buch soll in Verbindung mit einem Personalcomputer und einem sehr häufig verwendeten Programm zur Netzwerkanalyse ein frühzeitiges Experimentieren mit Schaltungen ermöglichen. Die Intention des Buches besteht aber auch darin, die notwendige Reflektion zwischen einzelnen Rechenschritten und dem Experiment zu unterstützen.

Als Programm für die Schaltungsanalyse wurde - auch wegen der vielen kostengünstig zu erwerbenden Studentenversionen - das Programm SPICE (Simulation Programm with Integrated Circuit Emphasis) gewählt. SPICE wurde Anfang der siebziger Jahre an der University of California, Berkeley, entwickelt und ist seit mehreren Jahren auch für Personalcomputer verfügbar. Einfachere Versionen von SPICE sind auch auf älteren Rechnern mit kleiner Festplattenkapazität und lediglich 512 kB RAM lauffähig. Für einen ersten Einstieg sind ein Editor, der eine ASCII-Ausgabedatei liefert und das SPICE- Simulationsprogramm erforderlich. Komfortablere Versionen von SPICE gestatten eine grafische Schaltungseingabe mit Mausunterstützung und umfangreichen Bibliotheken von Bauelementen.

In diesen Bibliotheken sind Beschreibungen von Transistoren, Operationsverstärkern etc. vorhanden, die in eine Schaltungsbeschreibung als "Baustein" eingesetzt werden können. Die grafische Analyse der Simulationsergebnisse wird durch komfortable Grafikprogramme unterstützt. Diese Grafikprogramme gestatten eine Betrachtung der Ergebnisse im Zeit- und im Frequenzbereich und sind oftmals mit Rechen- und Skalierfunktionen ausgestattet. Trotz der vielen Erleichterungen, die die Schaltungsanalyse mit SPICE bietet, sollte nicht vergessen werden, daß Modelle von Bauelementen nur Annäherungen an das reale Verhalten sind. Ein Versuchsaufbau der simulierten Schaltung wird daher oftmals nicht zu umgehen sein. Mit der Simulation kann jedoch die Möglichkeit von Fehlschlägen besser abgeschätzt werden.

Obwohl das Buch primär für Studenten an Fachhochschulen und Universitäten vorgesehen ist, können eine Reihe von Schaltungen auch von Weiterbildungswilligen mit geringeren mathematischen Kenntnissen nachvollzogen werden. Hierzu gehören insbesondere die Schaltungen der Kapitel 1, 2 und 4. Für die Analyse von Schaltvorgängen (Kapitel 3) sind höhere mathematische Kenntnisse (z.B. Laplacetransformation) erforderlich. Aus didaktischen Gründen werden i.allg. Netzwerke mit linearen Zweipolen behandelt.

Einzelne Abschnitte dieses Buches werden bei labororientierten Einführungen in die Grundlagen der Elektrotechnik an der Fachhochschule Gießen eingesetzt.

Mein Dank gilt der Firma HOSCHAR, Karlsruhe, in Verbindung mit der Firma MicroSim (USA), die ein Testpaket von PSpice zur Verfügung stellten. Der Firma Intusoft (USA), vertreten durch die Firma Bausch - Gall, München, danke ich für die Förderung mit einem Programm zur grafischen Aufbereitung von Simulationsergebnissen. Dem Verlag B. G. Teubner, Stuttgart, danke ich für die gute Zusammenarbeit.

Gießen, im Mai 1993   R. Kleinöder

Inhaltsverzeichnis

1 Netzwerkanalyse mit SPICE:
Grundlagen und Gleichstromnetzwerke

Zur Anwendung von SPICE sind Kenntnisse aus der Elektrotechnik und Grundkenntnisse in der Bedienung von PC´s erforderlich. Wesentlich für das Verständnis von SPICE ist die Kenntnis der Analysemethoden von elektrischen Netzwerken. Die Ausführungen zur Netzwerkanalyse sind als Brücke zwischen Ausführungen zur Netzwerkanalyse in der Literatur (Führer et al., 1990; Nilsson, 1990; Schüssler, 1976) und der Anwendung von SPICE zu betrachten. Ein erster Einstieg ist mit den Kapiteln 1.1 bis 1.5 zu empfehlen, weil zunächst nur Gleichstromnetzwerke untersucht werden.

Die Untersuchung von Netzwerken läßt sich bei den Versionen von SPICE ohne grafische Eingabe der Schaltung (CAD Unterstützung) und ohne Unterstützung von hochauflösenden Grafikadaptern in folgende Schritte untergliedern:

- Mit einem Texteditor wird eine ASCII - Datei
  der zu untersuchenden Schaltung durch Eingabe
  der Zweipole (Widerstände, Spannungsquellen etc.)
  und der Verbindungen der Zweipole ("Knotenpunkte") erzeugt. Ergänzt wird diese Schaltungsbeschreibung durch Steueranweisungen für den
  Programmlauf, d.h. es ist z.B. anzugeben welche
  Größen in welcher Form auszugeben sind.

- SPICE wird mit der ASCII - Datei als Eingabedatei
  gestartet und gibt - falls keine Fehler vorliegen -
  eine ASCII - Ausgabedatei aus. Diese Ausgabedatei
  kann wiederum mit einem Texteditor betrachtet werden.

In der Ausgabedatei sind die Ergebnisse des
Simulationslaufes zu finden.

- Durch Verändern von Schaltungsgrößen, z.B der
  Widerstände, der Quellen oder der Kreisfrequenz
  läßt sich mit der Schaltung experimentieren.

Ausführliche Darstellungen zur Bedienung von SPICE - Programmen sind in der
Literatur (z.B. Duyan et. al., 1991; Tuinenga, 1992; Hoefer et. al., 1985) und in
den Handbüchern der Hersteller zu finden. Das Buch von Duyan ist für einen ersten
Einstieg mit der Studentenversion von PSpice geeignet.

1.1 Vereinbarungen

Wir gehen von idealen Netzwerkelementen aus. Reale Elemente lassen sich durch
Zusammenschaltung mehrerer Elemente darstellen. Beispielsweise läßt sich ein
realer Kondensator als eine Zusammenschaltung eines idealen Kondensators mit
einem parallelgeschalteten Widerstand vereinfacht darstellen. Beschränkt man sich
zunächst auf Elemente mit zwei Anschlüssen (Zweipole), so besteht ein Netzwerk
aus einer Zusammenschaltung von Zweipolen. Das Netzwerk besteht weiterhin aus
Zweigen und Knoten:

- Ein Knoten ist ein Punkt, an den zwei oder mehr
  Zweipole angeschlossen sind.
  Zwischen zwei Knoten soll nur ein Zweipol liegen
  bzw. durch eine Ersatzschaltung hergestellt
  werden können.

- Ein Zweig ist derjenige Zweipol, der zwei Knoten
  miteinander verbindet.

- Ein Pfad in einem Netzwerk ist eine Abfolge von
  Zweigen, bei denen kein Knoten mehr als einmal
  auftritt.

- Eine Schleife ist ein geschlossener Pfad.
  Hierzu geht man von einem Startknoten aus und be-
  wegt sich entlang von verbundenen Zweipolen,
  so daß der Startknoten wieder erreicht wird.
  Ein Knoten soll nicht mehr als einmal berührt
  werden.

- Eine Masche ist eine spezielle Schleife,
  die keine anderen Schleifen umschließt.
  Eine Masche läßt sich daher auch als
  Fenster in einem Netzwerk bezeichnen.

Allgemein wird von planaren Netzwerken ausgegangen. Diese Kategorie von
Netzwerken liegt vor, wenn keine Zweige einander überkreuzen oder wenn das
Netzwerk in ein kreuzungsfreies Netzwerk umgezeichnet werden kann.

Mit dem Netzwerk in Bild 1.1.1 sollen die obigen Vereinbarungen erläutert werden.
Das Netzwerk in Bild 1.1.1 hat nach den bisherigen Festlegungen:

- sieben Knoten

- zehn Zweige

- vier Maschen.

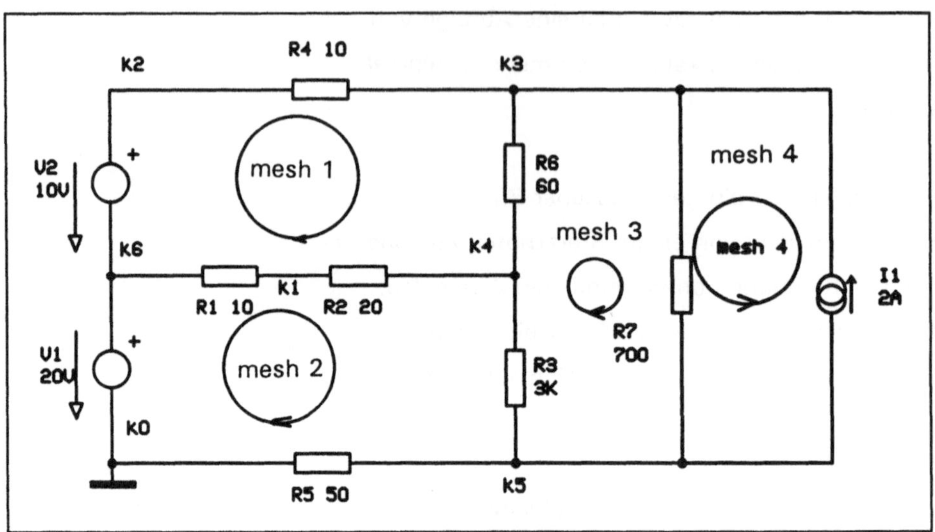

Bild 1.1.1: Netzwerk zur Erläuterung von Knoten (K0...K6), Zweigen, Schleifen und Maschen (mesh 1...4)

SPICE - Netzwerke benötigen einen Bezugsknoten (ground). Hierzu kann ein beliebiger Knoten verwendet werden. Der Bezugsknoten erhält in der SPICE - Syntax stets die Nummer Null, so daß die Knoten im obigen Netzwerk von null bis sechs bezeichnet werden. Es gibt im Netzwerk Schleifen, die keine Maschen sind. Hierzu gehört die Schleife V2..R4..R7..R3..R20..R10. In dieser Schleife ist die Schleife V2..R4..R6..R20..R10 enthalten.

Auf Grund der bisherigen Festlegungen werden auch Knoten gezählt, an denen nur zwei Zweipole angeschlossen sind. Diese Knoten werden oftmals als nicht notwendige Knoten bezeichnet. In der SPICE - Syntax wird diese Betrachtung nicht verwendet. SPICE verwendet folgende weitere Festlegungen über das Netzwerk:

- jeder Knoten hat einen Gleichstrompfad zum Bezugsknoten,

- das Netzwerk hat keine Schleifen, die nur aus Spannungsquellen oder Induktivitäten bestehen,

- das Netzwerk beinhaltet keine Ausschnitte, die nur Stromquellen oder Kapazitäten beinhalten.

Bei der Überführung von gegebenen Schaltungen in eine SPICE -Beschreibung sind daher gegebenenfalls zusätzliche Zweipole einzuführen, die jedoch so zu dimensionieren sind, daß nur ein vernachlässigbarer Fehler bei der Bestimmung der Ströme und Spannungen auftritt (Bild 1.1.2).

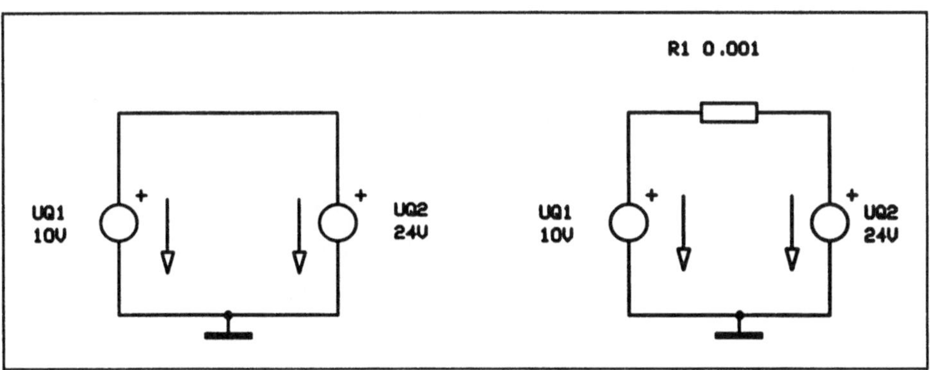

Bild 1.1.2: Umformung eines Netzwerkes mit einer Schleife, die nur aus
Spannungsquellen besteht, für die SPICE - Analyse

1.2 SPICE Beschreibung von Zweipolen

Entsprechend der Vorstellung, daß einzelne Netzwerkelemente stets zwischen zwei Knoten liegen, wird ein Zweipol in SPICE mit zwei Knotennummern identifiziert. Zur Erleichterung des Einstiegs in die SPICE Beschreibung von Netzwerken beginnen wir mit der Beschreibung von folgenden Zweipolen:

- Widerstände

- Induktivitäten

- Kapazitäten

- unabhängige Spannungs- und Stromquellen.

Die Beschreibung jedes passiven Zweipoles und jeder unabhängigen Quelle muß drei Beschreibungsbausteine besitzen:

(1) die Art des Zweipoles, d. h.: R wie "Widerstand",

           L wie "Induktivität",

           C wie "Kapazität",

           V wie "unabhängige

              Spannungsquelle",

           I wie "unabhägige

              Stromquelle",

(2) die beiden Knoten, zwischen denen der Zweipol in der Schaltung auftritt,

(3) ein Zahlenwert.

Der erste Buchstabe bei der Beschreibung der Art des Zweipoleslegt die Art des Zweipoles fest, die weiteren Buchstaben oder Ziffern sind beliebig. Insgesamt können acht ASCII-Zeichen verwendet werden. Für die Beschreibung des Zahlenwertes können sowohl die Exponentialschreibweise als auch Abkürzungen verwendet werden:

Abkürzung	Exponentialform
F	1E-15
P	1E-12
N	1E-9
U	1E-6
M	1E-3
K	1E+3
MEG	1E+6
G	1E+9
T	1E+12

Ein Widerstand R3 von $3*10^3$ Ohm, der zwischen den Knoten vier und sechs liegt, läßt sich mit:

(1) R4 4 6 3E+3   oder mit

(2) R4 4 6 3K   beschreiben.

Eine unabhängige Spannungsquelle V1 mit 20V, die zwischen den Knoten 5 und dem Bezugsknoten 0 liegt, läßt sich mit:

(1)   V1 5 0 .02E+3   oder mit

(2)   V1 5 0 20V   beschreiben.

Bereits bei der Beschreibung der Spannungsquelle V1 wird deutlich, daß auch Angaben über die Polarität bzw. über die Richtung von Strömen und Spannungen bei Zweipolen erforderlich sind.

Durch die einzelnen Zweige fließen Ströme. Die Richtung des Stromes durch einen Zweig wird in SPICE mit der Position der Knotennummern verknüpft. Der Strom durch einen Zweig wird von der ersten Knotennummer zur zweiten Knotennummer positiv gezählt. Bei Anwendung des Erzeugerzählpfeilsystems bei einer Spannungsquelle an einem Verbraucher ist der konventionelle Richtungssinn des Stromes (positive Ladungsträger) mit dem Bezugspfeil für I identisch (Bild 1.1.3, links).

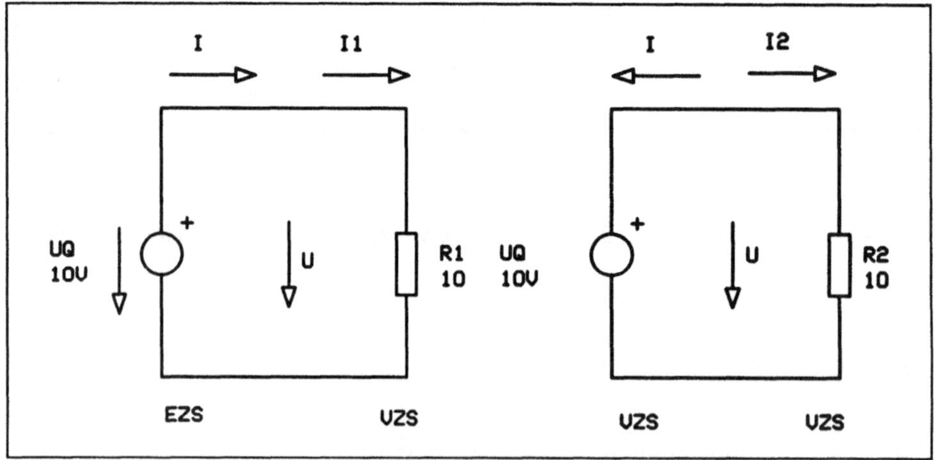

Bild 1.1.3: Erzeuger (EZS) - und Verbraucherzählpfeilsystem (VZS)

In Bild 1.1.3 ist links für die Gleichspannungsquelle UQ das Erzeugerzählpfeilsystem, für den Widerstand R1 ist das Verbraucherzählpfeilsystem eingetragen.

Erzeugerzählpfeilsystem bei der Spannungsquelle bedeutet, daß der Bezugspfeil für den Strom durch die Quelle in entgegengesetzter Richtung zum Bezugspfeil für die Spannung an der Quelle gerichtet ist. In Bild 1.1.3 ist rechts das Verbraucherzählpfeilsystem für Erzeuger und Verbraucher eingetragen. Verbraucherzählpfeilsystem an einem aktiven Zweipol (Quelle) bedeutet, daß die Bezugspfeile von Spannung und Strom gleichgerichtet sind.

Für die Leistung P gilt folgende Gegenüberstellung:

Leistung P	VZS	EZS
$P = U\,I > 0$	Verbraucher	Erzeuger
$P = U\,I < 0$	Erzeuger	Verbraucher

Zur Messung des Stromes durch einen passiven Zweipol mit SPICE muß in Reihe zum Zweipol eine Spannungsquelle mit null Volt geschaltet werden (Bild 1.1.4). Die Richtung des Stromes durch die Spannungsquelle mit null Volt verläuft vom ersten Knoten zum zweiten Knoten. Wenn die Spannungsquelle gespiegelt wird, erhält man einen Strom mit entgegengesetztem Vorzeichen.

In Bild 1.1.4, links, erhält man einen Strom von -1A durch die Spannungsquelle UM1 mit null Volt. Im Bild 1.4, rechts, erhält man einen Strom von +1A durch die Spannungsquelle UM2 mit null Volt. Die Richtung des Elektronenstromes in der Schaltung Bild 1.1.4, rechts, entspricht nicht der Richtung des Strompfeils I. In der Schaltung Bild 1.1.4, rechts, ist für die Quelle UQ das Erzeugerzählpfeilsystem, für den Widerstand R2 das Verbraucherzählpfeilsystem angesetzt.

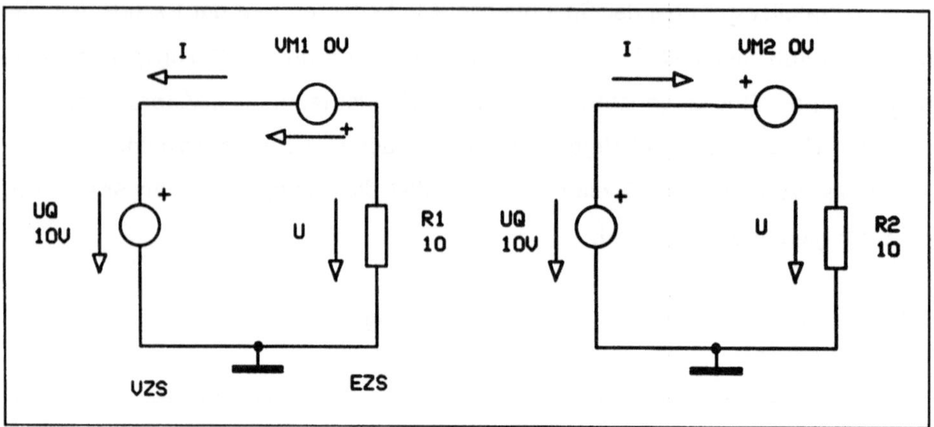

Bild 1.1.4: Verwendung von Spannungsquellen zur Strommessung bei SPICE

Die Leistung P = U I = 10 W am Widerstand ist positiv. Positive Leistung an einem Zweipol im Verbraucherzählpfeilsystem bedeutet, daß der Zweipol einen Verbraucher darstellt.

Die Leistung P = U I = -10 W am Widerstand R1 im Erzeugerzählpfeilsystem ist negativ. Negative Leistung an einem Zweipol im Erzeugerzählpfeilsystem bedeutet, daß der Zweipol einen Verbraucher darstellt.

Bei einer Stromquelle (siehe Bild 1.1.1) verläuft die Stromrichtung des Stromes durch die Quelle vom ersten zum zweiten Knoten, d. h.: I1 6 3 DC 1A.

Sowohl für Spannungs- als auch für Stromquellen können auch negative Werte angegeben werden. Für eine Umkehrung der Stromrichtung durch die Stromquelle I1 in Bild 1.1.1, kann dann geschrieben werden: I1 6 3 DC -1A. Die Bezeichung DC beschreibt die später durchzuführende Analyseart (Gleichspannungsanalyse) und die Art der Spannungsquelle (Gleichspannungsquelle).

1.3 Untersuchung einfacher Netzwerke

Nach der Erläuterung von Vereinbarungen und der Beschreibung von Zweipolen sollen jetzt einfache Netzwerke mit wenigen Zweipolen untersucht werden. Ein Netzwerk soll einfach sein, wenn die Untersuchung der Spannungs- und Stromverteilung bereits mit den Kirchhoffschen Regeln, d.h. ohne Maschen- bzw. Knotenanalyse möglich ist, und zu Gleichungssystemen führt, die rasch überblickt werden können. Die Untersuchungen basieren auf der Anwendung der Kirchhoffschen Regeln und sollen zur Erstellung von überschaubaren Beispielen führen. Die Beispiele beziehen sich auf die Untersuchung der Gleichspannungsverhältnisse einfacher Netzwerke, um dann mit der Untersuchung verschiedener Quellen (unabhängige bzw. abhängige Quellen) einen Einstieg in die Analyse komplizierterer Netzwerke zu erhalten. Ziel ist es, mit SPICE einfache Netzwerke zu untersuchen.

1.3.1 Die Kirchhoffschen Regeln

Die Kirchhoffsche Knotenregel: "Die Summe aller Ströme in einem Knoten ist null" und die Kirchhoffsche Maschenregel: "Die Summe aller Spannungen in einer Masche ist null" sind grundlegend für die Untersuchung von Netzwerken. Spannung U und Strom I an einem Zweipol R mit einem linearen Verhalten werden durch die Beziehung $U = R\,I$ beschrieben (Ohmsche Regel). Die Kirchhoffschen Regeln gelten auch für allgemeinere elektrische Schaltungen, z.B. kann der Kirchhoffsche Knotensatz auf geschlossene Hüllflächen angewendet werden. Derartige Formulierungen werden jedoch nicht diskutiert.

1.3.2 Untersuchung von einfachen Netzwerken ohne gesteuerte Quellen

Als erstes <u>Beispiel</u> wird das Netzwerk in Bild 1.3.1 mit einer Spannungsquelle und drei als Spannungsteiler geschalteten Widerständen verwendet.

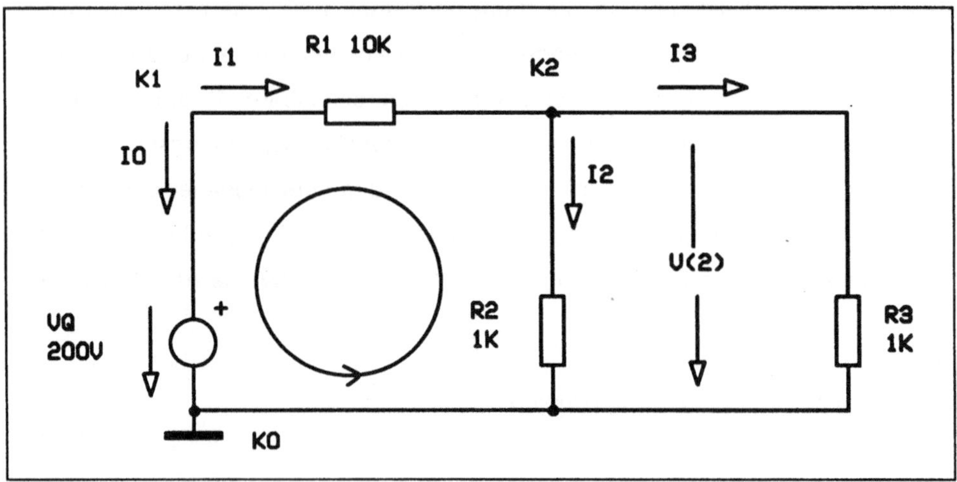

Bild 1.3.1: Beispiel zur Erläuterung der Kirchhoffschen
Regeln; die Widerstände R1, R2, R3 seien linear
und bekannt

Für alle Zweipole wurde das Verbraucherzählpfeilsystem angewendet. Für den Knoten 1 gilt: $-I_0-I_1 = 0$ bzw. $I_0 = -I_1$. Für den Knoten 2 gilt: $I_1-I_2-I_3 = 0$. Ohne Zusammenfassung der Widerstände R2 und R3 lassen sich die Maschen VQ..R1..R2 und R2..R3 anschreiben. Mit dem Kirchhoffschen Maschensatz für die Masche Q ... R1 ... R2 und mit der Spannung V(2) als Spannung an R2 erhält man: VQ - V(2) - R1 I1 = 0. Zur Schreibweise sei angemerkt, daß in SPICE keine Größen mit Index möglich sind. Falls keine Verwechslungen möglich sind, soll jetzt vermehrt die SPICE - Schreibweise verwendet werden. Wählt man den Knoten mit der Knotennummer null mit dem Potential null als Bezugsknoten, so ist die Spannung

V(2) die Spannung zwischen den Knoten 1 und 0. Die Spannung V(2) wird als Knotenspannung des Knotens 2 bezeichnet und wird in SPICE mit V(2,0) oder V(2) benannt. Spannungen ohne Klammern werden als Spannungsquellen, Spannungen mit Klammern werden als Knotenspannungen in SPICE geführt. Angenommen, die Spannung V(2) wäre bekannt, so könnte der Strom I1 aus VQ - V(2) - R1 I1 = 0 berechnet werden. Die Knotenspannung V(2) kann mit SPICE berechnet werden. Hierzu wird mit einem Texteditor eine Beschreibung des Netzwerks in Bild 1.3.1 erstellt, die Beschreibung mit Kontrollbefehlen (PRINT, END) versehen und dann eine ASCII-Datei erzeugt. Diese ASCII-Datei wird als Eingabedatei für SPICE verwendet. Nach Aufruf von SPICE erhält man z. B. die gesuchte Spannung V(2). Bei der Erstellung der Eingabedatei für SPICE müssen die konkreten Werte von VQ, R1, R2 und R3 bekannt sein (siehe Kapitel 1.2). Als Eingabedatei könnte folgende Schaltungsbeschreibung verwendet werden:

```
.DC V1 200V 200V 1
.PRINT DC V(2)
R1 1 2 10K
R2 2 0 1K
R3 2 0 1K
VØ 1 0 200V
.END
```

In der ersten Zeile wird mit DC die Analyseart (Gleichspannungsanalyse), mit VQ die ggf. veränderliche Spannungsquelle und mit dem Ausdruck "200V 200V 1" wird der Variationsbereich von 200V bis 200V mit einem Schritt (1) angegeben. In der dritten bis sechsten Zeile folgt die bereits diskutierte Eingabe der Zweipole. Der Ausdruck "end" in der letzten Zeile zeigt SPICE das Ende der Modellbeschreibung an. Anweisungen, die mit einem Punkt beginnen, nennt man Kontrollanweisungen. Die Kontenspannung V(2) liegt sowohl am Widerstand R2 als auch am Widerstand R1 an. Die Ströme I2 und I3 erhält man aus der zweiten Maschengleichung: I2 R2- I3 R3 = 0, bzw. V(2) = I2 R2 = I3 R3. Mit der Knotengleichung I1 - I2 - I3 = 0 erhält man schließlich den Gesamtstrom I1. Die Bestimmung der Ströme I1, I2 und I3 ging von der Knotenspannung V(2) aus. Die Ströme I1, I2 und I3 lassen sich aber auch durch Einführung von Strommeßgeräten in die Schaltung, Bild 1.3.1, ermitteln. Strommeßgeräte sollen einen möglichst geringen Innenwiderstand besitzen.

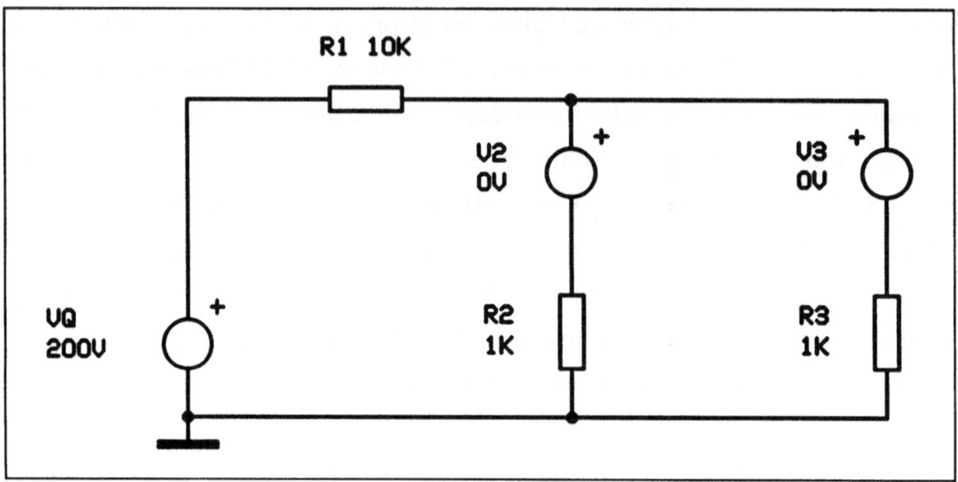

Bild 1.3.2: Einführung von "Strommeßgeräten" in die Schaltung,
Bild 1.3.1, für die SPICE - Simulation

Im Idealfall wäre ein Innenwiderstand von null Ohm anzusetzen. Eine Spannungsquelle mit null Volt Quellenspannung kann daher als "Strommeßgerät" verwendet werden (siehe Kapitel 1.2). Durch Einführung von Strommeßgeräten ergibt sich die Schaltung, Bild 1.3.2. Die zu Bild 1.3.2 gehörige Schaltungsbeschreibung für SPICE

```
.DC V1 200V 200V 1
.PRINT DC V(2) I(V1) I(V2) I(V3)
R1 1 2 10K
R2 4 0 1K
R3 5 0 1K
V2 2 4 0V
V3 2 5 0V
V1 1 0 200V
.END
```

beinhaltet nunmehr drei Spannungsquellen und auch eine veränderte Ausgabe-anweisung. Mit I(V2) und I(V3) können die Ströme durch R1, R2 und R3 direkt bestimmt werden. Zu beachten ist dabei die Richtung der Bezugspfeile für V2 und V3. Im folgenden <u>Beispiel</u> (Bild 1.3.3) kommen vier Spannungsquellen vor. Das Subnetzwerk V1..R1..R2..R3..V2 ist über eine Reihenschaltung V3 - R4 mit dem Subnetzwerk R5 - V4 verbunden. Gesucht sei die Spannung U(6,0) zwischen den Knoten 6 und 0.

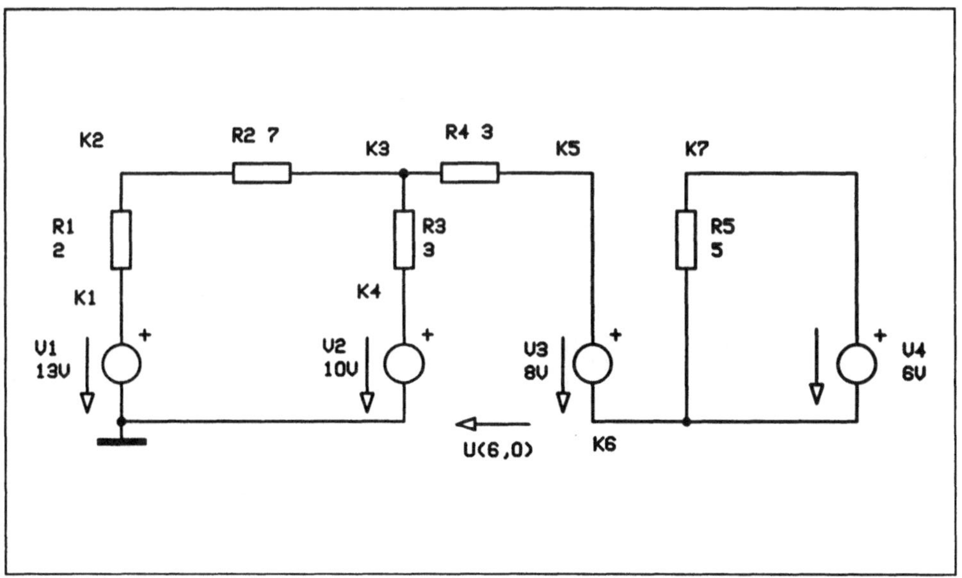

Bild 1.3.3: Netzwerk mit zwei nicht miteinander gekoppelten Subnetzwerken

Zur Lösung dieser Aufgabe lassen sich drei Maschen aufstellen:

(1) V1 - V2 - I1 (R1 + R2 + R3) = 0;

(2) V4 + R5 I2 = 0;

(3) I1 R3 + V2 - V(6) - V3 = 0.

Dabei ist zu bemerken, daß durch den Widerstand R4 kein Strom fließt und damit kein Spannungsabfall auftritt. Mit den in Bild 1.3.3 angegebenen Werten erhält man U(6,0) = 2.75V. Bei der Umformung des Netzwerkes in ein für SPICE geeignetes Netzwerk ist zu beachten, daß Knotenspannungen nur zwischen "verbundenen" Knoten bestimmt werden können. Knoten 6 und 0 sind nicht über einen Gleichstromweg miteinander vebunden. Es ist daher ein hochohmiger Widerstand zwischen den Knoten 6 und 0 einzufügen (Bild 1.3.4). In einer konkreten Realisierung der Schaltung von Bild 1.3.3 wird ebenfalls ein hochohmiger Widerstand zwischen den Knoten 6 und 0 in Form eines endlichen Isolationswiderstandes vorhanden sein.

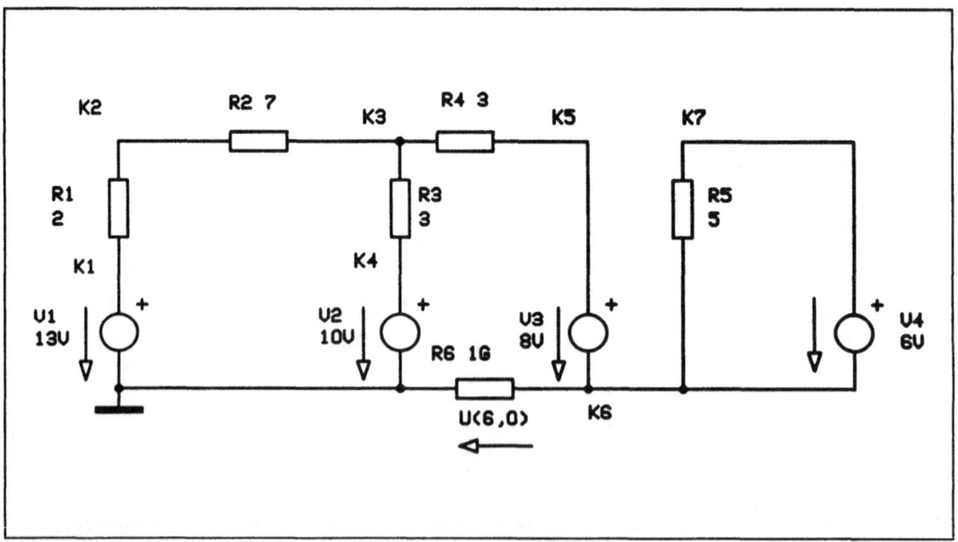

Bild 1.3.4: Erweitertes Netzwerk von Bild 1.3.3 für die SPICE - Analyse

Zum Netzwerk in Bild 1.3.4 gehört folgende SPICE-Eingabedatei:

```
.DC V1 13V 13V 1
.PRINT DC V(3) V(6)
R1 2 1 2
R2 2 3 7
R3 3 4 3
V2 4 0 10V
R4 3 5 3
V3 5 6 8V
R5 7 6 5
V4 7 6 6V
R6 0 6 1G
V1 1 0 13V
.END
```

Als letztes Beispiel in diesem Kapitel wird ein belasteter Spannungsteiler, bestehend aus zwei Widerständen, analysiert. Spannungsteiler sind Reihenschaltungen von Widerständen, mit denen hohe Spannungen auf niedrigere Spannungen heruntergeteilt werden. Derartige Spannungsteiler sind in vielen Schaltungen der Elektrotechnik üblich. Wenn z.B. mit einem Spannungsmeßgerät mit einer maximalen Spannung von 10 V eine Spannung von 100 V gemessen werden soll, benötigt man einen Spannungsteiler. Der Spannungsteiler könnte in diesem Fall aus der Reihenschaltung eines Widerstandes von $R1 = 100\ \Omega$ und eines Widerstandes von $R2 = 10\ \Omega$ bestehen. Nachdem sich bekanntlich die Spannungen wie die Widerstände verhalten, wird am kleineren Widerstand die kleinere Spannung (10 V) abfallen.

Bei einem Spannungsmeßgerät mit hohem Innenwiderstand wird ein sehr geringer Strom über das Spannungsmeßgerät fließen. Welche Situation ergibt sich jedoch bei beliebigen Belastungswiderständen? Zur Untersuchung dieser Situation wird Bild 1.3.5 zugrunde gelegt. Der Spannungsteiler besteht aus den Widerständen R1 und R2. An die Knotenpunkte K2 und 0 (ground) können beliebige Widerstände angeschlossen werden. Es soll das Verhalten der Spannung U(2) untersucht werden.

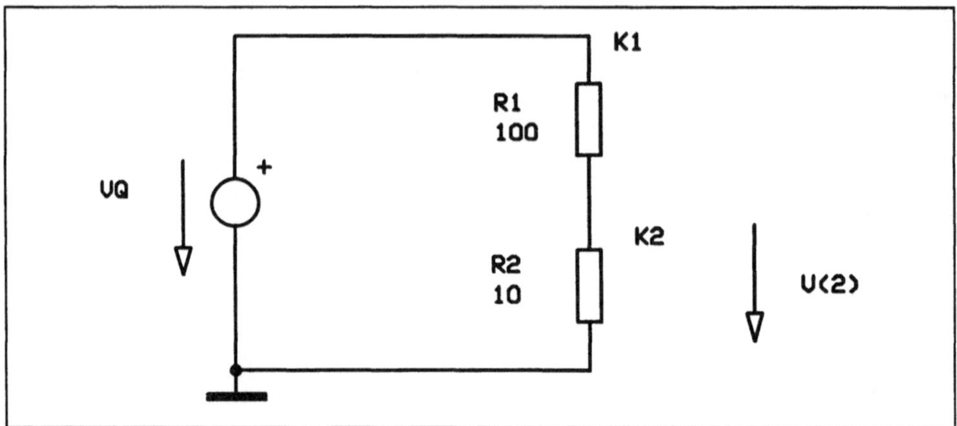

Bild 1.3.5: Spannungsteiler

Wenn U(2) die Ausgangsspannung des Spannungsteilers ist, ergeben sich durch Anschluß von verschiedenen Belastungswiderständen RLAST unterschiedliche Ausgangsspannungen. Durch den Lastwiderstand RLAST fließt ein Laststrom ILAST.

Die SPICE - Simulation eines belasteten Spannungsteilers kann demnach mit einem veränderlichen Lastwiderstand RLAST oder durch einen veränderlichen Strom ILAST durchgeführt werden. Weil jedoch durch Messung der Knotenspannung U(2) in Verbindung mit den bekannten Lastströmen ILAST der Quotient U(2)/ILAST = RLAST bestimmt werden kann, gehen die beiden o.g. Simulationsmöglichkeiten ineinander über. Zur SPICE - Simulation des Netzwerkes, Bild 1.3.5, wird das Netzwerk mit einer Stromquelle ILAST und Strommeßgeräten (VM2, VM1) ergänzt (Bild 1.3.6).

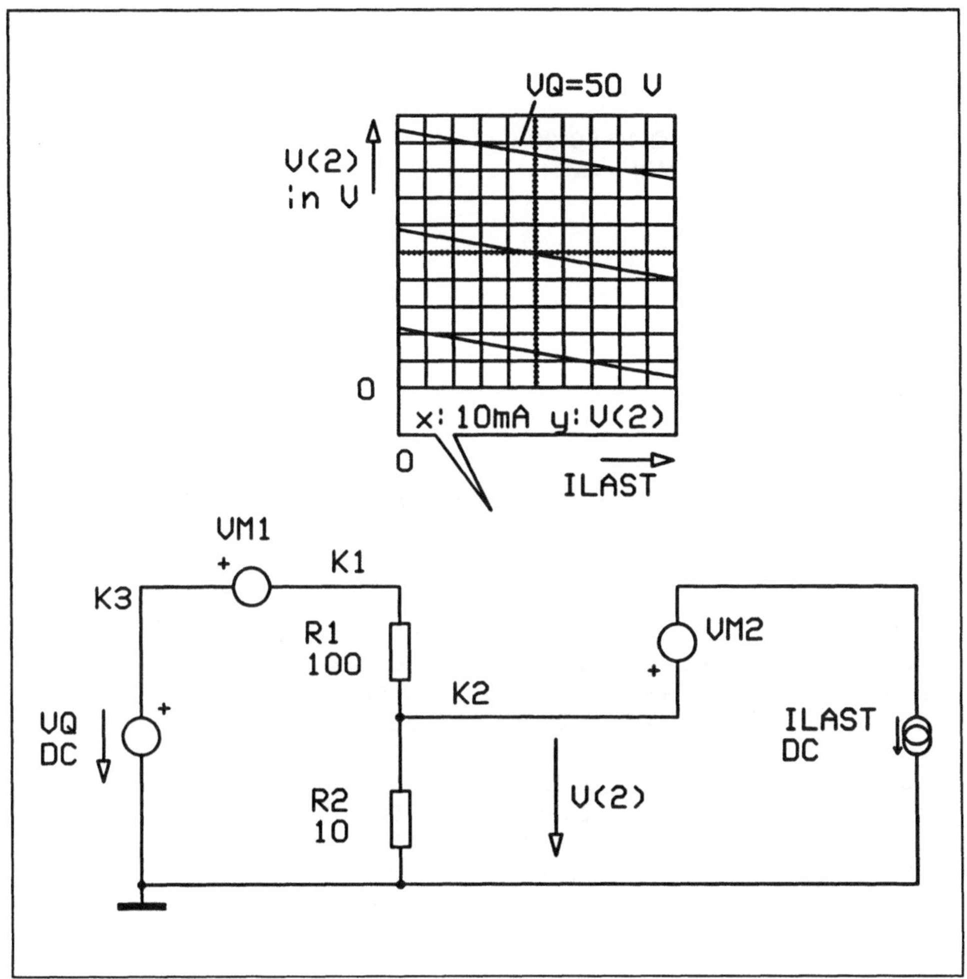

Bild 1.3.6: Netzwerk zur SPICE - Simulation eines belasteten Spannungsteilers:
ILAST = 0...0.1A, VQ = 10...50 V

Mit dem Strommeßgerät VM1 wird der Gesamtstrom und mit dem Strommeßgerät VM2 wird der Laststrom ILAST registriert. Zusammen mit den PRINT - Anweisungen für die Knotenspannungen, der Angabe der Analyseart (DC) und der Variationsbereiche für die Quellspannung VQ von 10 bis 50 V in Schritten von 20 V bzw. des Laststromes ILAST von 0 bis 0.1 A in Schritten von 0.025 A, erhält man folgende SPICE - Eingabedatei:

```
.DC ILAST 0 .1  0.025 VQ 10 50 20
.PRINT DC V(3) V(2) I(VM2) I(VM1)
R1 1 2 100
R2 2 0 10
VM1 3 1 0
VM2 2 4 0
ILAST 4 0 DC
VQ 3 0 DC
.END
```

Mit den Werten der folgenden Ausgabedatei (Ausschnitt):

ILAST	V(3)	V(2)	I(VM)	I(VM1)
0.00000E 00	1.000E+01	9.091E-01	0.000E 00	9.091E-02
2.50000E-02	1.000E+01	6.818E-01	2.500E-02	9.318E-02
5.00000E-02	1.000E+01	4.545E-01	5.000E-02	9.545E-02
7.50000E-02	1.000E+01	2.273E-01	7.500E-02	9.773E-02
1.00000E-01	1.000E+01	6.308E-16	1.000E-01	1.000E-01
0.00000E 00	3.000E+01	2.727E 00	0.000E 00	2.727E-01
2.50000E-02	3.000E+01	2.500E 00	2.500E-02	2.750E-01
5.00000E-02	3.000E+01	2.273E 00	5.000E-02	2.773E-01
7.50000E-02	3.000E+01	2.045E 00	7.500E-02	2.795E-01
1.00000E-01	3.000E+01	1.818E 00	1.000E-01	2.818E-01

läßt sich die in Bild 11.3.6 dargestellte funktionale Zuordnung zwischen Laststrom,

gemessen durch VM2 und der Ausgangsspannung U(2) des Spannungsteilers in

Abhängigkeit von der Eingangsspannung VQ ermitteln.

1.3.4 Untersuchung von einfachen Netzwerken
mit gesteuerten Quellen

Die beiden Beispiele im letzten Kapitel hatten lediglich unabhängige Quellen. Im nächsten Beispiel wird ein einfaches Netzwerk mit abhängigen Quellen behandelt. Abhängige Quellen (auch gesteuerte Quellen) sind Spannungs- und Stromquellen, die von anderen Spannungen und Strömen im Netzwerk abhängig sind (gesteuert werden). Mit abhängigen Quellen können z. B. Netzwerke mit aktiven Elementen (Transistoren, Röhren und Operationsverstärker etc.) modelliert werden. Es ist zu unterscheiden zwischen:

- spannungsgesteuerten Spannungsquellen $U = f(U)$,

- stromgesteuerten Spannungsquellen $U = f(I)$,

- spannungsgesteuerten Stromquellen $I = f(U)$,

- stromgesteuerten Stromquellen $I = f(I)$.

Zu den jeweiligen gesteuerten Quellen gehören Symbole, die die Abhängigkeit der Quelle von anderen Größen im Netzwerk darstellen. Die Symbolik ist jedoch nicht einheitlich, so daß eine Gegenüberstellung angebracht erscheint. Zum Teil wird ein Doppelpfeil mit Bezeichnung der Steuergröße und unter Angabe des Steuerkoeffizienten verwendet. Die in Bild 1.3.8 oben links dargestellte spannungsgesteuerte Spannungsquelle E1 wird von der Spannung V(1) gesteuert. Der Steuerungskoeffizient k beschreibt die Stärke der Abhängigkeit zwischen der Knotenspannung V(1) und der abhängigen Quelle E1. Der Steuerungskoeffizient k kann positiv oder negativ sein und stellt ein nichtinvertierendes bzw. invertierendes Verhalten dar.

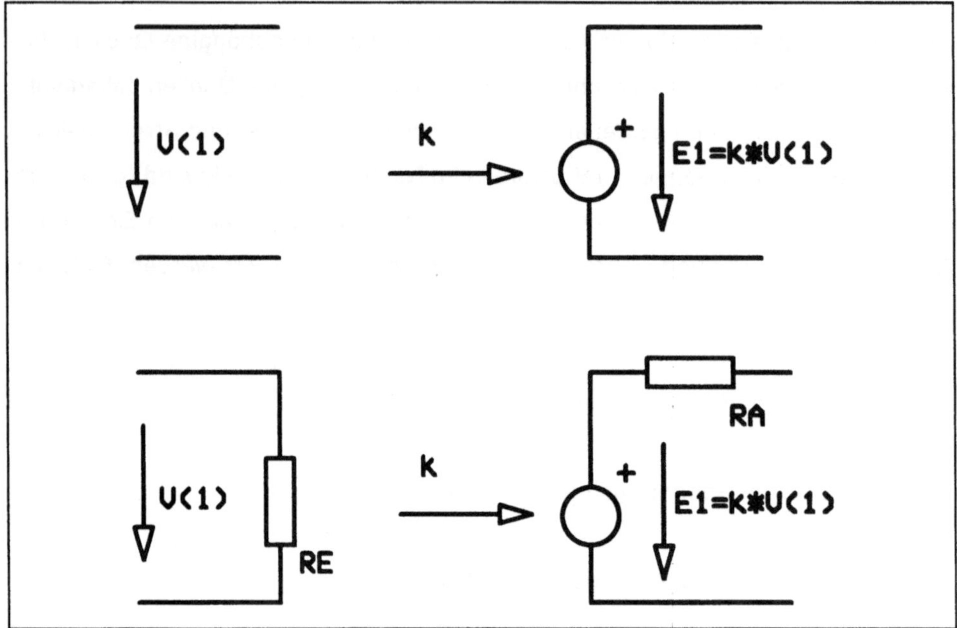

Bild 1.3.8: Einige Symbole für spannungsgesteuerte
Spannungsquellen

Die Abbildung etwas realistischerer spannungsgesteuerter Quellen erfordert die Berücksichtigung endlicher Eingangs- und Ausgangswiderstände (Bild 1.3.8 unten). Darüber hinaus müssen an den Eingangs- und Ausgangsknoten einer spannungsgesteuerten Spannungsquelle mindestens zwei Zweipole angeschlossen sein, so daß ein gegebenes Netzwerk mit idealen gesteuerten Quellen für die SPICE-Analyse umgeformt werden muß.

Als erstes <u>Beispiel</u> für gesteuerte Quellen wird eine Spannungsquelle, die von der Spannung am Knoten 1 abhängig ist, verwendet (Bild 1.3.9). Der Steuerungskoeffizient von $k = -20$ kennzeichnet ein invertierendes Verhalten.

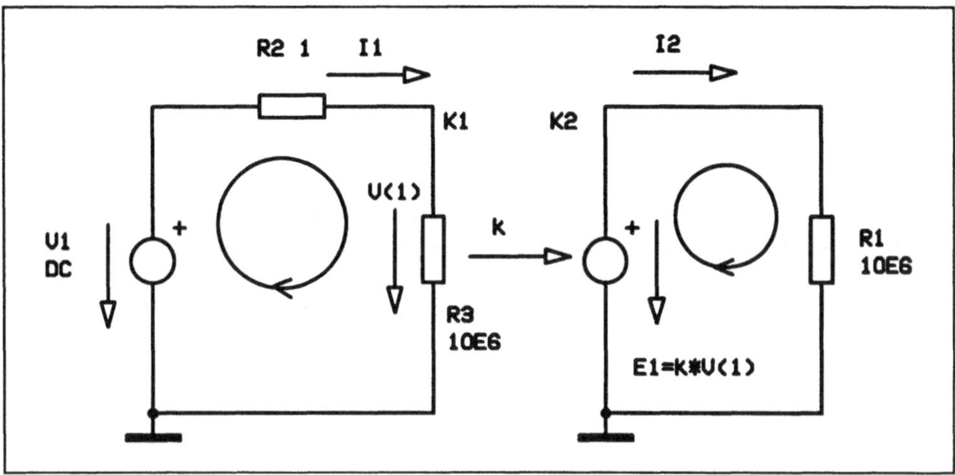

Bild 1.3.9: Anwendung einer spannungsgesteuerten
Spannungsquelle: E1, abhängig von V(1)

Setzt man voraus, daß in den Minuseingang der gesteuerten Quelle kein Strom hineinfließt, so erhält man für den Eingangskreis folgende Maschengleichung:

I1 (R2 + R3) - V1 = 0 und

für den Ausgangskreis mit E1 = -20 V(1) erhält man folgende Maschengleichung:

I2 R1 - E1 = 0.

Aus den beiden Gleichungen erhält man die Knotenspannung am Ausgangsknoten V(2):

V(2) = -20 V(1) = -20 V1 R3/(R2 + R3)

 oder wenn R2 gegenüber R3 vernachlässigt wird:

V(2) = -20 V1.

Spannungsgesteuerte Spannungsquellen werden unter Angabe der Anschlußknoten und mit dem Steuerungskoeffizienten k beschrieben. Für die gesteuerte Quelle E1 in Bild 1.3.9 schreibt man für die SPICE - Eingabedatei folgende Zeile:

E1 2 0 1 0 -20.

Ein nichtinvertierendes Verhalten wird durch die Zeile:

E1 2 0 0 20

erreicht. Verändert man die Eingangsspannung V1 in Schritten von 1 V, so lautet die entsprechende Kontrollanweisung:

.DC V1 1 10 1.

Insgesamt erhält man folgende SPICE - Eingabedatei:

```
.DC V1 1 10 1
.PRINT DC V(1) V(2)
V1 4 0 DC 1
R1 2 0 10E6
R2 4 1 1
R3 1 0 10E6
E1 2 0 1 0 -20
.END
```

Für die beiden Knotenspannungen V(1) und V(2) erhält man in Abhängigkeit von V1:

V1	V(1)	V(2)
1.00000E+00	1.000E+00	-2.000E+01
2.00000E+00	2.000E+00	-4.000E+01
3.00000E+00	3.000E+00	-6.000E+01
4.00000E+00	4.000E+00	-8.000E+01
5.00000E+00	5.000E+00	-1.000E+02
6.00000E+00	6.000E+00	-1.200E+02
7.00000E+00	7.000E+00	-1.400E+02
8.00000E+00	8.000E+00	-1.600E+02
9.00000E+00	9.000E+00	-1.800E+02
1.00000E+01	1.000E+01	-2.000E+02

Die Beschreibung der spannungsgesteuerten Spannungsquelle E1 in SPICE läßt sich mit folgendem Eingabeformat allgemein darstellen: EXXXXXXX N1 N2 CN1 CN2 k. Der Buchstabe X beschreibt dabei einen beliebigen alphanumerischen Textausdruck, N1 ist der Knoten, an dem der Bezugspfeil der Quelle EXXXXXXX beginnt, N2 ist der Knoten (Englisch: node), an dem der Bezugspfeil der Quelle EXXXXXXX endet. CN1 ist der Knoten, an dem der Bezugspfeil für die Steuerspannung beginnt und CN2 ist der Knoten, an dem der Bezugspfeil für die Steuerspannung endet. Die Steuerspannung liegt in Bild 1.3.9 zwischen dem positiven und dem negativen Anschluß des Symbols für die gesteuerte Quelle.

Für alle Arten von bereits angeführten gesteuerten Quellen läßt sich für die SPICE-Analyse folgende Gegenüberstellung angeben:

```
-------------------------------------------------------------------------------

Quelle      Anschlüsse d. Quelle      Steuerung      St. Koeff.
                                      (Einheit)

-------------------------------------------------------------------------------

EXXXXXXX      N1      N2      CN1      CN2      k
U = f(U)                              (....)


GXXXXXXX      N1      N2      CN1      CN2      k
I = f(U)                              (in S)


HXXXXXXX      N1      N2      VXXXXXXX          k
U = f(I)                      (in Ohm)


FXXXXXXX      N1      N2      VXXXXXXX          k
I = f(I)                      (....)


-------------------------------------------------------------------------------
```

VXXXXXXX beschreibt den Namen der Nullspannungsquelle, die zur Steuerung verwendet wird. Der Ausdruck (....) gibt an, daß der Steuerungskoffizient k dimensionslos ist.

Als abschließendes <u>Beispiel</u> für die Anwendung von gesteuerten Quellen wird eine Schaltung mit einer stromgesteuerten Stromquelle verwendet. In realen Schaltungen können damit ansatzweise bipolare Transistoren dargestellt werden. Das Beispiel ist im Gegensatz zu den vorangegangen Beispielen relativ umfangreich, so daß damit die Notwendigkeit weitergehender Analyseverfahren erkannt wird.

Gegeben sei das Netzwerk in Bild 1.3.10 mit einer durch den Strom I2 gesteuerten Stromquelle IQ3 = B I2, wobei als Zahlenwert für den Steuerkoeffizienten B = 290 gesetzt wird. Die Spannungsquelle V1 soll die Basis- Emitterspannung mit 0.7 V darstellen.

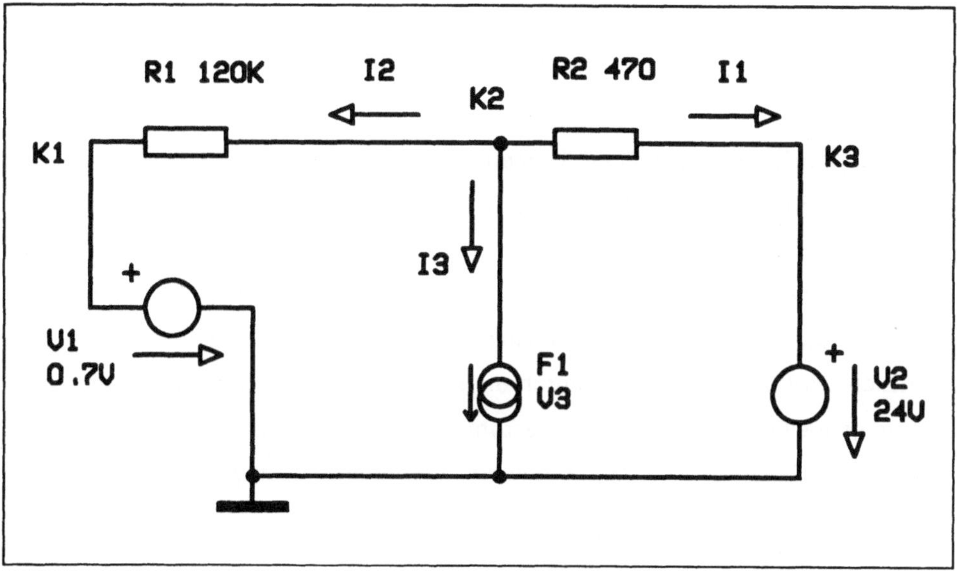

Bild 1.3.10: Netzwerk mit stromgesteuerter Stromquelle

Für den Knoten 2 gilt: I1 + I2 + B I2 = 0.

Für die Masche V1..R2..R1..V2 gilt: V2 - V1 - R2 I2 + R1 I1 = 0.

Für die Masche IQ3..V2..R1 erhält man mit V(2) als Knotenspannung zwischen dem Knoten 2 und dem Bezugsknoten 0: V2 - V(2) + R1 I1 = 0.

I1 = -(1 + B) I2 in V1 = V2 - R2 I2 + R1 I1 eingesetzt ergibt:
V1 = V2-R2 I2-R1 (1 + B) I2.

Die Gleichung für V1 läßt sich nach I2 auflösen:

I2 = (V2-V1)/(R2 + R1 (1+B)).

Für den Strom IQ3 durch die gesteuerte Quelle erhält man:

IQ3 = B I2 = B(V2-V1)/(R2 + R1 (1+B)).

Für den Strom I1 erhält man:

I1 = -I2 (1+B) = (V1-V2) (1+B)/(R2+R1 (1+B)).

Für die Knotenspannung V(2) erhält man:

V(2) = V2+R1 I1 = V2+R1 (V1-V2) (1+B)/(R2+R1 (1+B)).

Für die Umsetzung des Netzwerkes aus Bild 1.3.10 in eine SPICE - Eingabedatei muß der Steuerstrom I1 durch eine Nullspannungsquelle V3 gemessen werden. Zusätzlich wird noch der Strom durch die stromgesteuerte Stromquelle mit Nullspannungsquelle V4 gemessen. Der Strom durch die Spannungsquelle V4 hat die Richtung des Bezugspfeiles. Man erhält ein "verändertes Netzwerk" (Bild 1.3.11).

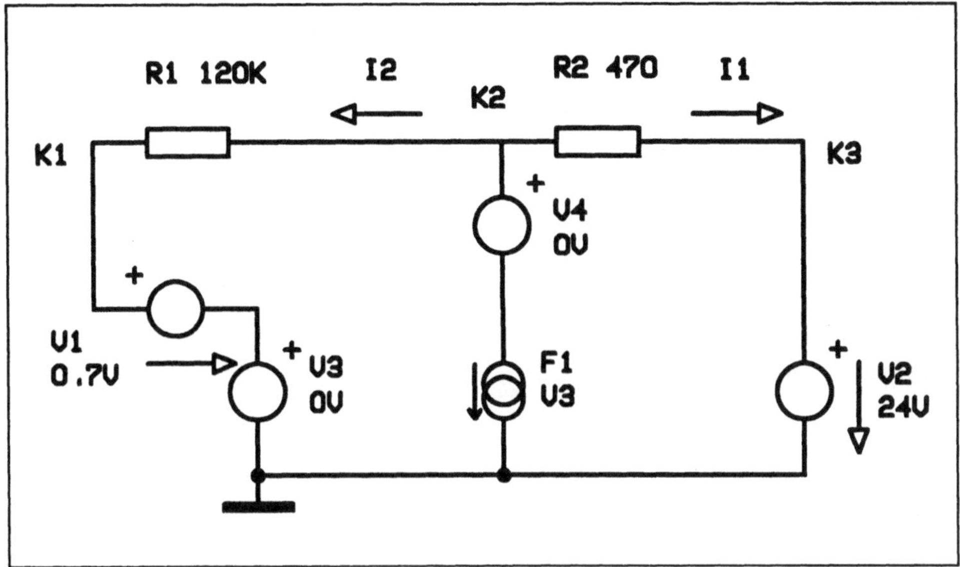

Bild 1.3.11: Für die SPICE - Analyse umgeformtes Netzwerk aus Bild 1.3.10

Die dazugehörige Eingabedatei beschreibt mit der vorletzten Zeile die stromgesteu-
erte Stromquelle IQ3. IQ3 liegt zwischen den Knoten 2 und 0. IQ3 wird vom Strom
durch die Nullspannungsquelle V3 mit einem Steuerungskoeffizienten B=290
(Stromverstärkung) gesteuert. Mit I(V3) und I(V4) im Print - Befehl lassen sich die
Ströme durch die beiden als Strommesser geschalteten Spannungsquellen V3 und
V4 ausgeben:

```
.PRINT DC V(1) V(2) I(V3) I(V4)
V1 1 5 0.7V
R1 6 3 470
R2 1 6 120K
V2 3 0 24V
V3 5 0 0V
V4 6 2 0V
F1 2 0 V3 290
.END
```

Als Ergebnis erhält man folgende Ausgabedatei (mit Pfeilen als Kommentar):

NODE (1)   VOLTAGE   00 .70

NODE (2)   VOLTAGE   11.58

NODE (3)   VOLTAGE   24.0

NODE (5)   VOLTAGE   00.0

NODE (6)   VOLTAGE   11.5891

VOLTAGE SOURCE CURRENTS

   NAME   CURRENT

   V3   9.074D-05
   V4   2.632D-02
   V1   9.074D-05
   V2   -2.641D-02

      TOTAL POWER DISSIPATION   6.34D-01 WATTS   <---- Leistungsumsatz

   **** CURRENT-CONTROLLED CURRENT SOURCES

        F1

I-SOURCE 2.63E-02   <----- Strom durch die stromgesteuerte Stromquelle

1.4 Netzwerkanalyse mit Knotenpotential - und Maschenstromverfahren

Im Kapitel 1.3 wurden einfache Netzwerke mit den Kirchhoffschen Regeln untersucht. Die Berechnung der gesuchten Größen geschah durch "geschicktes" Anwenden dieser Regeln. Bereits in Kapitel 1.3.3 wurde ein Netzwerk betrachtet, dessen Untersuchung relativ umfangreich war. In diesem Kapitel werden systematische Verfahren verkürzt dargestellt und im Zusammenhang mit der SPICE-Modellierung diskutiert. Wie bereits in Kapitel 1.3 wird aus didaktischen Gründen eine Beschränkung auf Gleichstromnetzwerke vorgenommen.

1.4.1 Vorbemerkungen zum Gleichungssystem und zur Struktur von Netzwerken

Die Untersuchung eines gegebenen Netzwerkes führt auf ein Gleichungssytem, das mit verschiedenen Methoden gelöst werden kann. Bei den Gleichungssystemen, die im Rahmen dieses Kapitels verwendet werden, kann die Lösung des Gleichungssystems in Matrizenschreibweise durch die Anwendung von Determinanten auf die Matrizengleichungen erfolgen. Auf die im Rahmen von SPICE- Programmen angewendeten Verfahren (siehe z.B. Hoefer, 1985) wird nicht eingegangen. Obwohl ideale Quellen real nur angenähert werden können, treten bei theoretischen Betrachtungen derartige Quellen auf. Es sind dann Modifikationen der an Netzwerken mit realen Quellen dargestellten Analyseverfahren erforderlich. Eine reale Spannungsquelle wird dabei durch die Reihenschaltung eines Widerstandes mit einer idealen Spannungsquelle dargestellt. Eine reale Stromquelle wird durch die Parallelschaltung einer idealen Stromquelle mit einem Widerstand dargestellt.

Ein vertieftes Verständnis in der Netzwerkanalyse wird durch die Verwendung graphentheoretischer Verfahren unterstützt (Schüßler, 1991). Dabei werden die Zweipole im Netzwerk durch Striche zwischen den Knoten dargestellt und es ergeben sich Aussagen über das Auffinden linear unabhängiger Gleichungen. Graphentheoretische Verfahren werden nicht allgemein eingeführt. Zur Veranschaulichung der Aufstellung eines Gleichungssystems wird das Netzwerk in Bild 1.4.1 betrachtet.

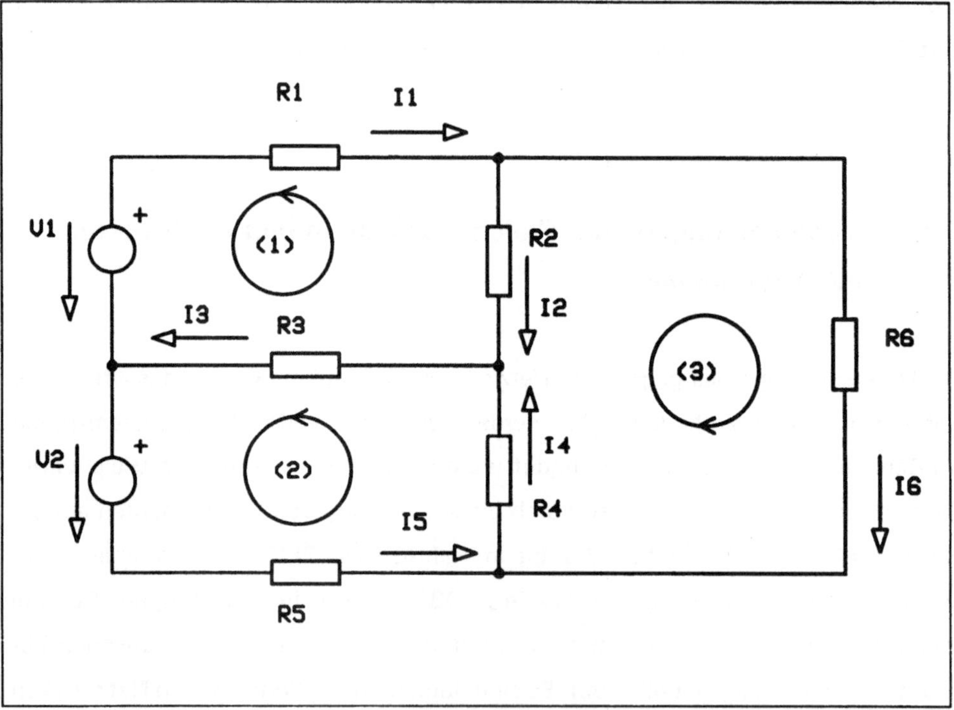

Bild 1.4.1: Netzwerk zur Erläuterung der Wahl eines Bezugsknotens und der Aufstellung eines Gleichungssystems

Für jeden Zweipol wird ein Bezugspfeil für den Strom eingezeichnet und die Knotenpunkte beziffert. Man erhält folgende Maschengleichungen:

(1) $V_1 - R_3 I_3 - R_2 I_2 + I_1 R_1 = 0$

(2) $V_2 + R_5 I_5 + R_4 I_4 + R_3 I_3 = 0$

(3) $R_6 I_6 + R_4 I_4 - R_2 I_2 = 0$

und folgende Knotengleichungen:

(1) $I_1 + I_3 - I_5 = 0$

(2) $-I_1 - I_2 - I_6 = 0$

(3) $I_2 - I_3 + I_4 = 0$

(4) $-I_4 + I_5 + I_6 = 0$

Unbekannt sind die Ströme $I_1, \ldots, I_6$. Zur Bestimmung der sechs unbekannten Ströme sind jedoch sieben Gleichungen vorhanden. Untersucht man hierzu die vier Knotengleichungen und addiert diese, so erhält man als Summe null. Eine Knotengleichung ist daher von den anderen linear abhängig und kann weggelassen werden. Diese Gleichung soll den Bezugsknoten darstellen. Vorteilhaft für die Analyse von Netzwerken ist die Umformung von Spannungsquellen in Stromquellen und umgekehrt. Durch eine Umformung wird aus einer realen Spannungsquelle eine reale Stromquelle (Bild 1.4.2).

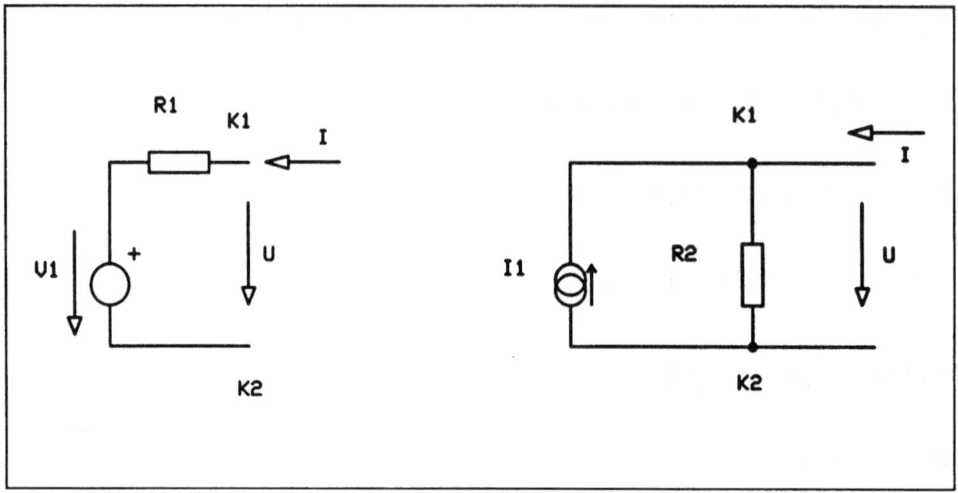

Bild 1.4.2: Umformung von Quellen (K1, K2 = Knoten 1,2)

Die beiden Anordnungen in Bild 1.4.2 sind, bezogen auf die Anschlußknoten, äquivalent, d.h.: $I1 = V1/R1$ und $R1 = R2$. Wenn die beiden Anordnungen, bezogen auf die Anschlußknoten 1 und 2, äquivalent sind, muß diese Äquivalenz für alle an die Anschlußknoten angeschlossenen Widerstände R gegeben sein. Zwei extreme Werte von R sind der Kurzschluß ($R = 0\ \Omega$) und der Leerlauf ($R \to \infty$).

Bei Kurzschluß liefert die Spannungsquelle einen Kurzschlußstrom von $V1/R1$, der vom Knoten 1 zum Knoten 2 gerichtet ist. Bei Kurzschluß der Stromquelle fließt ein Strom von I1 vom Knoten 1 zum Knoten 2. Bei Leerlauf liegt an der Spannungsquelle die Quellenspannung VQ vom Knoten 1 zum Knoten 2 gerichtet an. Bei Leerlauf liegt an der Stromquelle die Spannung I1 R2 vom Knoten 1 zum Knoten 2 gerichtet an. Es ist zu beachten, daß bei umgekehrter Polarität von V1 auch die Richtung von I1 umgekehrt werden muß.

1.4.2 Das Knotenpotentialverfahren

Zur Einführung wird das Netzwerk in Bild 1.4.3 verwendet. Das Netzwerk hat drei notwendige Knoten. Notwendige Knoten sind Knoten, an denen mindestens drei Zweipole angeschlossen sind. Wählt man einen Knoten als Bezugsknoten (siehe Kapitel 1.1), so verbleiben zwei unabhängige Knotengleichungen zur Berechnung der Netzwerkgrößen.

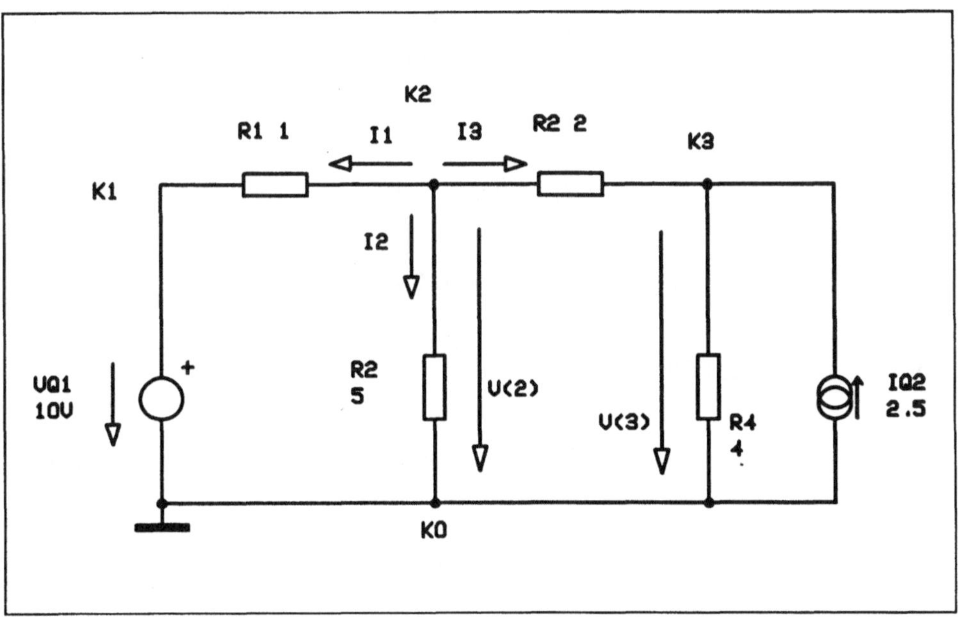

Bild 1.4.3: Netzwerk zur Erläuterung der Knotenanalyse

Obwohl der Bezugsknoten beliebig gewählt werden kann, wird allgemein derjenige Knoten als Bezugsknoten gewählt,
- an den die meisten Zweipole angeschlossen sind,
- an den bei einer idealen Spannungsquelle im Netzwerk
  ein Anschlußknoten der Spannungsquelle liegt.

Nach der Wahl des Bezugsknotens werden die Knotenspannungen in das Diagramm eingezeichnet. Die Knotenspannung V(2) ist der Potentialunterschied zwischen dem Potential des Knotens 2 und dem Potential des Knotens 0 (Bezugsknoten). Sinngemäß gilt dies auch für die Knotenspanng V(3). Jetzt können die Gleichungen der Knotenspannungen aufgeschrieben werden. Der Strom I2, der vom Knoten 2 weg über R2 zum Knoten 0 fließt, lautet: I2 = V(2)/R2. Der Strom I1, der vom Knoten 2 über R1 zum Knoten 1 fließt, lautet: I1 = (V(2)-VQ1)/R1 = V(2)/R1-VQ1/R1. Der Quotient VQ1/R1 beschreibt den Quellenstrom IQ1 der äquivalenten Stromquelle. Der Quotient V(2)/R1 beschreibt den Strom durch den Widerstand, der parallel zur Stromquelle liegt. Für den Strom I3 durch den Widerstand R3 in Richtung zum Knoten 3 gilt: I3 = (V(2)-V(3))/R3. Summiert man die Ströme am Knoten 2, so folgt:

$$V(2)/R2 + (V(2)-VQ1))/R1 + (V(2)-V(3))/R3 = 0.$$

Das beschriebene Verfahren, auf den Knoten 2 angewandt, ergibt:

$$V(3)/R4 + (V(3)-V(2))/R3 - IQ2 = 0.$$

Mit der Umwandlung der Spannungsquelle in eine Stromquelle erhält man das Netzwerk in Bild 1.4.4.

Zur SPICE - Analyse des Netzwerkes, Bild 1.4.4, gehört folgende Eingabedatei:

```
.PRINT DC V(1) V(3)
R2 1 0 5
R3 1 3 2
R4 3 0 4
IQ2 0 3 2.5A
IQ1 0 1 10A
R1 1 0 1
.END
```

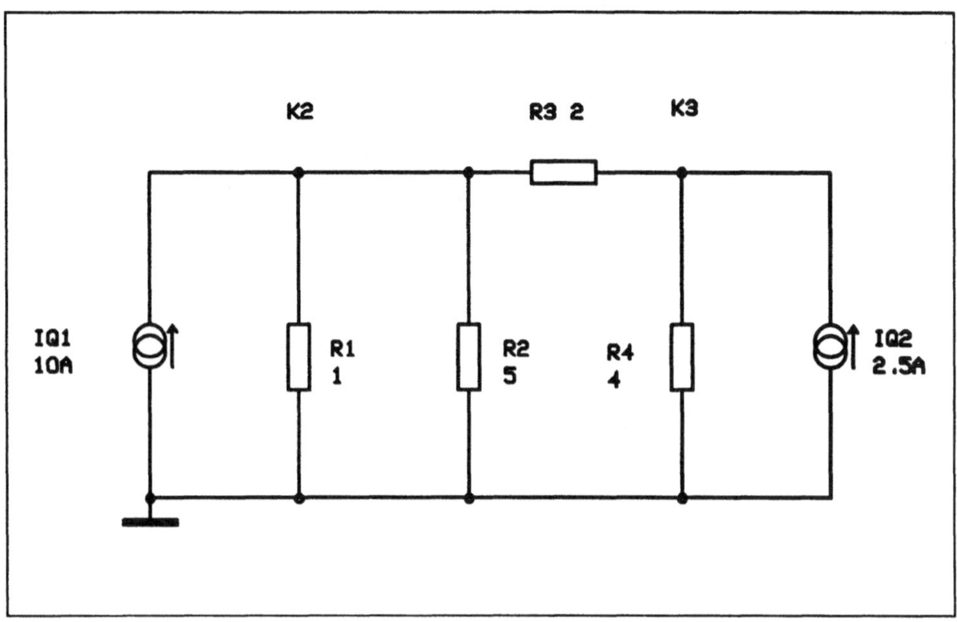

Bild 1.4.4: Äquivalentes Netzwerk mit Stromquellen zu Bild 1.4.3

Zur SPICE - Analyse des Netzwerkes, Bild 1.4.3, gehört folgende Eingabedatei:

```
.PRINT DC V(2) V(3)
R1 1 2 1
R2 2 0 5
R3 2 3 2
R4 3 0 4
IQ1 0 3 2.5A
VQ1 1 0 10V
.END
```

Zu beachten ist, daß der Knoten zwischen der Spannungsquelle VQ1 und R1 als Knoten 1 numeriert wurde, obwohl dieser Knoten als nicht notwendiger Knoten zu bezeichnen ist (Bild 1.4.3). Durch die Quellenumwandlung liegen auch bei Bild 1.4.4 veränderte Knotennummern vor.

Für das ursprüngliche Netzwerk, Bild 1.4.3, und für das umgeformte Netzwerk erhält man erwartungsgemäß die gleichen Ergebnisse für die Knotenspannungen:

NODE   VOLTAGE   NODE   VOLTAGE   NODE   VOLTAGE

(1)   10.0000   (2)   8.5366   (3)   9.0244

VOLTAGE SOURCE CURRENTS

NAME   CURRENT

V1   -1.463D + 00

TOTAL POWER DISSIPATION   3.72D + 01 WATTS

Die zu Bild 1.4.3 abgeleiteten Gleichungen lassen sich in Matrizenschreibweise übersichtlicher ausdrücken. Hierzu wird eine Leitwertmatrix $\underline{G}$, ein Vektor $\underline{v}$ der unbekannten Knotenspannungen und ein Vektor der bekannten Quellströme $\underline{I}$ definiert. Die Leitwertmatrix beinhaltet die Kehrwerte der Widerstände R1, R2, R3 und R4, d. h. die Leitwerte G1, G2, G3 und G4. In der Hauptdiagonalen steht in der ersten Zeile und der ersten Spalte die Summe der Leitwerte, die am Knoten 1 angeschlossen sind. In der Hauptdiagonalen in der zweiten Zeile und der zweiten Spalte steht die Summe der Leitwerte, die am Knoten 2 angeschlossen sind. Auf den Nebendiagonalplätzen stehen die Kopplungsleitwerte. In der ersten Zeile und der zweiten Spalte steht der Kopplungsleitwert zwischen den Knoten 1 und 2. In der zweiten Zeile und der ersten Spalte steht der Kopplungsleitwert zwischen den Knoten 2 und 1.

Die Leitwertmatrix lautet:

$$\underline{G} = \begin{bmatrix} G1+G2+G3 & -G3 \\ -G3 & G3+G4 \end{bmatrix}$$

Der Vektor der Knotenspannungen $\underline{v}$ und der Vektor der Quellenströme $\underline{I}$ lauten:

$$\underline{v} = \begin{bmatrix} V(1) \\ V(2) \end{bmatrix}, \quad \underline{I} = \begin{bmatrix} IQ1 \\ IQ2 \end{bmatrix}$$

Mit den obigen Matrizen erhält man: $\underline{G}\,\underline{v} = \underline{I}$. Die Lösung $\underline{v}$ dieses Gleichungssystems erhält man durch Multiplikation der Gleichung mit der inversen Leitwertmatrix $\underline{G}^{-1}$, so daß $\underline{v} = \underline{G}^{-1}\,\underline{I}$ folgt. Die einzelnen Matrizenoperationen lassen sich bei dem gewählten Beispiel mit Kenntnissen aus der Schulmathematik, wie sie üblicherweise als Eingangsvoraussetzung für Fachhochschulen und Universitäten erwartet werden, ausführen. Zur Berechnung der inversen Leitwertmatrix wird man auf die Bestimmung mittels Determinanten zurückgreifen. Bei größeren Matrizen können auch Programme wie z. B. MATHEMATICA (Wolfram, 1991) eingesetzt werden. Hiermit läßt sich eine allgemeine Lösung des aus der Netzwerkanalyse erhaltenen Gleichungssystems durchführen. Die Lösung bezieht sich dann aber nicht mehr - wie bei SPICE - auf konkrete Werte der Zweipole, d. h. der Widerstände und der Strom - und Spannungsquellen.

Die allgemeine Lösung der Matrizengleichung für die Schaltung aus Bild 1.4.3 bzw.
1.4.4 lautet mit der Determinante der Leitwertmatrix

Det $\underline{G}$ = G1 G3 + G2 G3 + G1 G4 + G2 G4 + G3 G4:

$$\begin{bmatrix} V(1) \\ V(2) \end{bmatrix} = Det\underline{G} \begin{bmatrix} (G1+G4) & G3 \\ G3 & (G1+G2+G3) \end{bmatrix} \begin{bmatrix} IQ1 \\ IQ2 \end{bmatrix}$$

Mit den konkreten Werten für die Quellen und für die Widerstände erhält man:

$$\begin{bmatrix} V(1) \\ V(2) \end{bmatrix} = (1/41) \begin{bmatrix} 30\Omega & 20\Omega \\ 20\Omega & 68\Omega \end{bmatrix} \begin{bmatrix} 10A \\ 2.5A \end{bmatrix}$$

Vergleicht man die SPICE - Lösung mit der Matrizen - Lösung, so sind die beiden
Lösungen erwartungsgemäß identisch.

Zur Erläuterung der Knotenanalyse wurden bisher Netzwerke mit unabhängigen Spannungsquellen verwendet. Die Vorgehensweise bei Netzwerken mit <u>abhängigen</u> Quellen soll mit dem Netzwerk in Bild 1.4.5 erläutert werden. Das Netzwerk in Bild 1.4.5 enthält eine unabhängige Spannungsquelle VQ1 und eine stromgesteuerte Spannungsquelle VQ2. VQ2 ist vom Strom durch den Widerstand R5, d.h. I5 abhängig. Der Steuerungskoeffizient k hat die Einheit Ω. Gesucht sei die im Widerstand R5 umgesetzte Leistung.

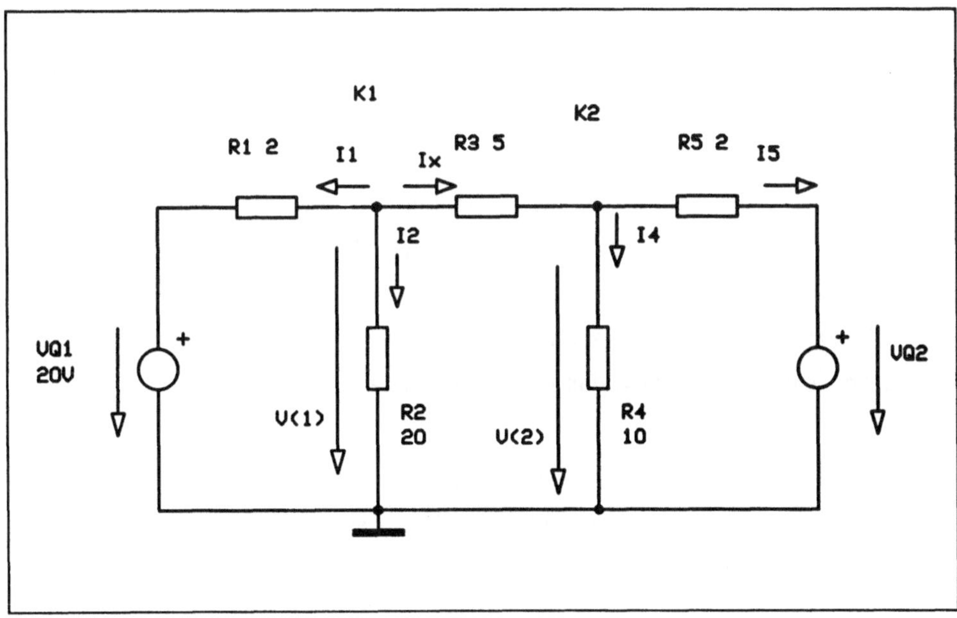

Bild 1.4.5: Netzwerk zur Erläuterung der Knotenanalyse mit abhängigen Quellen; VQ2 ist vom Strom durch den Widerstand R5 abhängig

Das Netzwerk hat drei Knoten, an denen mehr als zwei Zweipole angeschlossen sind (notwendige Knoten). Zur Bestimmung der Netzwerkgrößen sind daher zwei Gleichungen für die Knotenspannungen erforderlich. Weil am unteren Knoten vier Zweipole angeschlossen sind, wird dieser Knoten als Bezugsknoten verwendet.

Die beiden Spannungsquellen VQ1 und VQ2 = k Ix werden in Stromquellen umgewandelt: IQ1 = VQ1/R1, IQ2 = VQ2/R5. Ix stellt den Strom durch den Widerstand R5 dar. Ix steuert über den Steuerungskoeffizienten k die Spannungsquelle UQ2.

Für den Knoten 1 gilt: IQ1 - I1 - I2 - Ix = 0. Mit I1 = V(1)/R1, I2 = V(2)/R2 und Ix = (V(1) - V(2))/R3 folgt: IQ1 - V(1) G1 - V(1) G2 - V(1) G3 + V(2) G3 = 0.

Für den Knoten 2 gilt: Ix - I4 - I5 - IQ2 = 0. Mit I4 = V(2)/R4, I5 = V(2)/R5 und Ix = (V(1) - V(2))/R3 folgt: IQ2 + V(1) G3 - V(2) G3 - V(2) G4 - V(2) G5 = 0.

Mit der Leitwertmatrix $\underline{G}$, dem Vektor $\underline{v}$ der Knotenspannungen und dem Vektor $\underline{I}$ der Quellenströme erhält man das Gleichungssystem $\underline{G}\,\underline{v} = \underline{I}$:

$$\begin{bmatrix} G1+G2+G3 & -G3 \\ -G3 & G1+G4+G5 \end{bmatrix}\begin{bmatrix} V(1) \\ V(2) \end{bmatrix} = \begin{bmatrix} VQ1\,G1 \\ kG5\,Ix \end{bmatrix} = \begin{bmatrix} IQ1 \\ IQ2 \end{bmatrix}$$

In obigen Gleichungssystem sind auf der rechten Seite im Vektor $\underline{I}$ zwei Stromquellen vorhanden. Die Stromquelle k G5 Ix stellt eine abhängige stromgesteuerte Stromquelle dar, die aus einer Quellenumwandlung der Spannungsquelle UQ2 hervorgegangen ist. Durch die Multiplikation der Spannungsquelle k Ix mit G5 erhält man eine Stromquelle. Die Leitwertmatrix $\underline{G}$ ist bezüglich der Hauptdiagonalen symmetrisch. Im Vektor $\underline{I}$ auf der rechten Seite ist jetzt allerdings der unbekannte Steuerstrom Ix vorhanden.

Verwendet man den Ausdruck Ix = ((V(1)-V(2)) G3, so läßt sich der unbekannte Steuerstrom Ix durch die Knotenspannungen V(1) und V(2) ersetzen. In Matrizenschreibweise erhält man das Gleichungssystem $\underline{G}^{*}\,\underline{v} = \underline{I}^{*}$:

$$\begin{bmatrix} G1+G2+G3 & -G3 \\ -G3\,(1+kG5) & G4+G5+G3\,(1+kG5) \end{bmatrix} \begin{bmatrix} V(1) \\ V(2) \end{bmatrix} = \begin{bmatrix} VQ1\,G1 \\ 0 \end{bmatrix}$$

Die Leitwertmatrix $\underline{G}^{*}$ ist nicht mehr symmetrisch bezüglich der Hauptdiagonalen. Das Gleichungssystem kann jetzt nach den unbekannten Knotenspannungen aufgelöst werden.

Für die SPICE-Analyse des Netzwerkes in Bild 1.4.5 ist der Steuerstrom Ix für UQ2 durch den Widerstand R3 mit einer Nullspannungsquelle VMESS zu messen. Auf eine Darstellung der Quellenumwandlung wird verzichtet, weil die Stromquellen Komponenten von $\underline{I}$ sind. Das modifizierte Netzwerk ist in Bild 1.4.6 dargestellt.

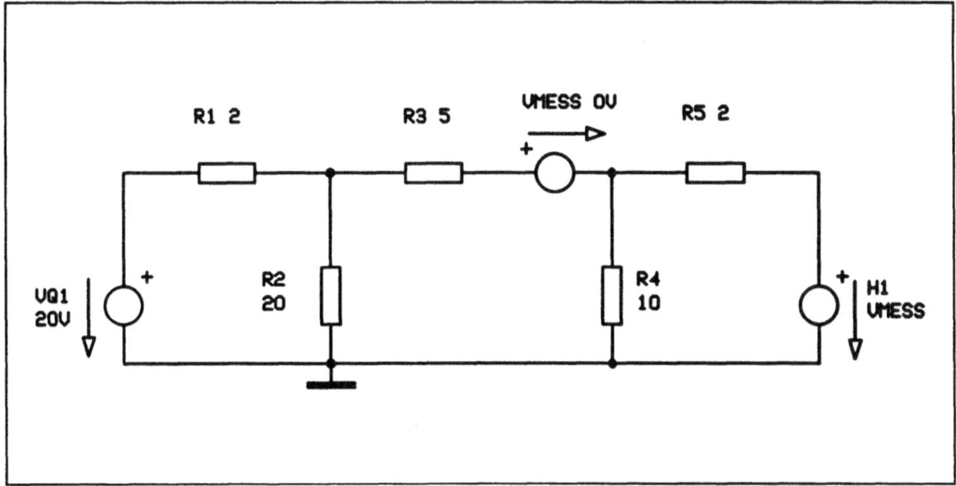

Bild 1.4.6: Für die SPICE-Analyse modifiziertes Netzwerk aus Bild 1.4.5

Verwendet man die in Bild 1.4.6 angegeben Werte für die einzelnen Zweipole und setzt k = 8 Ω, so erhält man folgende Eingabedatei:

```
.PRINT DC V(3) V(5) V(9) I(VMESS)
R1 1 3 2
R2 3 0 20
R3 3 4 5
R4 5 0 10
R5 5 9 2
H1 9 0 VMESS 8
VMESS 4 5 0V
VQ1 1 0 20V
.END
```

Die Ergebnisse des Simulationslaufes zu Bild **1.4.6** sind in folgender Darstellung aufgeführt:

```
NODE ( 1) VOLTAGE  20.0000

NODE ( 3) VOLTAGE  16.0000

NODE ( 4)  VOLTAGE 10.0000

NODE ( 5)  VOLTAGE 10.0000

NODE ( 9)  VOLTAGE  9.6000


VOLTAGE SOURCE CURRENTS


     NAME        CURRENT


     VMESS     1.200D+00

     VQ1      -2.000D+00


TOTAL POWER DISSIPATION   4.00D+01  WATTS
```

Der Leistungsumsatz in R5 ergibt sich zu: $P5 = (I5)^2 R5 = 1.2^2 * 2\,W = 2.88\,W$. Der Leistungsumsatz in R5 ist ein Teil des gesamten Leistungsumsatzes in der Schaltung, der aus der SPICE-Ausgabedatei mit 40 W entnommen werden kann. Der gesamte Leistungsumsatz einer Schaltung ist z. B. für die Dimensionierung von Lüftungsanordnungen oder für die Auslegung des Netzteils von Bedeutung.

1.4.3 Das Maschenstromverfahren

Beim Maschenstromverfahren wird ein Netzwerk mit z-(k-1) Gleichungen beschrieben. Die Anzahl der Zweige wird mit z, die Anzahl der Knoten mit k bezeichnet. Bei ebenen Netzwerken entsprechen die "Fenster" den Maschen. Ein Maschenstrom ist derjenige Strom im Netzwerk, der nur in einer Masche fließt. Die Maschenströme erfüllen selbstverständlich die Kirchhoffsche Knotenregel. Ein Maschenstrom kann allerdings nicht immer als Zweigstrom identifiziert werden, so daß ein Maschenstrom ggf. nicht durch Einfügen eines Strommeßgerätes erfaßbar ist. Das Strommeßgerät in einem Zweig eines Netzwerkes erfaßt u. U. mehrere Maschenströme, die durch diesen Zweig fließen. Betrachtet man Bild 1.4.7, so wird deutlich, daß der Maschenstrom Ia ausschließlich durch V1 und durch R1 fließt, aber R3 vom Maschenstrom Ia und vom Maschenstrom Ib durchflossen wird. Im Netzwerk, Bild 1.4.7, sind die Zweigströme I1, I2 und I3 unbekannt. Das Netzwerk hat z = 3 Zweige und k = 2 Knoten. Unter Berücksichtigung des Bezugsknotens können k-1 = 1 unabhängige Knotengleichungen aufgestellt werden. Für die drei unbekannten Zweigströme sind daher z-(k-1) = 3-1 Maschengleichungen aufzustellen.

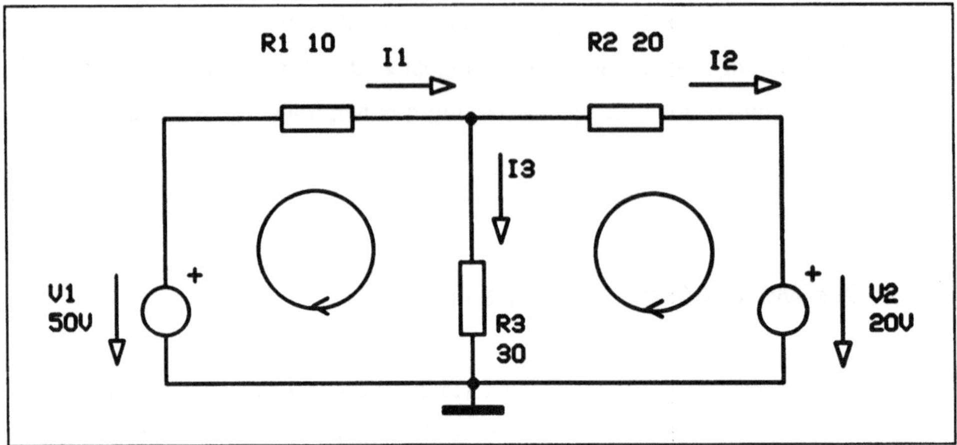

Bild 1.4.7: Netzwerk zur Erläuterung des Maschenstromverfahrens

Für den oberen Knoten, Bild 1.4.7, gilt mit den <u>Zweigströmen</u> I1, I2 und I3 und den angebenen Bezugspfeilen: I1 - I2 - I3 = 0.

Für die beiden Maschen im linken und rechten "Fenster" gilt:
R1 I1 + R3 I3 - V1 = 0 und R2 I2 - R3 I3 + V2 = 0.

Setzt man I3 aus der obigen Knotengleichung in die beiden Maschengleichungen ein, so folgt:

R1 I1 + R3 (I1 - I2) - V1 = 0 und   (Gl.1.4.3.1)
R2 I2 + R3 (I2 - I1) + V2 = 0.

Durch das Einsetzen der Knotengleichung in die Maschengleichungen kann die Zahl der Gleichungen auf z-(k-1) = 2 reduziert werden. Der Vorteil des Maschenstromverfahrens liegt in der sofortigen Reduktion der Gleichungen ohne den Umweg über die Knotengleichungen.

Hierzu werden im Netzwerk, Bild 1.4.7, die <u>Maschenströme</u> Ia und Ib eingeführt, so daß sich folgende Gleichungen ergeben:

$$Ia \ (R1 + R3) - Ib \ R3 - V1 = 0 \text{ und} \qquad (Gl. \ 1.4.3.2)$$
$$Ib \ (R2 + R3) - Ia \ R3 + V2 = 0.$$

Zu beachten ist, daß über den Zweig R3 die beiden Maschenströme in umgekehrter Richtung "fließen". Vergleicht man die beiden Gleichungssysteme (Gl. 1.4.3.1 und Gl. 1.4.3.2), so ist zu erkennen, daß I1 = Ia, I2 = Ib und I3 = Ia - Ib gilt. Auf Grund dieser Gegenüberstellung der Maschenströme Ia und Ib mit den Zweigströmen I1, I2 und I3 sind mit dem Maschenstromverfahren aber auch die Zweigströme definiert.

Die Aufstellung der Maschengleichungen kann mit dem Graph des Netzwerkes vereinfacht werden. Hierzu wird jeder Zweig des Netzwerkes durch eine Linie dargestellt. Der Bezugssinn von Strömen und Spannungen wird für jeden Zweig durch einen Pfeil eingezeichnet. Verbindet man alle Knoten des Netzwerkes mit einem Strich (der nicht geschlossen ist), so erhält man einen vollständigen Baum. Die Zweige im vollständigen Baum werden Baumzweige, die übrigen Zweige werden Verbindungszweige genannt. Der vollständige Baum ist nicht eindeutig, d.h. es gibt mehrere Möglichkeiten zur Konstruktion des vollständigen Baumes (Bild 1.4.8).

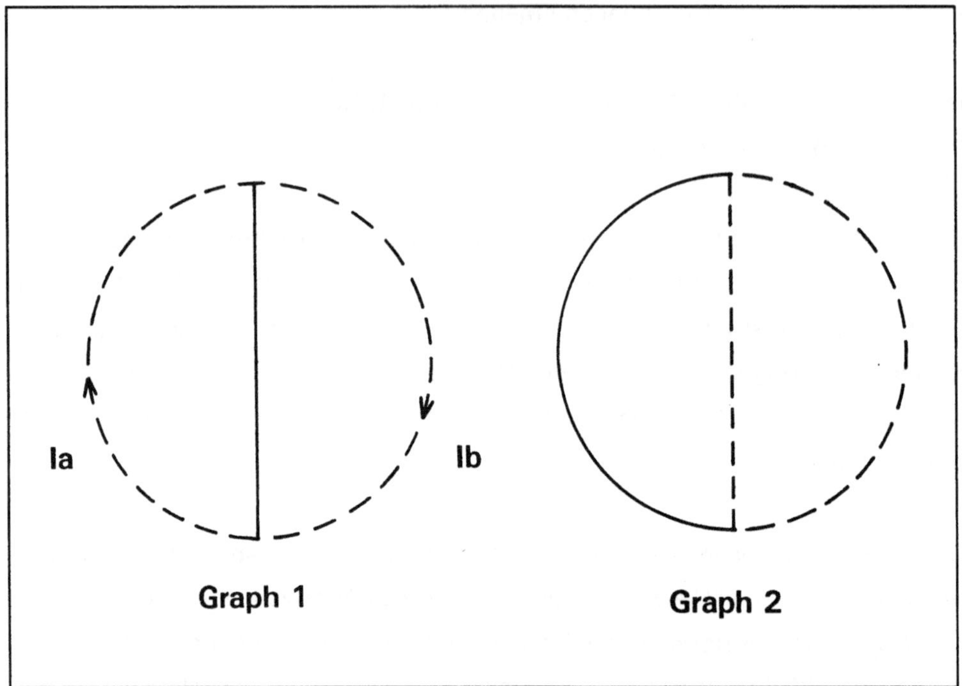

Bild 1.4.8: Zwei mögliche Anordnungen zum Graph des Netzwerkes in Bild 1.4.7 mit durchgezogener Linie als Baumzweig, gestrichelte Linie als Verbindungszweig

Jede Masche besteht aus <u>einem</u> Verbindungszweig und beliebig vielen Baumzweigen. Als Maschenumlaufrichtung wird der in den Verbindungszweig eingezeichnete Bezugssinn verwendet. Falls im Netzwerk ideale Stromquellen vorkommen, kann keine Umwandlung in Spannungsquellen vorgenommen werden. In diesem Fall ist der vollständige Baum so zu wählen, daß die idealen Stromquellen in Verbindungszweigen liegen.

Wie bereits festgestellt, lassen sich die Maschenströme nicht immer "messen". Dies gilt auch für die SPICE-Analyse des Netzwerkes. Durch Einführung von Nullspannungsquellen erhält man die Zweigströme, die aber nicht mit den Maschenströmen übereinstimmen müssen. Für die Ermittlung der Zweigströme im Netzwerk, Bild 1.4.7, erhält man ein modifiziertes Netzwerk (Bild 1.4.9). Auch hier wird deutlich, daß für SPICE die Knotenanalyse grundlegend ist.

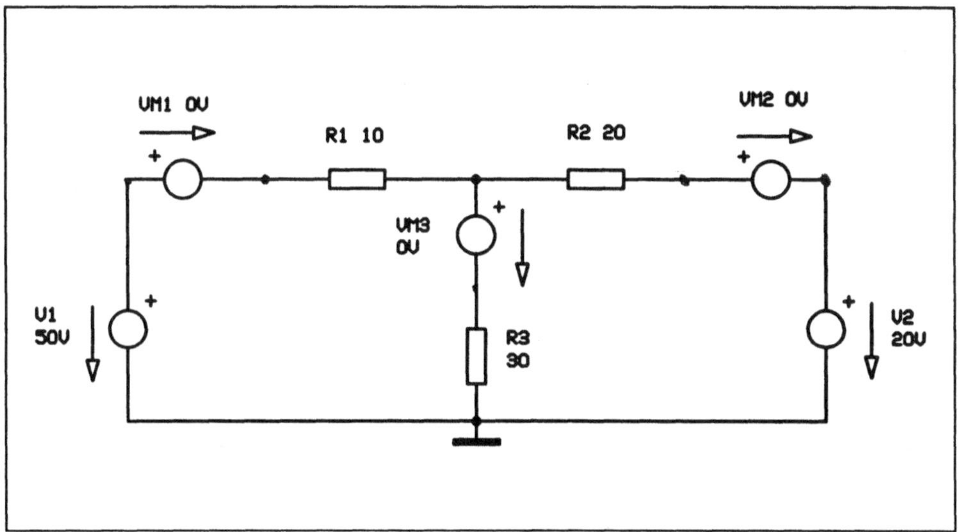

Bild 1.4.9: Netzwerk zur Ermittlung der Zweigströme zu Bild 1.4.7 mit SPICE

Als Eingabedatei für die SPICE-Simulation wurde folgendes Textfile verwendet:

```
.PRINT DC V(2) I(VM1) I(VM2) I(VM3)
V2 7 0 20V
R1 1 2 10
R2 2 3 20
R3 5 0 30
VM2 7 3 0V
VM1 1 10 0V
VM3 2 5 0V
V1 10 0 50V
.END
```

Die folgenden Simulationergebnisse zeigen, daß der Strom durch VM1 positiv ist, d.h. von Plus nach Minus fließt. Die weiteren Ergebnisse sind entsprechend zu deuten.

```
NODE (1)   VOLTAGE   50.0000
NODE (2)   VOLTAGE   32.7273
NODE (3)   VOLTAGE   20.0000
NODE (5)   VOLTAGE   32.7273
NODE (7)   VOLTAGE   20.0000
NODE (10) VOLTAGE   20.0000
```

VOLTAGE SOURCE CURRENTS

```
    NAME      CURRENT
    VM1       1.727D + 00
    VM2       6.364D - 01
    VM3       1.091D + 00
    V2        6.364D - 01
    V1       -1.727D + 00
```

Mit der Widerstandsmatrix $\underline{R}$, dem Vektor der Maschenströme $\underline{Im}$ und dem Vektor der Quellenspannungen $\underline{Vm}$ erhält man:

$$\underline{R}\ \underline{Im} = \underline{Vm} \quad \text{bzw.}$$

$$\begin{bmatrix} R1+R3 & -R3 \\ -R3 & R2+R3 \end{bmatrix} \begin{bmatrix} Ia \\ Ib \end{bmatrix} = \begin{bmatrix} V1 \\ -V2 \end{bmatrix}$$

Die Elemente der Matrix $\underline{R}$ enthalten auf der Hauptdiagonalen die Summe der Widerstände in der jeweiligen Masche. Die Elemente außerhalb der Hauptdiagonalen stellen die Kopplungswiderstände zwischen den einzelnen Maschen dar.

Im Gegensatz zum obigen Beispiel zur Maschenanalyse werden nun gesteuerte Quellen einbezogen. Zur Erläuterung wird das Netzwerk, Bild 1.4.10, mit einer stromgesteuerten Spannungsquelle verwendet.

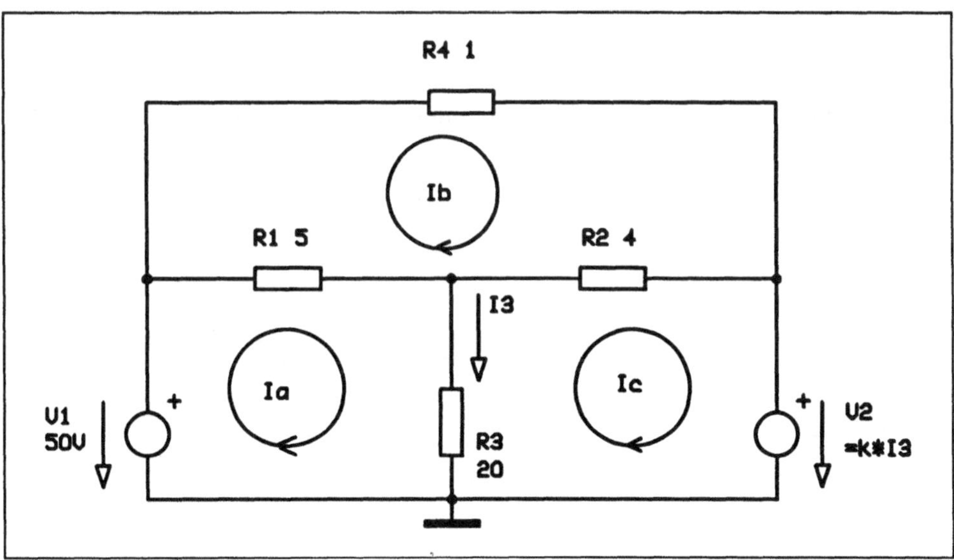

Bild 1.4.10: Netzwerk mit stromgesteuerter Spannungsquelle V2, abhängig vom Strom I3 durch R3

Mit den Maschenströmen Ia, Ib und Ic folgt:

(R1 + R3) Ia - R1 Ib - R3 Ic = V1,   - R1 Ia + (R1 + R2 + R4) Ib - R2 Ic =0

und   - R3 Ia - R2 Ib + (R2 + R3) Ic =-V2.

Die Spannungsquelle soll mit $k = 15\ \Omega$ vom Zweigstrom I3 abhängig sein. Für den Bezugsknoten gilt mit $V2 = k\ I3$:   I3 - Ia + Ic = 0.

Ersetzt man mit k(Ia - Ic) die gesteuerte Quelle V2, so erhält man in Matrizen-schreibweise folgendes Gleichungssystem:

$$\underline{R} \quad \underline{Im} \quad = \quad \underline{Vm} \quad \text{bzw.}$$

$$\begin{bmatrix} R1+R3 & -R1 & -R3 \\ -R1 & R1+R2+R3 & -R2 \\ -R3 & -R2 & R2+R3 \end{bmatrix} \begin{bmatrix} Ia \\ Ib \\ Ic \end{bmatrix} = \begin{bmatrix} V1 \\ 0 \\ k(Ic-Ia) \end{bmatrix}$$

Betrachtet man die rechte Seite des Gleichungssystems, so wird deutlich, daß die beiden unbekannten Maschenströme Ia und Ic zu einer unsymmetrischen Wider-standsmatrix führen:

$$\begin{bmatrix} R1+R3 & -R1 & -R3 \\ -R1 & R1+R2+R3 & -R2 \\ -R3+k & -R2 & R2+R3-k \end{bmatrix} \begin{bmatrix} Ia \\ Ib \\ Ic \end{bmatrix} = \begin{bmatrix} V1 \\ 0 \\ 0 \end{bmatrix}$$

Für die SPICE-Analyse sind die unbekannten Zweigströme durch "Strommeßgeräte" zu ersetzten (Bild 1.4.11), so daß sich folgende SPICE-Eingabedatei ergibt:

```
.PRINT DC I(VM1) I(VM2) I(VM3) I(VM4) I(VM5)
R1 4 5 5
R2 1 7 4
R3 1 6 20
R4 4 3 1
H1 8 2 VM3 15
VM3 6 0 0V
VM4 3 8 0V
VM1 5 1 0V
VM2 7 8 0V
VM5 2 0 0V
V1 4 0 50V
.END
```

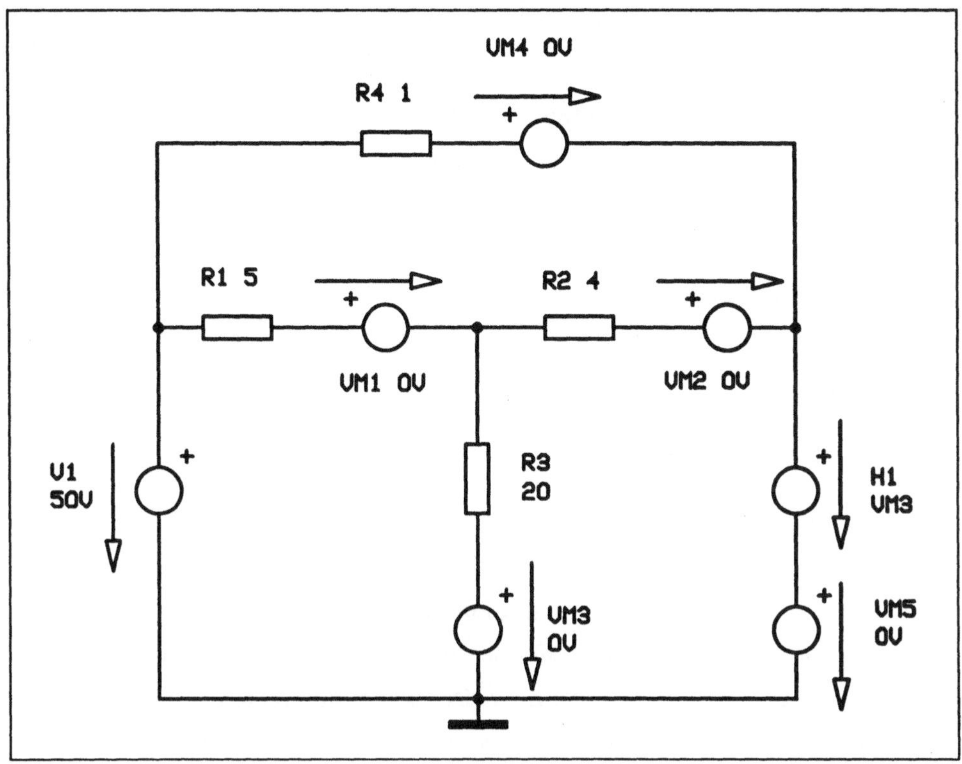

Bild 1.4.11: Netzwerk aus Bild 1.4.10, modifiziert für die SPICE-Analyse

Die Ergebnisse der Simulation beziehen sich sowohl auf die Zweigströme als auch auf die Maschenströme (die Knotennummer ist in Klammern gesetzt):

	VOLTAGE		VOLTAGE		VOLTAGE		VOLTAGE
(1)	32.0000	(2)	.0000	(3)	24.0000	(4)	50.0000
(5)	32.0000	(6)	.0000	(7)	24.0000	(8)	24.0000

VOLTAGE SOURCE CURRENTS

NAME	CURRENT	NAME	CURRENT
VM1	3.600D+00	VM5	2.800D+01
VM2	2.000D+00	V1	-2.960D+01
VM3	1.600D+00	VM4	2.600D+01

CURRENT-CONTROLLED VOLTAGE SOURCES

H1

V-SOURCE   24.000

I-SOURCE 2.80E+01

Multipliziert man den Strom im Zweig durch den Widerstand R3 mit dem Steuerungskoeffizienten $k = 15\ \Omega$, so erhält man die Spannung der gesteuerten Quelle V2 bzw. in der SPICE-Syntax H1 zu 24 V. Der Strom durch die gesteuerte Quelle kann sowohl aus dem "Strommesser" VM5 als auch als Strom durch H1 entnommen werden.

Sind in einem Netzwerk, das mit der Maschenanalyse untersucht werden soll, spannungsgesteuerte Quellen vorhanden, so müssen diese zuerst in stromgesteuerte Spannungsquellen umgewandelt werden.

Bei idealen Stromquellen im Netzwerk müssen beim Maschenstromverfahren die idealen Stromquellen in den Verbindungszweigen des Graphen liegen. Zur Erläuterung der Vorgehensweise dient Bild 1.4.12. Der Verbindungszweig 1 ist mit IQ1 identisch. Der dazugehörige Maschenstrom wird über den vollständigen Baum (R5..R2..R3), d.h. über R2 und R5 geschlossen. Der Verbindungszweig 4 ist mit IQ2 identisch. Der dazugehörige Maschenstrom wird über R2 und R3 geschlossen.

Für den Maschenstrom im Verbindungszweig 6 erhält man einen geschlossenen Umlauf über R5, R2 und R3. Die Maschenströme über die Stromquellen IQ1 und IQ2 sind bekannt und es brauchen daher keine Maschengleichungen aufgestellt werden.

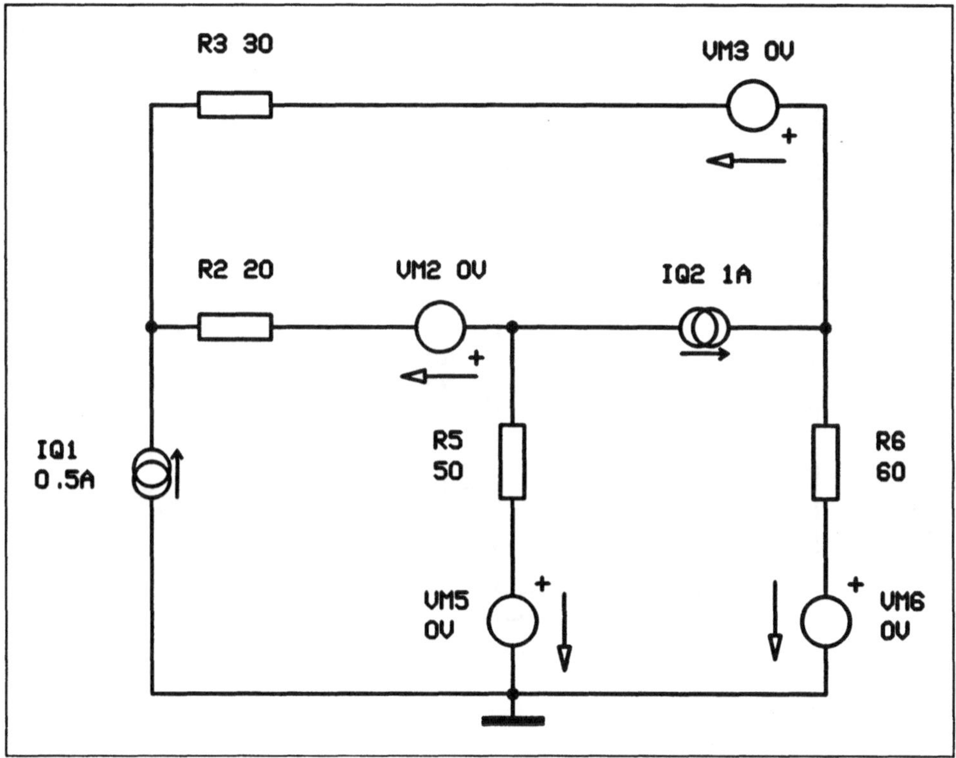

Bild 1.4.12: Maschenstromverfahren bei idealen Stromquellen

Die einzige Masche, für die eine Maschengleichung aufgestellt werden muß, ist die Masche über den Verbindungszweig R6:

I6 (R6 + R5 + R2 + R3) - IQ1 (R5 + R2) - IQ2 (R2 + R3) = 0. Aus dieser Maschengleichung läßt sich I6 leicht bestimmen.

Für die SPICE-Analyse wird das modifizierte Netzwerk, Bild 1.4.13, verwendet. Die Methodik zur Aufstellung hierzu ist bereits dargestellt worden.

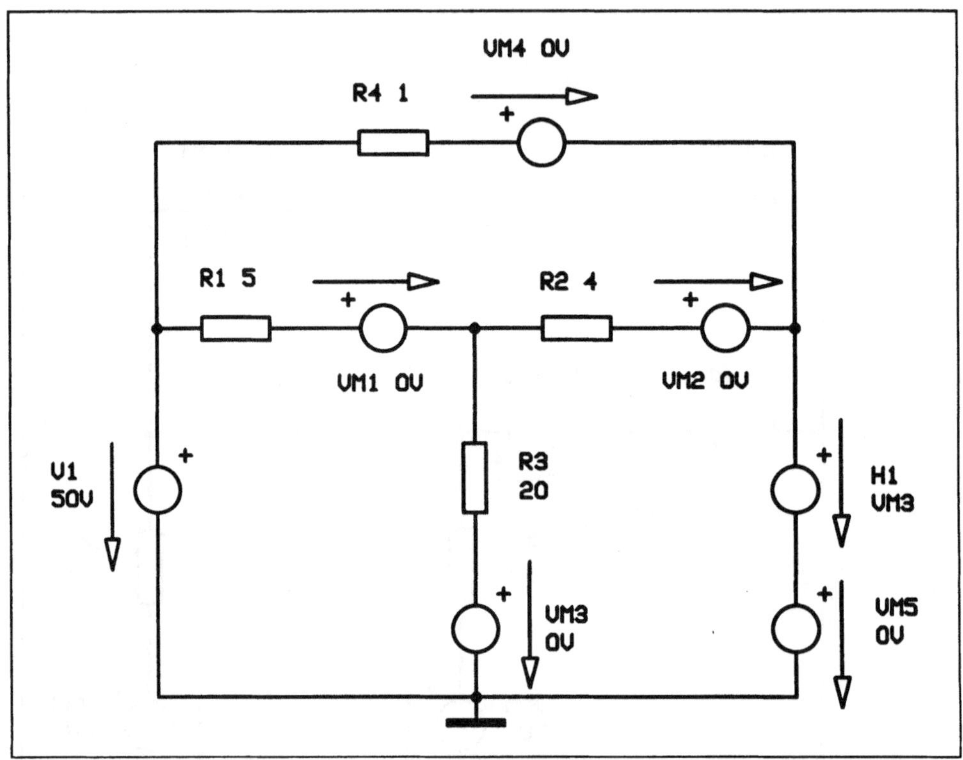

Bild 1.4.13: Für die SPICE-Analyse modifiziertes Netzwerk aus Bild 1.4.12

Die zu Bild 1.4.13 dazugehörige SPICE-Eingabedatei lautet:

```
.PRINT DC I(VM2) I(VM3) I(VM5) I(VM6) V(3) V(1) V(4)
R2 3 7 20
R3 3 5 30
IQ2 1 4 1A
R5 1 2 50
R6 4 6 60
VM2 1 7 0V
VM5 2 0 0V
VM6 6 0 0V
VM3 4 5 0V
IQ1 0 3 0.5A
.END
```

Der folgende Ausdruck der Ergebnisdatei zur SPICE - Simulation des Netzwerkes zu Bild 1.4.12 bzw. 1.4.13 braucht auf Grund der Vorbemerkungen nicht weiter diskutiert werden.

```
    VOLTAGE        VOLTAGE         VOLTAGE        VOLTAGE

( 1)  -1.5625   ( 2)    .0000   ( 3)  17.8125   ( 4)  31.8750
( 5)  31.8750   ( 6)    .0000   ( 7)  -1.5625
```

VOLTAGE SOURCE CURRENTS

```
    NAME       CURRENT

    VM2     -9.687D-01
    VM3      4.688D-01
    VM5     -3.125D-02
    VM6      5.312D-01
```

1.4.4 Ersatzquellen und Übertragungsfunktionen

In vielen Aufgaben der Netzwerkanalyse ist das Verhalten einer Schaltung an bestimmten Klemmenpaaren von Interesse. Die Schaltung wird als "black box" betrachtet, aus der die interessierenden Klemmen herausragen. Gesucht ist eine Ersatzschaltung, die die ursprüngliche Schaltung, bezogen auf die interessierenden Klemmen, ersetzt. Die Ersatzschaltung kann eine reale Spannungsquelle oder eine reale Stromquelle sein. Wenn an die Klemmen der Ersatzquellen Zweipole angeschlossen werden, muß der Strom bzw. die Spannung an den Klemmen der Ersatzschaltung identisch mit dem Strom bzw. der Spannung an den Klemmen der ursprünglichen Schaltung sein. Diese Identität muß sowohl für den Leerlauf- als auch für den Kurzschlußfall gegeben sein.

Die Ersatzspannungsquelle (engl.: Thevénin Equivalent) bezüglich zweier Klemmen eines Netzwerkes wird durch Ermittlung der Leerlaufspannung und des Kurzschlußstromes an den Klemmen bestimmt. Der Ersatzinnenwiderstand ist dann der Quotient aus Leerlaufspannung und Kurzschlußstrom. Die Leerlaufspannung ist die (ideale) Ersatzquelle. Die reale Ersatzquelle besteht aus Innenwiderstand und idealer Ersatzquelle. Die Bestimmung des Ersatzinnenwiderstandes mit Leerlauf- bzw. Kurzschlußbetrachtung ist nicht immer die einfachste Methode. Wenn das Netzwerk nur unabhängige Quellen hat, werden zunächst alle Quellen unwirksam gemacht und dann der Widerstand an den interessierenden Klemmen bestimmt. Eine Spannungsquelle wird durch Kurzschluß unwirksam. Eine Stromquelle wird durch Unterbrechung unwirksam. Zur Erläuterung der Vorgehensweise wird das Netzwerk in Bild 1.4.14 betrachtet. Gesucht sei die Ersatzspannungsquelle an den Knoten 3 und 4. Der Widerstand R5 bleibt erhalten.

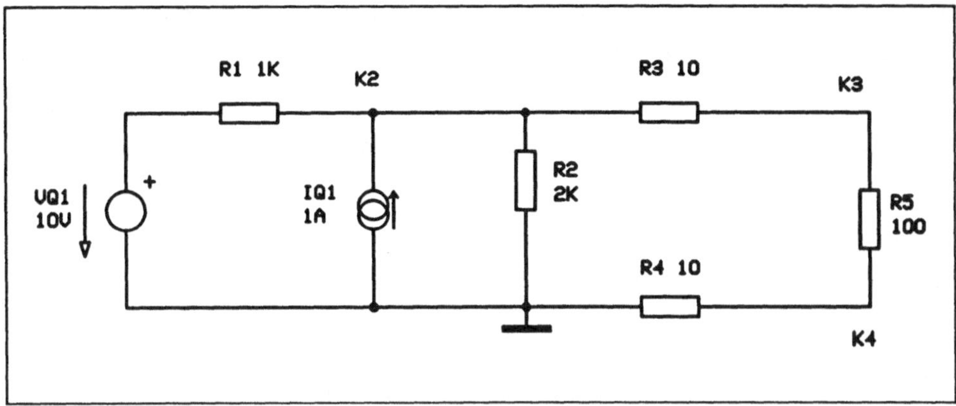

Bild 1.4.14: Netzwerk zur Erläuterung von Ersatzquellen

Die Ersatzspannungsquelle wird zunächst mit einer Kurzschluß- und Leerlaufbetrachtung ermittelt. Danach wird der Ersatzinnenwiderstand durch Widerstandsbestimmung an den Klemmen K3 und K4 bei unwirksamen Quellen ermittelt.

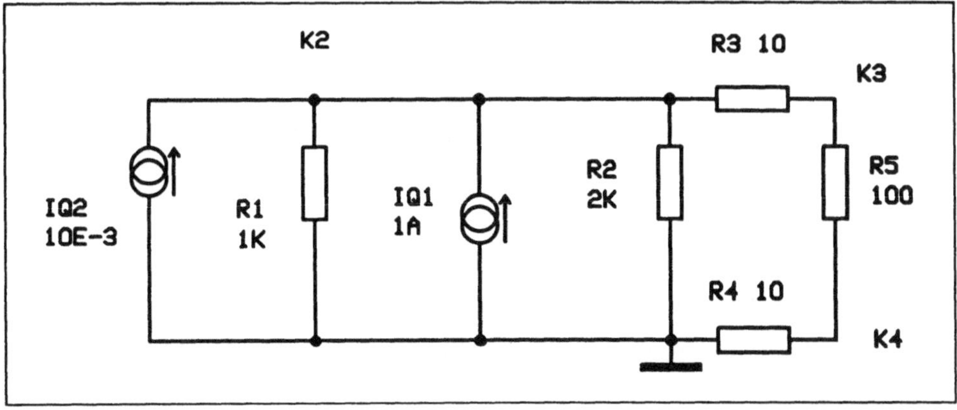

Bild 1.4.15: Netzwerk mit Stromquellen zur Bestimmung der Ersatzquelle

Bei der Bestimmmung der Ersatzspannungsquelle mit Kurzschluß- und Leerlaufbetrachtung kann man das Netzwerk, Bild 1.4.14, so umformen, daß nur Stromquellen vorkommen (Bild 1.4.15). Der Vorteil dieser Umformung liegt darin, daß dann nur zwei Knotengleichungen für den Knoten 2 angeschrieben werden müssen. Die beiden Knotengleichungen unterscheiden sich nur durch den Widerstand R5.

Im Falle des Kurzschlusses an den Klemmen 3 und 4 tritt der Widerstand R5 in der Knotengleichung für den Knoten 2 nicht auf:

$$-\frac{V(2)}{R1} - \frac{V(2)}{R2} - \frac{V(2)}{R3+R4} + IQ1 + IQ2 = 0 \, .$$

Aus dieser Gleichung läßt sich die Knotenspannung V(2) für den Kurzschlußfall leicht berechnen. Mit den angegebenen Zahlenwerten erhält man V(2) = 19.61 V. Den gesuchten Kurzschlußstrom Ik erhält man aus: Ik = V(2)/(R3+R4) zu Ik = 0.9805 A.

Für den Leerlauffall erhält man für den Knoten 2 folgende Knotengleichung:

$$-\frac{V(2)}{R1} - \frac{V(2)}{R2} - \frac{V(2)}{R3+R4+R5} + IQ1 + IQ2 = 0 \, .$$

Mit den angegebenen Zahlenwerten folgt für die Knotenspannung V(2) im Leerlauffall: V(2) = 102.7119 V. Mit der Spannungsteilerregel erhält man schließlich die gesuchte Leerlaufspannung Ul am Widerstand R5: Ul = V(2) R5 / (R3 + R4 + R5) = 85.593 V.

Der Ersatzinnenwiderstand Re ist der Quotient aus Leerlaufspannung und Kurzschlußstrom: Re = Ul/Ik = 87.295 Ω. Der Ersatzinnenwiderstand kann auch mit unwirksam gesetzten Quellen ermittelt werden.

Hierzu wird VQ1 kurzgeschlossen und IQ1 aufgetrennt. Den Ersatzinnenwiderstand erhält man als Klemmenwiderstand zwischen den Knotenpunkten **3** und **4** (Bild 1.1.16).

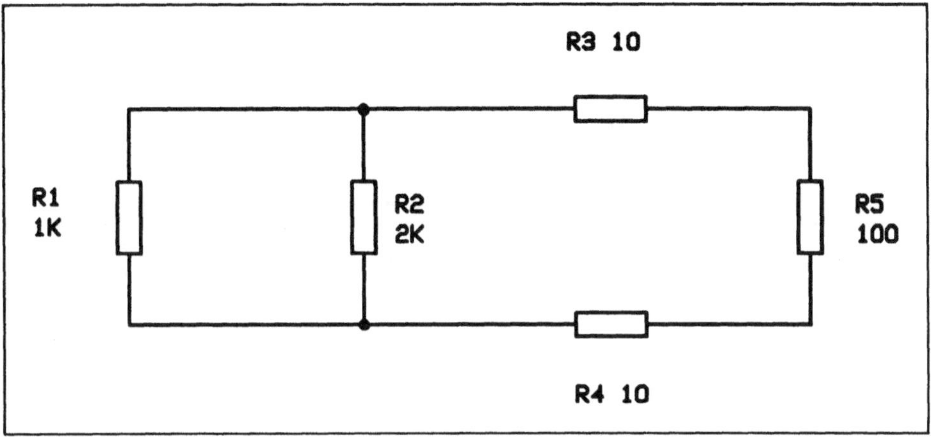

Bild 1.4.16: Netzwerk mit unwirksam gesetzten Quellen zur Bestimmung des Ersatzinnenwiderstandes

Bei der Berechnung des Ersatzinnenwiderstandes ist der Widerstand R5 beizubehalten. Der Ersatzinnenwiderstand wurde bereits bestimmt. Insgesamt erhält man die in Bild 1.4.16 dargestellte Ersatzquelle.

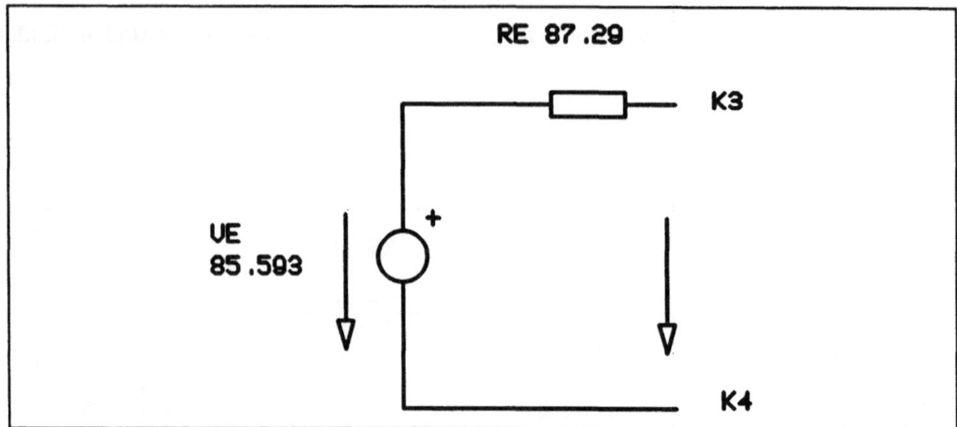

Bild 1.4.17: Ersatzspannungsquelle zu Bild 1.4.14 (Klemmen K3 und K4)

Die Ersatzspannungsquelle kann in SPICE mit der .TF-Kontrollanweisung ermittelt werden. Diese Anweisung hat folgendes Format:

TF Ausgangsvariable Eingangsquelle.

Die Ausgangsvariable ist in der o.g. Aufgabenstellung, Bild 1.4.17, die Spannung am Widerstand R5. Die Eingangsquelle ist VQ1. In der SPICE-Ausgabedatei werden u.a. folgende Größen ausgegeben:

a) das Verhältnis Ausgangsvariable/Eingangsquelle,
b) der Eingangswiderstand von der Eingangsquelle
   aus betrachtet,
c) der Ausgangswiderstand von der Ausgangsgröße
   aus betrachtet.

Der unter c) ermittelte Ausgangswiderstand ist der Ersatzinnenwiderstand. Die (ideale) Ersatzquelle erhält man aus den Knotenspannungen. Zur Bestimmung der Ersatzquelle für die Klemmen K3 und K4 in Bild 1.4.17 wird folgende SPICE-Eingabedatei verwendet:

```
.TF V(3,4) VQ1
R1 1 2 1K
IQ1 0 2 1A
R3 2 3 10
R2 2 0 2K
R4 0 4 10
R5 3 4 100
VQ1 1 0 10V
.END
```

Die Daten der Ersatzspannungsquelle lassen sich aus der SPICE-Ausgabedatei entnehmen:

```
NODE   VOLTAGE      NODE   VOLTAGE      NODE   VOLTAGE

( 1)    10.0000     ( 2)   102.7119     ( 3)    94.1525
( 4)     8.5593

    VOLTAGE SOURCE CURRENTS

    NAME       CURRENT

    VQ1      9.271D-02

    SMALL-SIGNAL CHARACTERISTICS

0    V(3,4)/VQ1                    = 8.475D-02
0    INPUT RESISTANCE AT VQ1       = 1.113D+03
0    OUTPUT RESISTANCE AT V(3,4)   = 8.729D+01
```

Das Verhältnis Eingangsgröße zu Ausgangsgröße wird Übertragungsfunktion genannt und dient z.B. bei Verstärkern, Leitungen etc. zur Beschreibung der Verstärkung bzw. der Dämpfung. Die Übertragungsfunktion ist auch in der Regelungstechnik von großer Bedeutung. Die Blöcke im Strukturbild werden jeweils mit Übertragungsfunktionen beschrieben, so daß man für das gesamte Regelungssystem, d.h. mit Strecke, Regler, Vergleicher etc. eine Gesamtübertragungsfunktion aufstellen kann.

In ähnlicher Vorgehensweise wie bei der Ersatzspannungsquelle können auch Ersatzstromquellen (engl. Norton Equivalent) für Klemmenpaare in Netzwerken aufgestellt werden (Nilsson, 1990).

1.5 Subnetzwerke

Umfangreichere Netzwerke können zur Verbesserung der Übersichtlichkeit in Teil- oder Subnetzwerke unterteilt werden. Die Subnetzwerke werden als schwarzer Kasten betrachtet, dessen Inhalt zunächst nicht weiter interessiert oder bereits analytisch untersucht wurde und als bekannt vorausgesetzt werden kann. Subnetzwerke können also - einmal beschrieben - mehrfach verwendet werden. Die Subnetzwerke können mit Abkürzungen versehen werden, so daß eine vereinfachte Beschreibung des Netzwerkes möglich wird und nicht bei jeder Verwendung des Subnetzwerkes die (umfangreiche) Gesamtbeschreibung des Subnetzwerkes mitgeführt werden muß. Es wird demnach vorausgesetzt, daß sich eine Vereinfachung der Beschreibung des gesamten Netzwerkes durch Verwendung von Subnetzwerken ergibt. Durch die Verwendung von Subnetzwerken wird ein Teil der Knoten zu internen Knoten des Subnetzwerkes. Das Subnetzwerk wird über externe Knoten mit dem übrigen Netzwerk verbunden.

In SPICE sind Subnetzwerke (subcircuit) mit folgendem Ausdruck darstellbar:

```
.SUBCKT Subnetzwerk_Name N1 N2 ...
        Komponenten zur Beschreibung
        des Subnetzwerkes
.ENDS
```

Die Knoten mit den Knotennummern N1, N2, ... sind die externen Knoten des Subnetzwerkes. Bei der Beschreibung des Subnetzwerkes darf die Knotennummer 0 nicht als interner Knoten verwendet werden. Das Subnetzwerk wird mit folgender Anweisung von SPICE aufgerufen:

```
Xn N1 N2 ... Subnetzwerk_Name
```

Die Reihenfolge der Knoten N1, N2 usw. ist bei der Definition des SUBCKT's und beim Aufruf mit Xn ... einzuhalten. Der Buchstabe n bei Xn bezeichnet die Nummer des jeweiligen SUBCKT´s. Zur Erläuterung der Vorgehensweise bei Subnetzwerken in Verbindung mit SPICE wird das Netzwerk in Bild 1.5.1 verwendet.

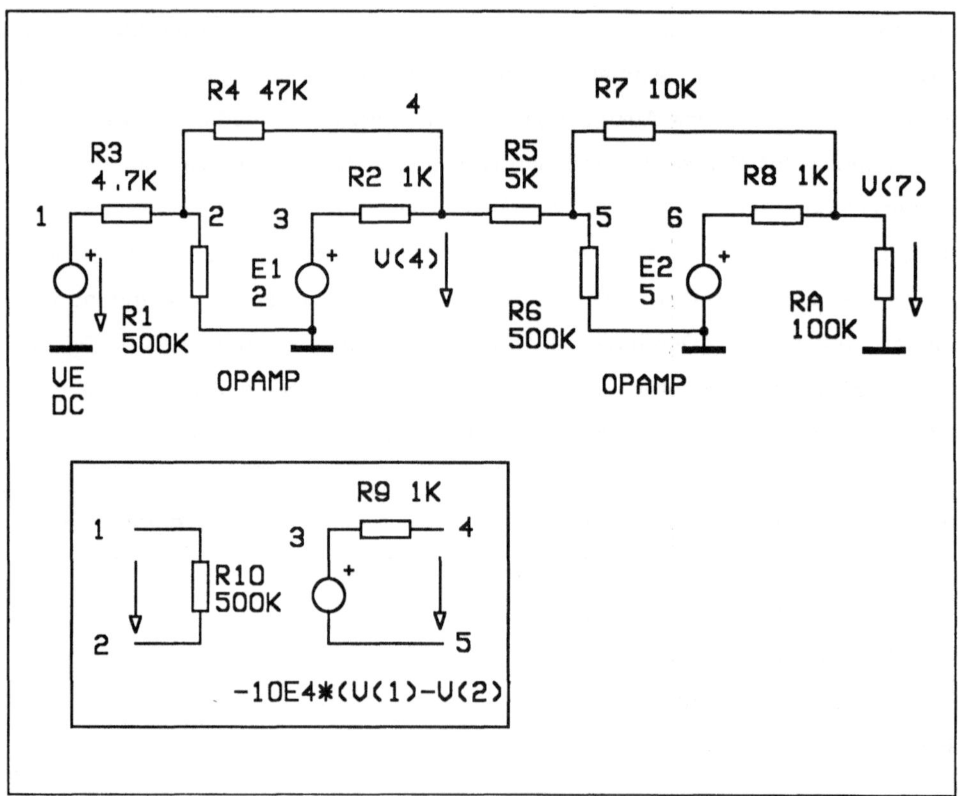

Bild 1.5.1: Netzwerk mit Subnetzwerk OPAMP

Das Netzwerk, Bild 1.5.1, hat zwei spannungsgesteuerte Spannungsquellen: E1 und E2. E1 ist von der Spannung zwischen den Knotenpunkten 2 und 0 abhängig. E2 ist von der Spannung zwischen den Knotenpunkten 5 und 0 abhängig. E1 und E2 besitzen einen Verstärkungsfaktor von -10^4. Vergleicht man die weiteren Zweipole, die an E1 und E2 angeschlossen sind so wird deutlich, daß bei beiden

Zweipolen ein Widerstand zwischen den Knotenpunkten, an denen die Steuerspannung abgegriffen wird, liegt. Bei E1 liegt der Widerstand R1 = 500 kΩ
zwischen den Knotenpunkten 2 und 0. Bei E2 liegt der Widerstand R6 = 500 kΩ
zwischen den Knotenpunkten 5 und 0. Die beiden gesteuerten Quellen E1 und E2
besitzen am Ausgang einen Ausgangswiderstand von jeweils 1 kΩ. Nachdem das
beschriebene Umfeld (Eingangswiderstand, Ausgangswiderstand, Verstärkungsfaktor) der beiden gesteuerten Quellen E1 und E2 identisch ist liegt es nahe, hierfür
ein Subnetzwerk zu definieren, das dann als "Baustein" zweimal in die Schaltung
eingesetzt wird. Dieser Baustein hat einen hohen Eingangswiderstand, einen
geringen Ausgangswiderstand und eine hohe Verstärkung. Die Spannungsdifferenz
zwischen den Eingangsknoten wird verstärkt. Derartige Bauelemente werden als
(ideale) Operationsverstärker (OPAMP) bezeichnet (siehe Kapitel 1.3.). Die Analyse
der Gesamtschaltung beginnt man vorteilhaft mit der Analyse der beiden Teilschaltungen. Die Teilschaltung A besitzt die Eingangsknoten 1 und 0. Die Knoten
4 und 0 sind die Ausgangsknoten. Die Teilschaltung B hat die Eingangsknoten 4
und 0; die Ausgangsknoten sind die Knoten mit den Nummern 7 und 0. Ohne die
Rückführungswiderstände R4 bzw. R7 wird auf Grund der hohen Verstärkung bereits bei einer geringen Spannung (im mV- Bereich) eine hohe Ausgangsspannung
erreicht. Bei realen Operationsverstärkern wird die Ausgangsspannung etwas unterhalb der Betriebsspannung liegen. Aufgrund des hohen Eingangswiderstandes
(500 kΩ) wird nur ein kleiner Strom in den OPAMP hineinfließen. Die Teilschaltungen A und B verhalten sich daher näherungsweise wie invertierende Spannungsteiler:

$$\frac{V(4)}{VE} \approx \frac{-R4}{R3} = -10$$

bzw. für die Teilschaltung B:

$$\frac{V(7)}{V(4)} \approx \frac{-R7}{R5} = -2$$

Die beiden Teilschaltungen A und B sind gegeneinander näherungsweise entkoppelt (d.h. sie beeinflussen sich wenig), so daß die Gesamtschaltung einen Verstärkungsfaktor von näherungsweise   (-10)*(-2) = 20 besitzt. Es wird daher erwartet, daß eine Eingangsspannung VE von 0.1 V eine Ausgangsspannung von ca. 20 V hervorruft.

Zur SPICE - Simulation der Schaltung, Bild 1.5.1, wird zunächst die Schaltung ohne die Verwendung von SUBCKT´s untersucht. Danach wird für die Operationsverstärker ein SUBCKT definiert und zweimal aufgerufen.

Für die Schaltung in Bild 1.5.1 erhält man mit der Variation der Eingangsspannung VE von 0.1 bis 1.0 V folgende SPICE - Eingabedatei:

```
.DC VE 0.1 1.0 0.1
.PRINT DC V(1) V(4) V(7)
 E1 3 0 2 0 10E3
 R2 3 4 1K
 R3 1 2 4.7K
 R4 2 3 47K
 R5 4 5 5K
 R6 5 0 500K
 E2 6 0 5 0 10E3
 R7 5 6 10K
 R8 6 7 1K
 RA 7 0 100K
 V3 1 0 0.1
 R1 2 0 500K
 .END
```

Für das in Bild 1.5.1 umrahmt angegebene SUBCKT OPAMP erhält man mit
<u>beliebigen</u> Bezeichnungen der Knoten (außer der Knotennummer 0) und der Zwei-
pole folgenden Ausdruck:

```
.SUBCKT OPAMP 1 2 4 5
 R1 1 2 500K
 R2 3 4 1K
 E1 3 5 1 2 -10E3
 .ENDS
```

Aus der o.g. Beschreibung des OPAMP ist zu erkennen, daß sowohl einzelne
Zweipole (Quelle E1, Widerstände R1 und R2) als auch einzelne Knotennummern
sowohl in der ursprünglichen Schaltung (ohne SUBCKT´s) als auch in der Beschreibung des SUBCKT´s OPAMP vorkommen.

Die beiden SUBCKT´s werden jeweils mit
X1 (äußere Knotennummern) OPAMP und
X2 (äußere Knotennummern) OPAMP aufgerufen:

```
 .DC VE 0.1 1 0.1
 .PRINT DC V(1) V(4) V(7)
 R3 1 2 4.7K
 R4 2 4 47K
 R5 4 5 5K
 R7 5 7 10K
 RA 7 0 100K
 VE 1 0 DC 0.1
 .SUBCKT OPAMP 1 2 4 5
 R1 1 2 500K
 R2 3 4 1K
 E1 3 5 1 2 -10E3
 .ENDS
 X1 2 0 4 0 OPAMP
 X2 5 0 7 0 OPAMP
 .END
```

Die Simulationsergebnisse sind (ausschnittsweise) nachfolgend dargestellt:

VE	V(1)	V(4)	V(7)
1.00000E-01	1.000E-01	-9.986E- 01	1.997E+00
2.00000E-01	2.000E-01	-1.997E+00	3.993E+00
3.00000E-01	3.000E-01	-2.996E+00	5.990E+00
4.00000E-01	4.000E-01	-3.995E+00	7.986E+00
5.00000E-01	5.000E-01	-4.993E+00	9.983E+00
6.00000E-01	6.000E-01	-5.992E+00	1.198E+01
7.00000E-01	7.000E-01	-6.991E+00	1.398E+01
8.00000E-01	8.000E-01	-7.989E+00	1.597E+01
9.00000E-01	9.000E-01	-8.988E+00	1.797E+01
1.00000E+0	1.000E+0	-9.986E+0	1.997E+01

Vergleicht man die Ergebnisse der SPICE - Simulation z.B. für V(7) mit den erwarteten Ergebnissen aus der Näherungsrechnung, so sind nur geringe Unterschiede feststellbar. Bei einer Eingangsspannung von 0.1 V werden auf Grund der überschlägigen Berechnung 2.00 V Ausgangsspannung (V(7)) erwartet. Die Simulation liefert 1.997 V.

Die Verwendung von Subnetzwerken in Verbindung mit SPICE wird durch die Verfügbarkeit von "fertigen" Bibliotheken für viele Zwei- und Vierpole besonders interessant. Die Problematik liegt allerdings in der Gültigkeit der "fertigen" Subnetzwerke. In Sonderfällen sind gegebenfalls eigene SUBCKT´s mit realistischerem Verhalten zu entwickeln. Für den häufig verwendeten OPAMP 741 werden SUBCKT´s in der Literatur (Nielinger 1989;   Meares, 1988) angegeben und diskutiert. Diese Modelle eines realen OPAMP´s wurden im Hinblick auf die meßtechnische Ermittlung der einzelnen Modellkomponenten und unter Berücksichtung von kurzen Rechenzeiten entwickelt. Setzt man in das Netzwerk, Bild 1.5.1, ein anderes SUBCKT ein, so sind die Auswirkungen auf die Ergebnisse, z.B. der Ausgangsspannungen, von Interesse. Exemplarisch wird nun ein in der Literatur (Meares, 1988) angegebenes SUBCKT für den OPAMP in Bild 1.5.1 eingesetzt.

Man erhält das in Bild 1.5.2 angegebene Netzwerk.

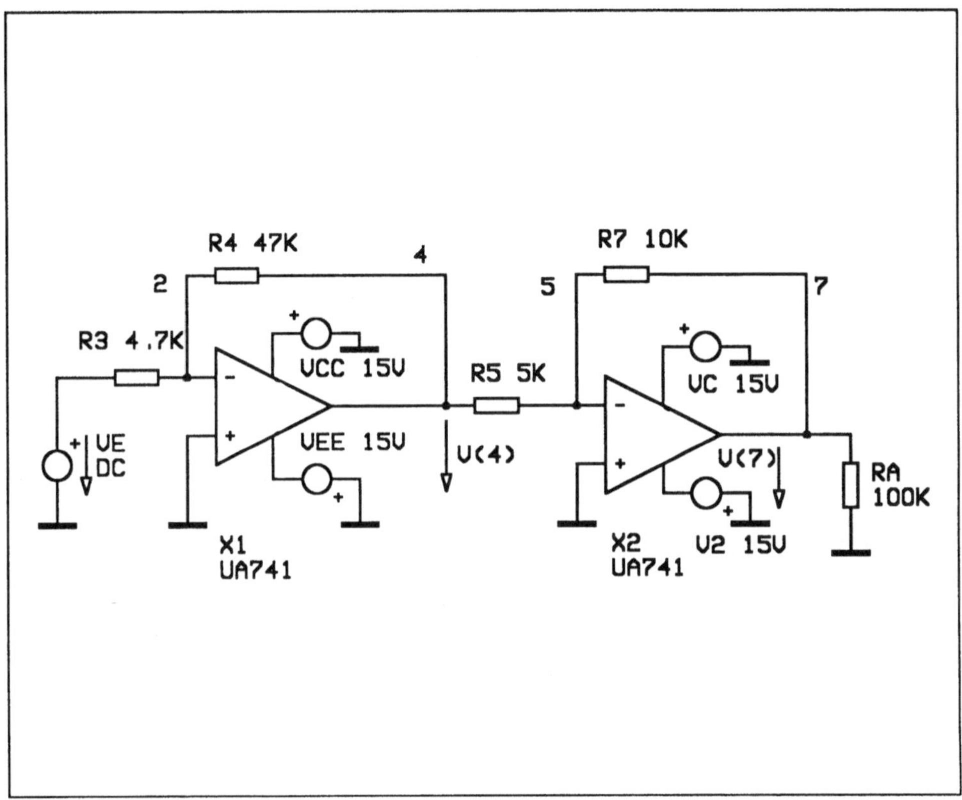

Bild 1.5.2: Netzwerk aus Bild 1.5.1 mit SUBCKT nach Meares, 1988

Im Gegensatz zum ursprünglichen Netzwerk, Bild 1.5.1, wird jetzt ein spezielles Symbol für den OPAMP verwendet und der OPAMP mit einer positiven und negativen Betriebsspannung an den Anschlüssen Vcc und Vee versorgt. Die übrige Schaltung wurde nicht verändert.

Aus der folgenden Beschreibung des SUBCKT UA 741 ist zu erkennen, daß eine Reihe von weiteren Bauelementen verwendet wird:

```
.SUBCKT UA741 2   3  6  7  4
*             - IN + OUT VCC VEE
RP 4 7 10K
RXX 4 0 10MEG
*
IBP 3 0 80NA
RIP 3 0 10MEG
CIP 3 0 1.4PF
IBN 2 0 100NA
RIN 2 0 10MEG
CIN 2 0 1.4PF
VOFST 2 10 1MV
RID 10 3 200K
EA 11 0 10 3 1
R1 11 12 5K
R2 12 13 50K
C1 12 0 13PF
GA 0 14 0 13 2700
C2 13 14 2.7PF
RO 14 0 75
L 14 6 30UHY
RL 14 6 1000
CL 6 0 3PF
.ENDS
```

Die weiteren SPICE - Anweisungen beziehen sich auf die zusätzlichen Spannungs-versorgungen an Vcc, Vee und auf den Aufruf des SUBCKT UA 741 mit X1 ... und X2 ... Die äußere Beschaltung mit R3, R4, R5, R7, RA und VE wurde nicht verändert:

```
.DC VE 0.1 1 0.1
.PRINT DC  V(4) V(7)
R3 1 2 4.7K
R4 2 4 47K
VE 1 0 DC 01
VEE 0 10 15V
VCC 6 0 15V
R5 4 5 5K
```

```
X2 5 0 7 9 8 UA741
R7 5 7 10K
VC 9 0 15V
V2 0 8 15V
RA 7 0 100K
X1 2 0 4 6 10 UA741
.END
```

Die (ausschnittsweise) angegebenen Ergebnisse zeigen, daß wiederum nur geringe Veränderungen gegenüber der o.g. Näherungsberechnung auftreten:

VE	V(4)	V(7)
1.00000E-01	-9.842E- 01	1.972E+00
2.00000E-01	-1.984E+00	3.972E+00
3.00000E-01	-2.984E+00	5.972E+00
4.00000E-01	-3.984E+00	7.972E+00
5.00000E-01	-4.984E+00	9.972E+00
6.00000E-01	-5.984E+00	1.197E+01
7.00000E-01	-6.984E+00	1.397E+01
8.00000E-01	-7.984E+00	1.597E+01
9.00000E-01	-8.984E+00	1.797E+01
1.00000E+0	-9.984E+00	1.997E+01

Gegenüber der SPICE - Simulation nach Bild 1.5.1 treten mit dem SUBCKT UA 741 ebenfalls geringe Veränderungen auf. Die Spannung V(7) beträgt jetzt 1.972 V gegenüber 1.997 V bei einer Eingangsspannung VE von 0.1 V.

1.6 Analyse nichtlinearer Netzwerke

In der bisherigen Darstellung wurden nichtlineare Netzwerke aus didaktischen Gründen noch nicht behandelt. Netzwerke mit nichtlinearen Bauelementen haben jedoch in der Praxis große Bedeutung. Verstärkende Bauelemente wie Transistoren, Röhren etc. haben ebenso wie Dioden nichtlineare Strom- Spannungskennlinien. Ideale lineare Bauelemente mit einer linearen Strom- Spannungscharakteristik kommen in der Praxis weniger häufig vor als nichtlineare Bauelemente. Lineare Netzwerke sind jedoch i. allg. leichter zu analysieren als nichtlineare Netzwerke. Wegen dieser leichteren Analysemöglichkeit der linearen Bauelemente versucht man oftmals, die nichtlinearen Bauelemente in der Umgebung des Arbeitspunktes zu linearisieren. Als Stellvertreter für die Klasse der nichtlinearen Bauelemente werden im folgenden *Netzwerke* mit *Dioden* bei Gleichstrom untersucht. Dioden sind Bauelemente aus Halbleitermaterialien, die den Strom bevorzugt in einer Richtung (Durchlaßrichtung) fließen lassen. Legt man an die Anode eine größere positive Spannung als an der Kathode an, so wird die Diode in Durchlaßrichtung betrieben. Bei Umpolung der Spannung sperrt die Diode. Im Sperrbereich der Diode fließt ein wesentlich kleinerer Strom durch die Diode als im Durchlaßbereich. Als Zweipol wird die Diode in erster Näherung mit folgender Strom- Spannungsbeziehung I = f(U) beschrieben:

$$I = I_s \left(e^{U/(N*U_t)} - 1 \right)$$

Für die Temperaturspannung erhält man bei 296 K einen Wert von $U_t \approx 25.5$ mV. Der Strom I_s wird Sättigungsstrom genannt und kann ebenso wie der Emissionsfaktor N näherungsweise aus der Kennlinie I = f(U) abgelesen werden (Khakzar, 1991). Im Sperrbereich ist der Betrag des Diodenstromes bei obiger Gleichung identisch I_s. Von einer Ermittlung der verschiedenen Parameter wird abgesehen. Zur Darstellung der Kennlinien der "Standarddiode" von SPICE wird die Beschreibung mit einer MODEL- Anweisung benötigt:

.MODEL Modellname Type (Parameter1 Parameter2 Parameter3 ...)

Für eine Diode mit dem Modellnamen DIODE vom Typ D und einem Sättigungsstrom von 7 nA, einem Emissionsfaktor von 2 und einem Serienwiderstand von
0.8 Ω erhält man folgende Anweisung:

.MODEL DIODE D (IS = 7N N = 2 RS = .8)

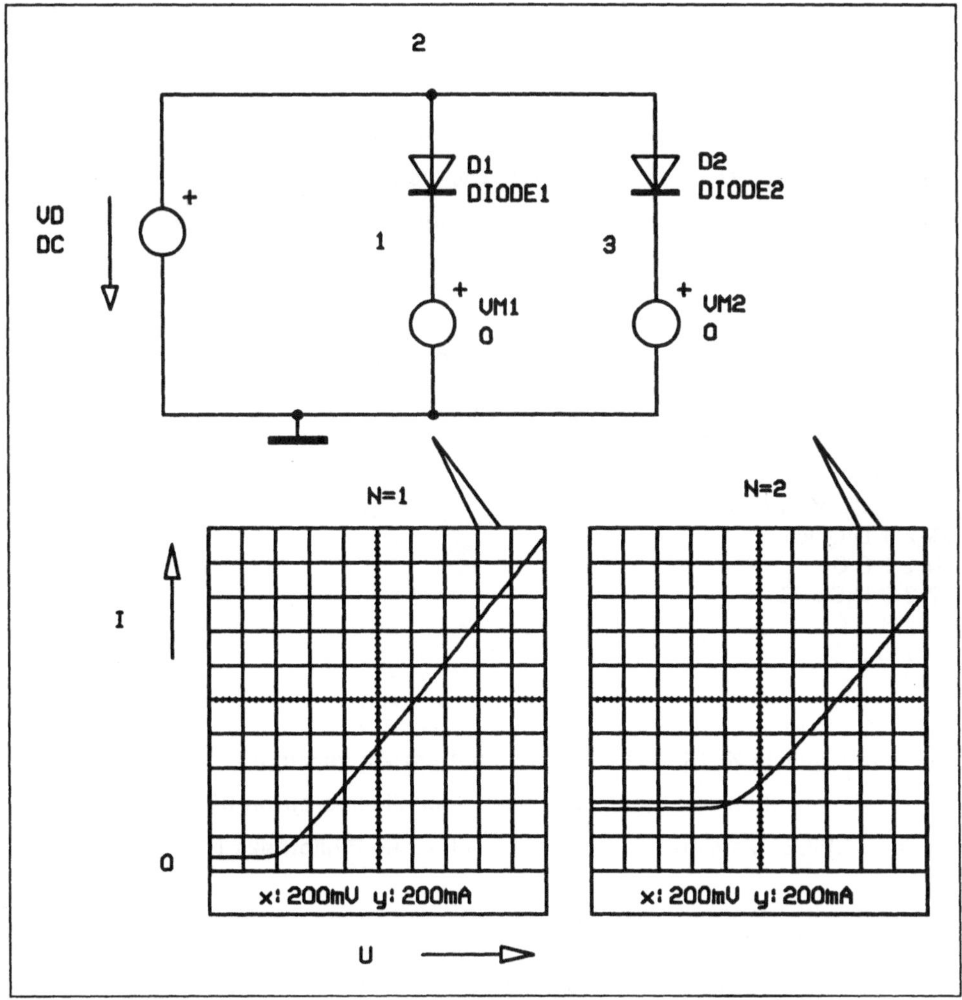

Bild 1.6.1: Netzwerk zur Kennlinienuntersuchung einer Diode

Der Serienwiderstand liegt in Reihe zum Anodenanschluß (INTUSOFT, 1991) und wirkt strombegrenzend. Zur Erläuterung des Einflusses eines Parameters (Emissionsfaktor) wird Bild 1.6.1 verwendet. Das Netzwerk, Bild 1.6.1, beinhaltet eine von 0 bis 2 V veränderliche Spannungsquelle VD und die beiden Dioden DIODE1 und DIODE2. Die beiden Dioden unterscheiden sich nur im Emissionsfaktor N. Für beide Dioden wird das "Standardmodell" von SPICE verwendet, das auf obiger Gleichung beruht.

Aus Bild 1.6.1 ist zu entnehmen, daß die Veränderung des Parameters N zu einer Verschiebung der I/U- Kennlinien führt. Die Veränderung der Kennlinien in Abhängigkeit von den einzelnen Parametern kann leicht mit der folgenden SPICE-Eingabedatei untersucht werden (Bild 1.6.1):

```
*INCLUDE DEVICE.LIB          <---- Aufruf der Bibliothek mit dem Diodenmodell
*
 .MODEL DIODE1 D (IS = 7N N = 1 RS = .8)
 .MODEL DIODE2 D (IS = 7N N = 2 RS = .8)
 .DC VD 0V 2V 10MV
 .PRINT DC V(2) I(VM1) I(VM2)
 D1 2 1 DIODE1
 VM1 1 0 0
 D2 2 3 DIODE2
 VM2 3 0 0
 VD 2 0 DC
 .END
```

Die Diodenmodelle X (X = 1,2) werden mit der Anweisung:
DX Anodenanschluß Kathodenanschluß Modellname aufgerufen. Je nach verwendeter SPICE- Version benötigt man noch einen Bibliotheks (.LIB)- Aufruf.

Schaltet man einen Widerstand in Reihe zur Diode, so erhält man Bild 1.6.2. In Abhängigkeit vom Widerstand R1 wird durch die Diode ein unterschiedlicher Strom fließen. Mit einem Maschenumlauf erhält man:

$$VQ - V(1) = R1\, I_s\, (e^{U/(N \cdot Ut)} - 1).$$

Dividiert man beide Seiten der Gleichung durch den Widerstand R1, so erhält man eine nur numerisch (Näherungsverfahren) oder grafisch zu lösende Gleichung:

$$VQ/R1 \ - V(1)/R1 \ = \ I_s \ (e^{U/(N*Ut)} - 1).$$

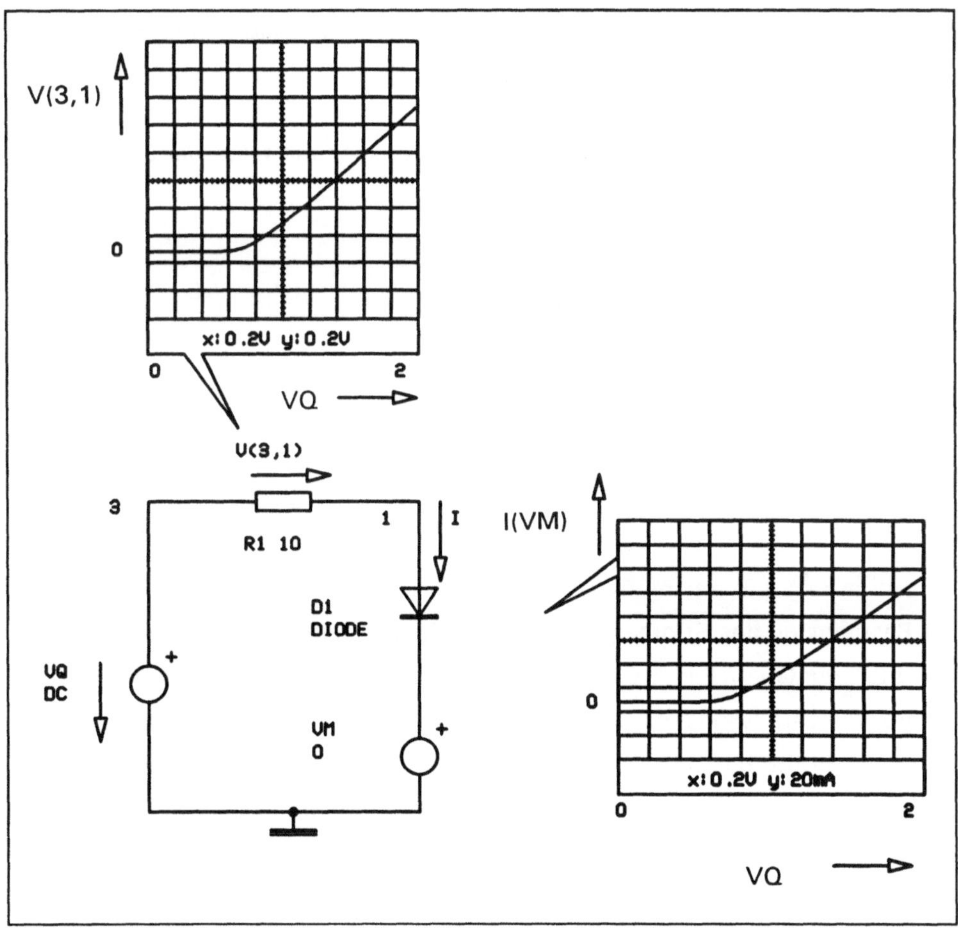

Bild 1.6.2: Netzwerk mit Diode und Widerstand mit Ergebnissen für V(3,1), I(VM)

Auf der linken Seite steht jetzt eine Geradengleichung mit einer Steigung von -1/R1 und einem Achsenabschnitt von VQ/R1. Mit VQ = 3 V und R1 = 10.0 Ω erhält man: I = 0.3 (A) - 0.1(V/A) * U .

Der Ausdruck I_s ($e^{U/(N \cdot Ut)}$ - 1) stellt den Strom durch die Diode dar.

Bei den Ergebnissen, die in Bild 1.6.2 in Form von Oszilloskopbildschirmen aufgetragen sind, ist der nichtlineare Spannungsabfall V(3,1) in Abhängigkeit von der Quellspannung VQ zu beachten. Verständlich wird dies, wenn man bedenkt, daß der Strom durch die Diode auch durch den Widerstand R1 fließt und dort den Spannungsabfall V(3,1) verursacht.

Die SPICE- Simulation des Netzwerkes, Bild 1.6.2, kann mit folgender Eingabedatei durchgeführt werden:

```
*INCLUDE DEVICE.LIB
.MODEL DIODE D (IS = 7N N = 2 RS = .8)
.DC VQ 0V 2V 20MV
.PRINT DC V(1) V(3) I(VM)
.PRINT DC V(3,1)
R1 3 1 10
D1 1 2 DIODE
VM 2 0 0
VQ 3 0 DC
.END
```

Zur Bestimmung des Stromes durch die Diode und damit auch durch den Widerstand R1 wurden im Bild 1.6.2 die Möglichkeiten von SPICE genutzt, auch nichtlineare Elemente (Diode) einzubeziehen. Wenn die Kennlinie einer Diode jedoch in Form einer grafischen Darstellung (vom Hersteller) gegeben ist, dann kann man die Diode ohne Belastungswiderstand R1 in Form eines Modells nachbilden und *danach* den Belastungswiderstand R1 dazuschalten. Zur Erläuterung der Vorgehensweise sei die "Standartdiode" von SPICE mit IS = 0.7 nA, N = 2 und RS = 0.001 Ω gegeben. RS wurde sehr klein gewählt, damit am Belastungswiderstand R1 der Großteil der Spannung abfällt. Gegenüber der Eingabedatei für Bild 1.6.2 wurde nur die .MODEL- Zeile verändert. Zur Ermittlung der Kennlinie der Diode wird auch der Belastungswiderstand R1 sehr klein gewählt, damit keine Kennlinienverschiebung (siehe Bild 1.6.2, rechts) auftritt. Es wird also eine Diode "ohne" Belastungswiderstand und RS -> 0 simuliert.

Danach kann die Kennlinie des Zweipols, bestehend aus dem Widerstand R1 und VQ mit I = f(VQ, R1, U) = VQ/R1 - V(1)/R1 eingetragen werden.

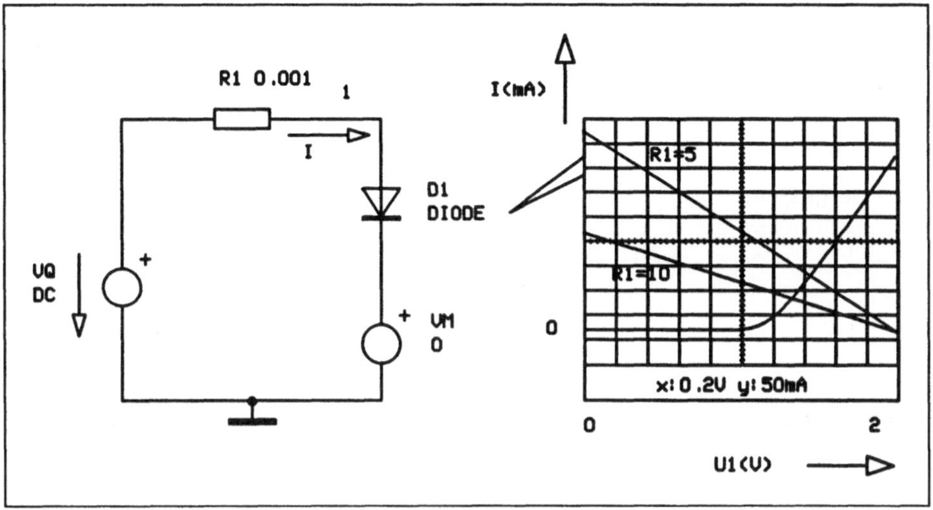

Bild 1.6.3: Netzwerk mit Diode und Kennlinien für I = f(VQ, R1, U)

Aus Bild 1.6.3 ist zu entnehmen, daß die Strom- Spannungskennlinie I = f(VQ, R1, U) die Diodenkennlinie in einem Punkt kreuzt. Dieser Punkt wird Arbeitspunkt genannt und stellt die (grafische) Lösung der Gleichung

$$VQ/R1 \ - \ V(1)/R1 \ = \ I_s \ (e^{U/(N*Ut)} \ - \ 1) \quad dar.$$

Wenn die Spannung im Arbeitspunkt UO nur um einen kleinen Betrag dU geändert wird, erhält man einen neuen Arbeitspunkt mit den Koordinaten U = UO + dU und I = IO + dI. Der ursprüngliche Arbeitspunkt hatte also die Koordinaten (UO, IO). Durch eine Taylorentwicklung um den Arbeitspunkt (UO, IO) und unter Berücksichtigung, daß IO viel größer als I_s ist, erhält man mit IO/U_t = G_D eine Funktion I = IO + G_D (U - UO). Diese Funktion stellt die Approximation der Diodenkennlinie im Punkt (UO, IO) dar.

1.7 Übungsaufgaben

Die folgenden Übungsaufgaben beziehen sich auf die Kapitel 1.1 bis 1.4. Die Übungen sind zur Vertiefung der Kenntnisse und Fertigkeiten in der Netzwerkanalyse in Verbindung mit SPICE-Simulationen vorgesehen. Die Übungen sollten, falls dies nicht gesondert vermerkt wird, zunächst ohne SPICE gelöst werden. Die Lösungen zu den Übungen umfassen eine kurze, allgemeine Lösung (ohne SPICE) und einen SPICE Lösungsvorschlag. Die Ergebnisse zur SPICE - Simulation sind verkürzt dargestellt.

Aufgabe 1.7.1

Gegeben sei folgendes Netzwerk mit den Spannungsquellen V1, V2 und V3 = 0 V.

a) Bestimmen Sie den Strom durch den Widerstand R3.
b) Bestimmen Sie die Knotenspannung für den Knoten 2 (Minuspol der Spanungsqelle V1 ist Bezugsknoten).
c) Bestimmen Sie die gesamte im Netzwerk umgesetzte Leistung.

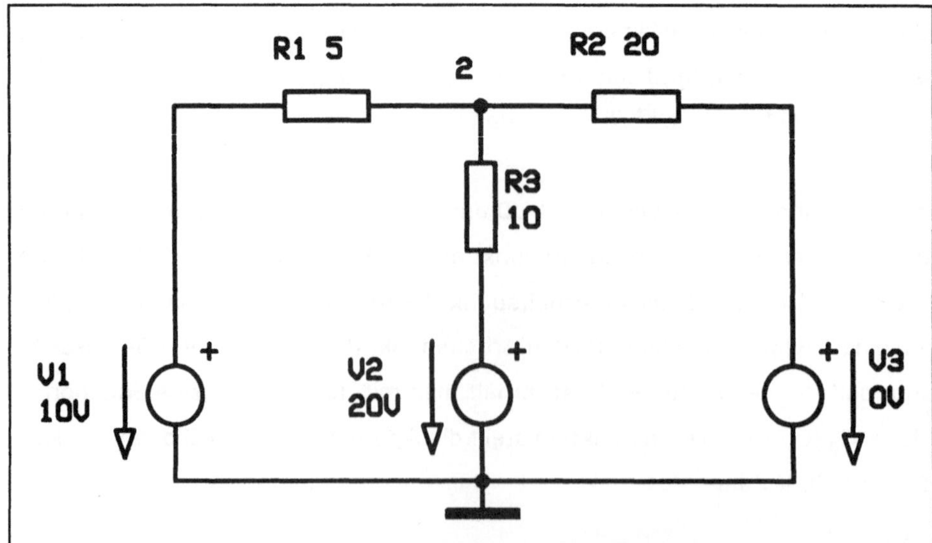

Lösung zu Aufgabe 1.7.1

Für den Knoten 2 erhält man mit abfließenden Strömen:

$I_{R1} + I_{R2} + I_{R3} = 0$, $-V1 - I_{R1} R1 + V(2) = 0$, $V(2) - V2 - I_{R3} R3 = 0$,

$V(2) - I_{R2} R2 = 0$, dh. eine Gleichung mit der unbekannten Knotenspannung $V(2)$.
Bei der Bestimmung der gesamten im Netzwerk umgesetzten Leistung ist bei den
Quellen zu unterscheiden, ob sie als Energielieferant oder als Verbraucher auf-
treten. Für die SPICE - Eingabedatei des Netzwerkes erhält man:

```
.PRINT DC I(V1) I(V2) I(V3) V(1) V(2) V(3) V(4)
V2 1 0 20V
R1 3 2 5
R2 2 4 20
R3 2 1 10
V3 4 0 0V
V1 3 0 10V
.END
```

Mit obiger Eingabedatei erhält man folgende Ergebnisse der SPICE-Simulation:

```
NODE   VOLTAGE      NODE   VOLTAGE      NODE   VOLTAGE

( 1)   20.000       ( 2)   11.4286      ( 3)   10.0000
( 4)    .0000
```

```
   VOLTAGE SOURCE CURRENTS

   NAME     CURRENT

   V2      -8.571D-01
   V3       5.714D-01
   V1       2.857D-01

TOTAL POWER DISSIPATION   1.43D+01  WATTS
```

Aufgabe 1.7.2

Bestimmen Sie bei dem folgenden Netzwerk mit einer unabhängigen Quelle V1 und der stromgesteuerten Spannungsquelle V2 den Strom im Netzwerk, die in V2 umgesetzte Leistung, die von V1 abgegebene Leistung und die Spannung an V2 ($V2 = k\,I$, $k = 4\,\Omega$).

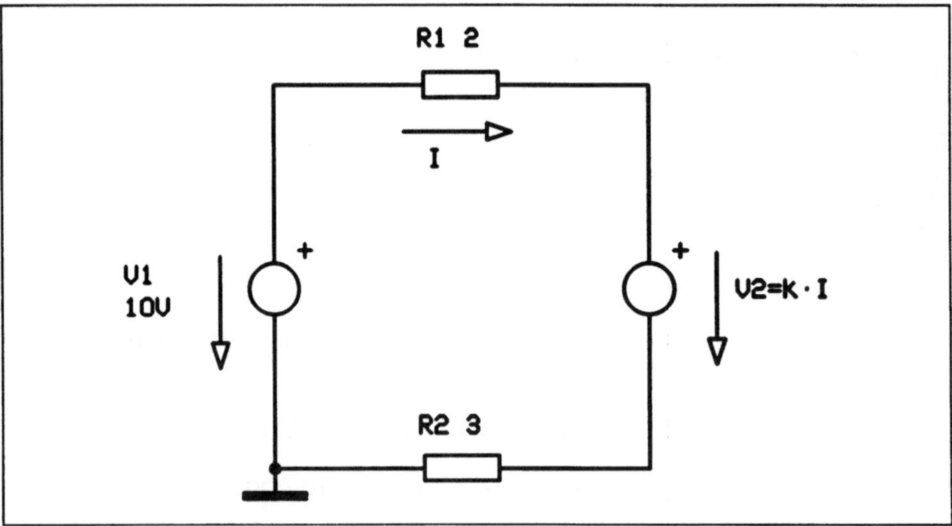

Lösung zu Aufgabe 1.7.2

Mit einem Maschenumlauf folgt:

- V1 + V2 + I (R1 + R2) = 0 bzw. mit V2 = k I

I = V1 / (R1 + R2 + k).

Die in V2 umgesetzte Leistung P_2 = V2 I = k I^2 ist mit den gegebenen Zahlenwerten positiv, im Verbraucherzählpfeilsystem heißt das, daß die Leistung von V2 aufgenommen wird. V2 wirkt als Verbraucher. Die gesamte im Netzwerk umgesetzte Leistung beträgt:

$$P_{ges} = P_{R1} + P_{R2} + P_2 = (R1 + R2 + k)\, I^2.$$

Für die SPICE-Analyse ist der Steuerstrom I durch eine Nullspannungsquelle V3 zu erfassen. Mit der stromgesteuerten Quelle V2, die durch die Zeile H1 ... V3 4 erfaßt wird, erhält man ein modifiziertes Netzwerk für die SPICE-Analayse:

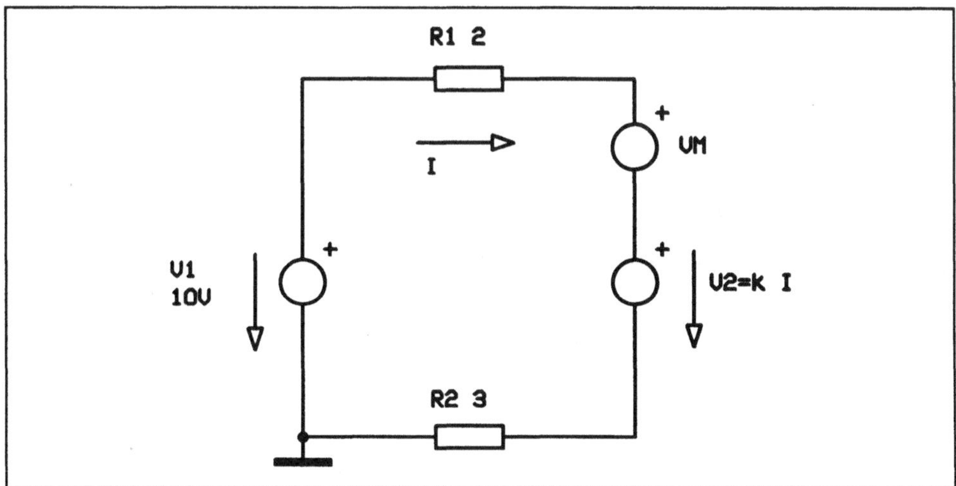

Zum modifizierten Netzwerk gehört folgende Eingabedatei:

```
.PRINT DC I(V2) V(4) V(5)
R1 1 2 2
R2 0 4 3
H1 5 4 V2 4
V2 2 5 0V
V1 1 0 10V
.END
```

Zur SPICE-Simulation gehören folgende Ergebnisse:

```
NODE   VOLTAGE       NODE  VOLTAGE

( 1)    10.0000      ( 2)    7.7778
( 5)     7.7778      ( 4)    3.3333

   VOLTAGE SOURCE CURRENTS

   NAME      CURRENT

   V2      1.111D+00
   V1     -1.111D+00

TOTAL POWER DISSIPATION   1.11D+01  WATTS

CURRENT-CONTROLLED VOLTAGE SOURCES

     H1

V-SOURCE    4.444
I-SOURCE  1.11E+00
```

Aufgabe 1.7.3

Bestimmen Sie bei nachfolgender Schaltung durch Maschenanlyse die Elemente
von $\underline{R}\ \underline{I}m = \underline{V}m$. Ermitteln Sie alle Zweigströme und die Knotenspannungen V(1),
V(2) und V(5).

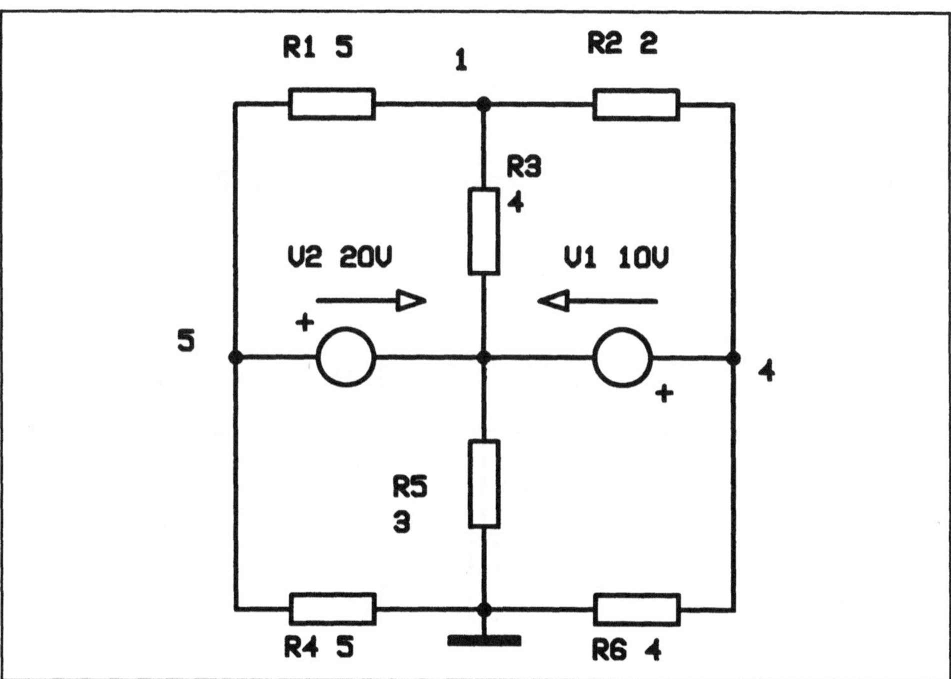

Lösung zu Aufgabe 1.7.3

Mit den Maschenströmen I1, I2, I4 und I6 erhält man folgendes
Gleichungssystem:

$$
\begin{bmatrix}
9\,\Omega & -4\,\Omega & 0 & 0 \\
-4\,\Omega & 6\,\Omega & 0 & 0 \\
0 & 0 & 8\,\Omega & -3\,\Omega \\
0 & 0 & -3\,\Omega & 7\,\Omega
\end{bmatrix}
\begin{bmatrix}
I1 \\ I2 \\ I4 \\ I6
\end{bmatrix}
=
\begin{bmatrix}
20\,V \\ -10\,V \\ -20\,V \\ 10\,V
\end{bmatrix}
$$

Für die SPICE-Analyse wird das Netzwerk mit "Strommeßgeräten" modifiziert:

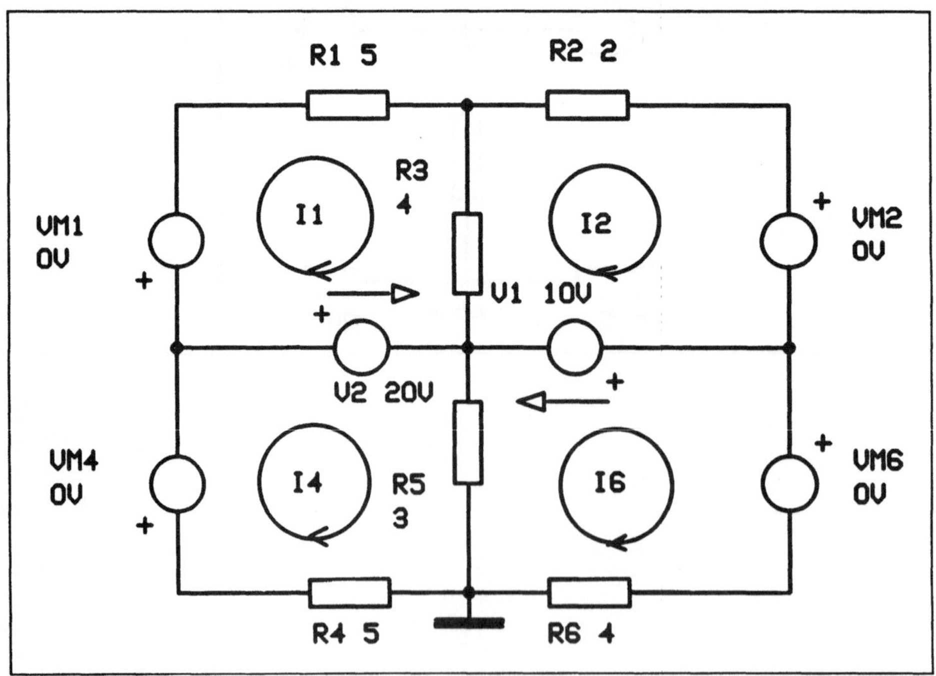

Die zum modifizierten Netzwerk gehörende SPICE-Eingabedatei lautet:

```
.PRINT DC I(VM1) I(VM2) I(VM4) I(VM6)
.PRINT DC V(1) V(2) V(5)
R2 1 5 2
R3 1 2 4
V1 6 2 10V
V2 8 2 20V
R4 9 0 5
R5 2 0 3
R6 0 7 4
VM1 8 4 0V
VM2 5 6 0V
VM6 6 7 0V
VM4 9 8 0V
R1 4 1 5
.END
```

Die Ergebnisse der SPICE-Simulation lassen sich aus folgendem Ausdruck ablesen:

```
NODE     VOLTAGE    NODE    VOLTAGE

( 1)      1.1758    ( 2)    -8.2979
( 5)      1.7021    ( 4)    11.7021
( 6)      1.7021    ( 7)     1.7021
( 9)     11.7021    ( 8)    11.7021

   VOLTAGE SOURCE CURRENTS

   NAME       CURRENT

   VM1      2.105D+00
   VM2     -2.632D-01
   VM4     -2.340D+00
   VM6      4.255D-01
   V1      -6.887D-01
   V2      -4.446D+00


TOTAL POWER DISSIPATION   9.58D+01  WATTS
```

Aufgabe 1.7.4

Verwenden Sie für folgendes Netzwerk die Knotenanalyse zur Ermitttlung der Spannungen an R6, R3 und R7, dh. V(3,4), V(4,0) und V(3,0).

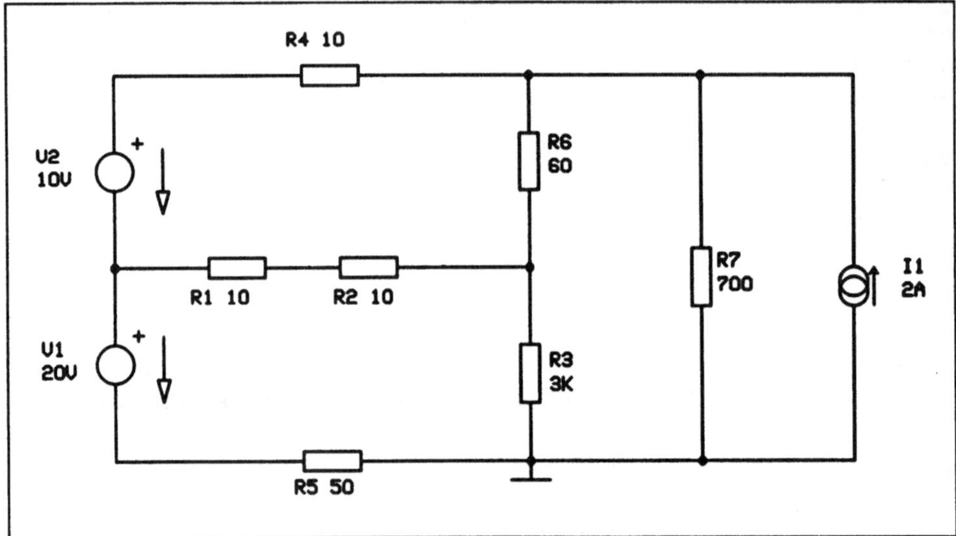

Wie lauten die Elemente der Gleichung $\underline{G}\,\underline{v} = \underline{I}$ allgemein ?

Lösung zu Aufgabe 1.7.4

Die Spannungsquellen V1 und V2 werden für die Knotenanalyse in Stromquellen IQ1 = V1/R5 und IQ2 = V2/R4 umgewandelt (siehe folgendes Bild). Unter Verwendung der Knotenspannungen erhält man mit R1 + R2 = RA und I1 = IQ3 das Matrizensystem $\underline{G}\,\underline{v} = \underline{I}$ bzw.:

$$\begin{bmatrix} G4+G5+G7 & -G6 & -G4 \\ -G6 & GA+G6+G3 & -GA \\ -G4 & -GA & GA+G6+G5 \end{bmatrix} \begin{bmatrix} V(3) \\ V(4) \\ V(5) \end{bmatrix} = \begin{bmatrix} IQ2+IQ3 \\ 0 \\ IQ1-IQ2 \end{bmatrix}$$

Für die SPICE-Analyse kann bereits das ursprüngliche Netzwerk mit einer Stromquelle I1 und zwei Spannungsquellen V1 und V2 verwendet werden, so daß folgende SPICE-Eingabedatei entsteht:

```
.PRINT DC V(1) V(3) V(4)
V2 2 5 10V
R1 5 1 10
R2 1 4 20
R3 4 0 3K
R4 2 3 10
R5 7 0 50
R6 3 4 60
R7 3 0 700
I1 0 3 2A
V1 5 7 20V
.END
```

Als Ergebnis des Simulationslaufes erhält man:

NODE	VOLTAGE	NODE	VOLTAGE	NODE	VOLTAGE
(1)	111.0539	(2)	118.5159	(3)	133.6810
(4)	116.1300	(5)	108.5159	(7)	88.5159

VOLTAGE SOURCE CURRENTS

NAME	CURRENT
V2	1.517D+00
V1	1.770D+00

Aufgabe 1.7.5

Ermitteln Sie bei folgenden Netzwerk die Knotenspannungen V(1) und V(2).

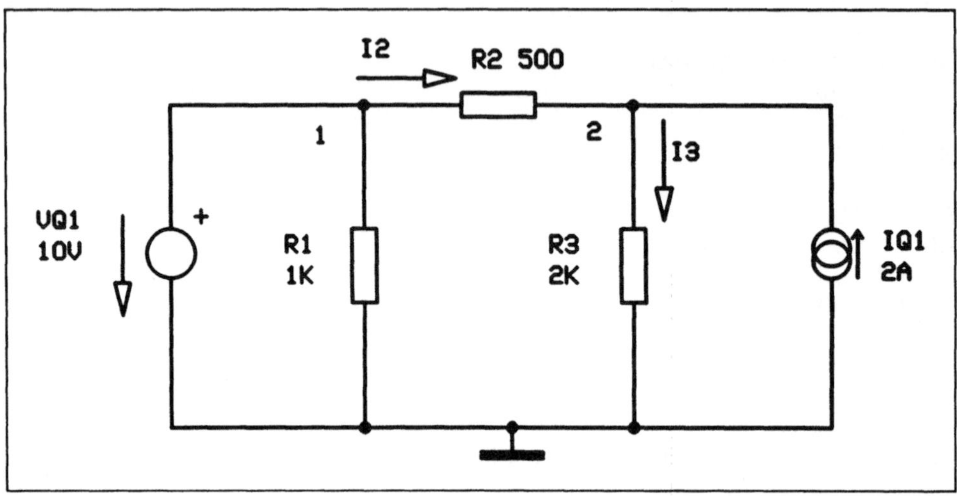

Lösung zu Aufgabe 1.7.5

Bei der Anwendung der Knotenanalyse auf das gegebene Netzwerk ist zu berück-
sichtigen, daß die Knotenspannung V(1) identisch mit der Quellenspannung der
idealen Spannungsquelle VQ1 ist. Das bedeutet aber, daß nur die Knotenspannung
V(2) unbekannt ist. Für den Knoten 2 gilt: I2 - I3 + IQ1 = 0 bzw. mit
VQ1 - V(2) - I2 R2 = 0; (VQ1 - V(2))/R2 = I2; I3 = V(2)/R3 folgt:

$$\frac{VQ1-V(2)}{R2} - \frac{V(2)}{R3} + IQ1 = 0$$

Aus dieser Gleichung läßt sich die unbekannte Knotenspannung V(2) leicht ermitteln. Für die SPICE-Simulation des Netzwerkes ergeben sich keine Probleme.

Die SPICE-Eingabedatei lautet:

```
.PRINT DC V(1) V(2)
R1 1 0 1K
R2 1 2 500
R3 2 0 2K
IQ1 0 2 2A
VQ1 1 0 10V
.END
```

Aus der Simulation erhält man folgende Ergebnisse:

```
NODE  VOLTAGE   NODE   VOLTAGE   VOLTAGE SOURCE CURRENTS

( 1)  10.0000   ( 2)   808.0000     NAME        CURRENT

                                    VQ1        1.586D+00
```

Aufgabe 1.7.6

Bestimmen Sie im folgenden Netzwerk die Knotenspannungen V(2) und V(3) mit der Knotenanalyse. VQ3 ist eine stromgesteuerte Spannungsquelle, die vom Strom I2 durch den Widerstand R2 mit dem Steuerungsfaktor $k = 15\ \Omega$ beeinflußt wird.

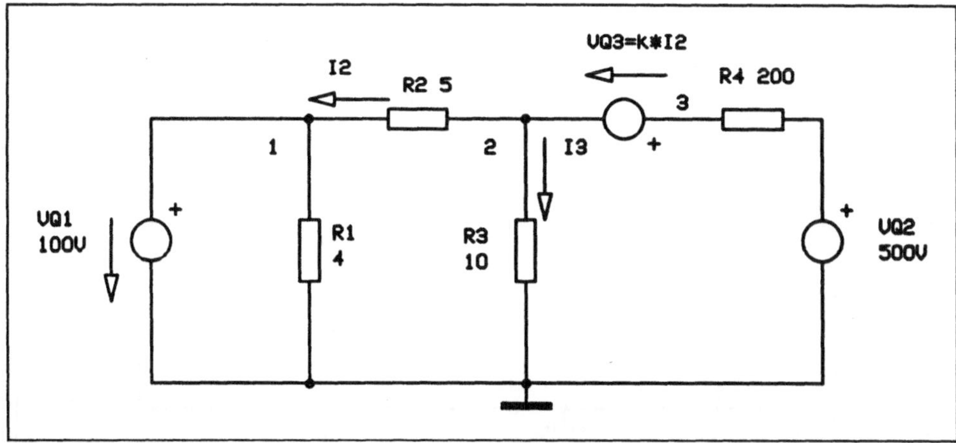

Lösung zu Aufgabe 1.7.6

Für die Knotenanalyse ist zunächst eine Umwandlung der Spannungsquelle VQ2 in eine Stromquelle IQ1 = VQ2/R4 durchzuführen. Die Knotenspannung V(1) ist identisch VQ1. Für den Knoten 2 gilt mit I als Strom durch VQ3: - I2 - I3 - I = 0. Setzt man die einzelnen Ströme ein, so folgt:

$$\frac{VQ1-V(2)}{R2} - \frac{V(2)}{R3} - I = 0 \, .$$

Für den Knoten 3 gilt: I - I4 + IQ1 = 0 bzw. mit den einzelnen Strömen:

$$I - \frac{V(3)}{R4} + IQ1 = 0 \, .$$

Nach der Addition der beiden Knotengleichungen folgt:

$$\frac{VQ1-V(2)}{R2} - \frac{V(2)}{R3} - \frac{V(3)}{R4} + IQ1 = 0 \, .$$

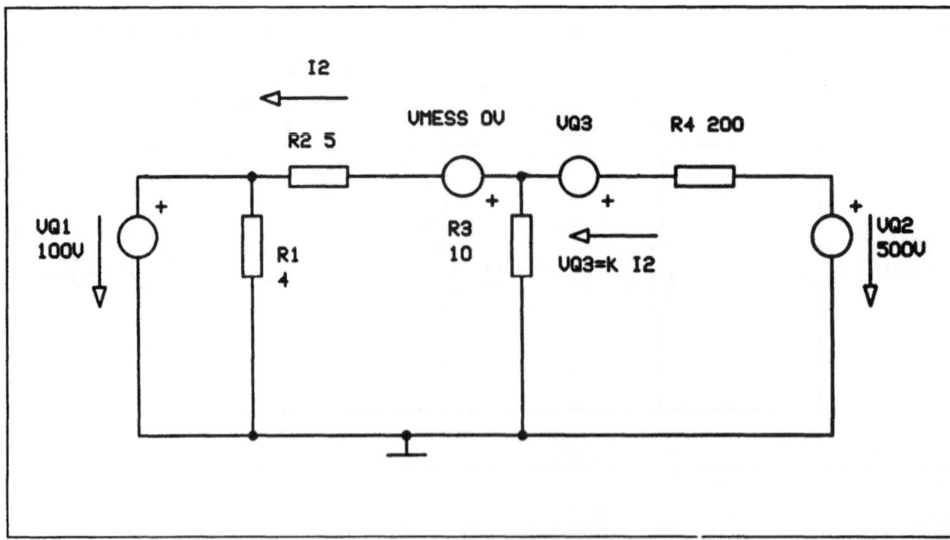

Für die SPICE-Analyse braucht keine Umwandlung der Quelle VQ2 in eine Stromquelle durchgeführt werden. Zum Messen des Steuerstromes durch R2 ist eine Nullspannungsquelle vorzeichenrichtig einzuführen. Man erhält ein modifiziertes Netzwerk (siehe obiges Bild) für die SPICE-Simulation. Zum modifizierten Netzwerk gehört folgende SPICE-Eingabedatei:

```
.PRINT DC V(5) V(2) V(3)
VQ2 4 0 500V
R2 1 2 5
R1 1 0 4
R4 4 3 200
H1  3 5 VMESS 15
R3 5 0 10
VMESS 5 2 0V
VQ1 1 0 100V
.END
```

Aus den folgenden Simulationsergebnissen lassen sich die gesuchten Größen entnehmen:

NODE	VOLTAGE	NODE	VOLTAGE	NODE	VOLTAGE
(1)	100.0000	(2)	75.0000	(3)	.0000
(4)	500.0000	(5)	75.0000		

VOLTAGE SOURCE CURRENTS

NAME	CURRENT
VQ2	-2.500D+00
VMESS	-5.000D+00
VQ1	-3.000D+01

Aufgabe 1.7.7

Für folgendes Netzwerk ist die Ersatzspannungsquelle bezüglich der beiden freien Anschlüsse zu bestimmen.

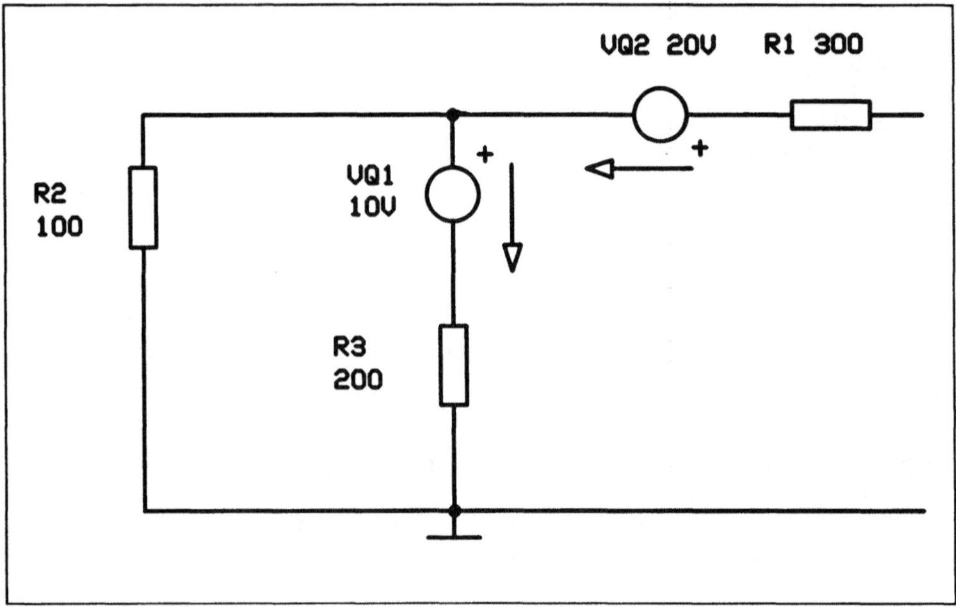

Lösung zu Aufgabe 1.7.7

Zur Bestimmung der Ersatzspannungsquelle wird eine Kurzschluß- bzw. Leerlaufbetrachtung durchgeführt.

Bei <u>Kurzschluß</u> der beiden offenen Klemmen gilt mit den beiden Maschenströmen Ia und Ib:

$$Ia\,(R2+R3) \;+\; Ib\;\;R3 \;\;= UQ1,$$
$$Ia\;\;R3 \;\;\;+\; Ib\,(R1+R3) = UQ1 + UQ2.$$

Für den Kurzschlußstrom Ik gilt:

$$Ib=Ik=\frac{(R2+R3)\ (UQ1+UQ2)\ -R3\,UQ1}{(R2+R3)\ (R1+R3)\ -R3^{2}}=0.0636A$$

Bei Leerlauf an den beiden Klemmen fließt durch R1 kein Strom (Ib = 0) und es gilt:

$$Ia=\frac{VQ1}{R2+R3}$$

bzw. für die Leerlaufspannung Ue:

$$Ue=\frac{-VQ1\,R3}{R2+R3}+VQ1+VQ2=23.33\,V$$

Schließlich erhält man den Ersatzinnenwiderstand Re zu: Re = Ue/Ik = 367.87 Ω. Schließt man die beiden Spannungsquellen kurz und mißt an den beiden Klemmen den Widerstand, so erhält man mit

$$Re=R1+\frac{R2\,R3}{R2+R3}$$

ein identisches Ergebnis zur Ermittlung des Ersatzwiderstandes über den Quotienten aus Leerlaufspannung und Kurzschlußstrom.

Für die SPICE-Analyse des Netzwerkes ist an den beiden freien Klemmen ein hochohmiger Widerstand R4 anzuschließen, weil an jeden Knoten mindestens zwei Zweipole anzuschließen sind. Der Widerstand R4 kann (fast) beliebig groß gewählt werden, so daß die Beeinflussung des Netzwerkes gering bleibt. Mit dieser Vorgehensweise kann die .TF-Kontrollanweisung eingesetzt werden. Grundlage für die

SPICE-Analyse ist folgendes Netzwerk:

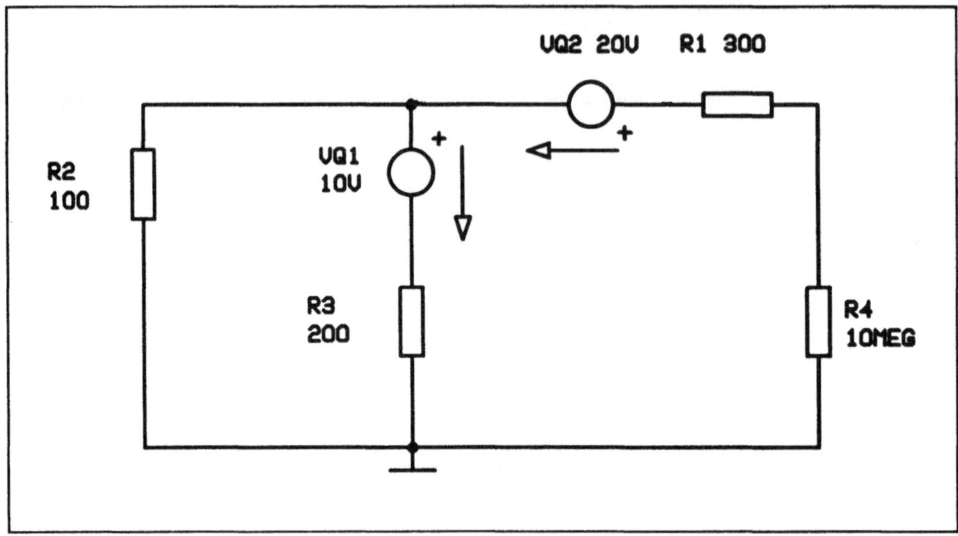

Die Eingabedatei zum modifizierten Netzwerk lautet:

```
.TF V(4,0) VQ1
.PRINT DC V(1) V(2) V(3) V(4)
VQ2 2 3 20V
R1 2 4 300
R2 3 0 100
R3 1 0 200
R4 4 0 10MEG
VQ1 3 1 10V
.END
```

Experimentieren Sie mit R4 und beobachten Sie die Veränderungen der Netzwerkgrößen, insbesondere die Veränderungen der Größen der Ersatzspannungsquelle.

Die gesuchte Ersatzspannungsquelle kann aus folgender SPICE-Ausgabedatei abgelesen werden:

```
 NODE   VOLTAGE      NODE   VOLTAGE      NODE   VOLTAGE

(  1)    -6.6668    (  2)    23.3332    (  3)     3.3332
(  4)    23.3325


    VOLTAGE SOURCE CURRENTS


    NAME       CURRENT


    VQ1       -3.333D-02
    VQ2       -2.333D-06


    SMALL-SIGNAL CHARACTERISTICS


 0    V(4)/VQ1                        =  3.333D-01
 0    INPUT RESISTANCE AT VQ1         =  3.000D+02
 0    OUTPUT RESISTANCE AT V(4)       =  3.667D+02
```

Aufgabe 1.7.8

Benutzen Sie die Methode der Maschenströme, um die Leistung im Widerstand R3 = 2 Ω zu berechnen.

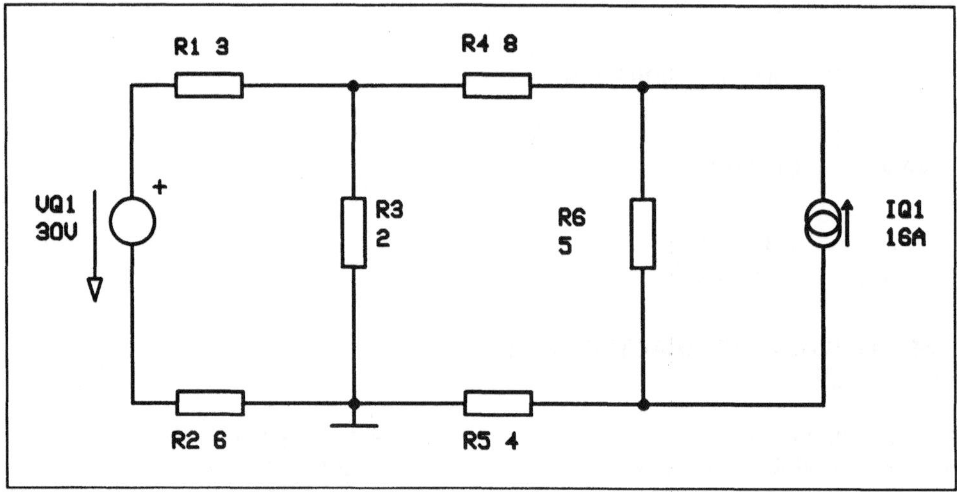

Lösung zu Aufgabe 1.7.8

Zunächst wird die Stromquelle IQ1 in eine Spannungsquelle VQ2 umgewandelt. Mit den Maschenströmen Ia und Ib erhält man folgende Maschengleichungen:

$$(R1 + R2 + R3)\,Ia \qquad + \qquad R3\,Ib = VQ1,$$
$$R3\,Ia \; + \; (R3 + R4 + R5 + R6)\,Ib = VQ2 = IQ1\,R6.$$

Der Strom I3 durch den Widerstand R3 beträgt Ia + Ib und damit ist die am Widerstand R5 umgesetzte Leistung P3 = $(I3)^2$ R3.

Die SPICE-Analyse des Netzwerkes kann mit der Einführung einer Nullspannungsquelle in Reihe zu R3 oder mit der Knotenspannung V(1) erfolgen:

```
.PRINT DC V(1) V(2) V(5) V(6) I(VM)
R1 3 1 3
R2 6 0 6
R3 1 8 2
R4 1 2 8
R5 0 5 4
R6 2 5 5
IQ1 5 2 16A
VM 8 0 0V
VQ1 3 6 30V
.END
```

Die Ergebnisse zur Simulation lauten:

NODE	VOLTAGE	NODE	VOLTAGE	NODE	VOLTAGE
(1)	12.0000	(2)	44.0000	(3)	18.0000
(5)	-16.0000	(6)	-12.0000	(8)	.0000

VOLTAGE SOURCE CURRENTS

NAME	CURRENT
VM	6.000D+00
VQ1	-2.000D+00

2. Zeitabhängige Quellen

Zeitabhängige Quellen sind Spannungs - und Stromquellen, deren Kennwerte von der Zeit abhängen. Kennwerte können z.B. die Amplitude, die Frequenz, die Phase sein. Bei einer Wechselspannungsquelle:

$$u(t) = Ae^{-kt}\sin(\omega t + \psi)$$

ist die Amplitude zeitabhängig, die Frequenz ω und die Phase ψ sind dagegen nicht zeitabhängig. Weiter ist zu unterscheiden zwischen Quellen, deren Kennwerte sich periodisch in der Zeit verändern und Quellen, deren Kennwerte sich nichtperiodisch verändern. Darüber hinaus ist zu unterscheiden zwischen deterministischen und nichtdeterministischen Quellen. Im Sinne einer Verallgemeinerung läßt sich folgende Hierarchie unterschiedlicher Quellen angeben:

stochastische Quellen

- deterministische Quellen
- periodische Quellen
- nichtperiodische Quellen

- nichtdeterministische Quellen

Der Begriff der stochastischen Quellen stellt einen Oberbegriff zu den deterministischen bzw. nichtdeterministischen Quellen dar. Eine stochastische Quelle ist eine Folge von Zufallsvariablen und liefert einen stochastischen Prozeß. Einem stochastischen Prozeß liegt ein bestimmter Zufallsvorgang zugrunde. Eine (reelle) Zufallsvariable X wird als Abbildung definiert, die den Ergebnissen ω des Zufallsvorganges jeweils reelle Zahlen $X(\omega)$ zuordnet. Jedem Zeitpunkt t ist eine Zufallsvariable zugeordnet. Ein stochastischer Prozeß ist demnach als eine Abbildung zu verstehen, die jedem Ereignis ω eines Zufallsvorganges eine Zeitreihe zuordnet. Eine Zeitreihe kann z.B. eine Spannung u(t) wie oben definiert sein und stellt eine Aneinanderreihung von Funktionswerten dar. Jedem Wert t wird ein Wert der Zeitreihe zugeordnet.

In folgendem **Beispiel** sollen die obigen Festlegungen verdeutlicht werden. Zwei Würfel werden unabhängig voneinander geworfen. Man erhält das Ergebnis $\acute{\omega} = (a,b)$, wobei a die Augenzahl des ersten Würfels und b die Augenzahl des zweiten Würfels ist; a und b sind Realisierungen der Zufallsvariablen A und B. Es gilt: $A(\acute{\omega}) = a$ und $B(\acute{\omega}) = b$. Alle 36 verschiedenen Ergebnisse (1,1), (1,2),...,(6,6) haben die gleiche Wahrscheinlichkeit von 1/36. Ordnet man nun jedem Ergebnis $\acute{\omega}$ des Zufallsvorganges eine Zufallsvariable $X(\acute{\omega})$ zu und verändert die Zeit t, so erhält man einen stochastischen Prozeß $X_t(\acute{\omega})$. Es sei folgender stochastischer Prozeß gegeben:

$$X_t(\acute{\omega}) = A(\acute{\omega}) \cos(2\pi t/4) + B(\acute{\omega}) \sin(2\pi t/4)$$

Dieser stochastische Prozeß hat 36 Realisierungen oder Zeitreihen; jeweils eine Realisierung für das Zahlenpaar (a,b). Einen deterministischen Vorgang erhält man, wenn A und B nicht mehr vom Ergebnis eines Zufallsvorganges abhängen. A und B können auch als Amplituden von Schwingungen gedeutet werden. Beim stochastischen Prozeß werden die Amplituden "ausgewürfelt", beim deterministischen Vorgang sind die Amplituden fest. Beispielsweise stellt

$$u(t) = A\cos(2\pi t/4) + B\sin(2\pi t/4)$$

bei festem A und B eine Überlagerung zweier Schwingungen mit der Frequenz $\omega = 2\pi/4$ dar. Die Spannung u(t) ist ein deterministischer Vorgang bzw. eine deterministische Quelle. Zur weiteren Vertiefung sei auf die umfangreiche Literatur zu diesem Thema hingewiesen (z.B. K. Brammer, G. Siffling, 1975; Schlittgen, Steitberg, 1987).

2.1 Grafische Ausgabe bei SPICE- Programmen

Nach einem SPICE - Simulationslauf liegt eine SPICE - Ausgabedatei vor, die die Ergebnisse der Berechnungen als ASCII - Datei enthält. Die Aufgabe eines zur grafischen Aufbereitung von SPICE - Ausgabedateien geeigneten Programmes ist das Lesen von Variablen (Knotenspannungen etc.) und die Darstellung als Grafik mit Achsenbeschriftung, Skalierungsmöglichkeiten und ggf. mit Rechenoperationen. Beispielsweise könnte nach Ausgabe einer (zeitabhängigen) Spannung der Effektivwert von Interesse sein. SPICE- Programme für PC´s besitzen meist umfangreiche Möglichkeiten zur grafischen Aufbereitung von Simulationsergebnissen. Bei PSpice (Fa. MicroSim, USA) wird hierzu des Grafikmodul PROBE verwendet. Bei IsSpice (Fa. Intusoft, USA) wird das Grafikmodul SCOPE verwendet. In vielen Programmen läßt sich auch die grafische Darstellung der Simulationsergebnisse in ein Schaltbild einfügen. Ein Betrachter hat dann den Eindruck, daß an die einzelnen Meßpunkte ein Oszilloskop angeschlossen ist.

2.2 Zeitabhängige deterministische Quellen

In diesem Kapitel werden deterministische Quellen in Verbindung mit einer SPICE-Beschreibung dargestellt. Quellen, deren Auswahl bzw. deren zeitlicher Verlauf von keinen zufälligen Ereignissen abhängen, werden in vielen Bereichen der Elektrotechnik als Quellen zur Erzeugung von Testsignalen und als Quellen zur Versorgung von Geräten, Anlagen und Maschinen eingesetzt. Als Beispiel für eine derartige Quelle kann eine Netzwechselspannung von $u(t) = 230V \sin(2\pi\ 50t)$ angeführt werden. Betrachtet man konkret die Netzwechselspannung z.B. in einem Industriebetrieb mit vielen elektrischen Maschinen und vielen Schaltvorgängen, so stellt man fest, daß die Netzwechselspannung von einer Reihe von Störungen überlagert ist.

Die folgenden Ausführungen beziehen sich jedoch auf ideale deterministische Quellen ohne überlagerte Störungen. Die im Kapitel 1 behandelten Quellen sind zeitunabhängig und deterministisch.

2.2.1 Quellen mit sinusförmigen Ausgangsgrößen

Sinusförmige Quellen lassen sich mit der Amplitude A, der Phase ψ und der Frequenz f beschreiben:

$$u(t) = A\sin(2\pi ft + \psi)$$

In SPICE wird zur Darstellung einer sinusförmigen Quelle, die zwischen den Knoten Kp und Kn liegt, eine Ergänzung zur Bezeichnung der Spannungsquelle V1 verwendet:

V1 Kp Kn SIN vo A freq td kd.

Es bedeuten:

vo: Offset, d.h. eine Gleichspannung, die zur "reinen" sinusförmigen Spannung u(t) hinzuaddiert wird (hier ist vo = 0V)

A: Amplitude in Volt

freq: Frequenz in Hertz

td: Verzögerungszeit in Sekunden, $\psi = (2\pi\,freq)td$.

kd: Dämpfungskoeffizient (hier: kd = 0)

Die Werte für vo, A und freq müssen stets angegeben werden.

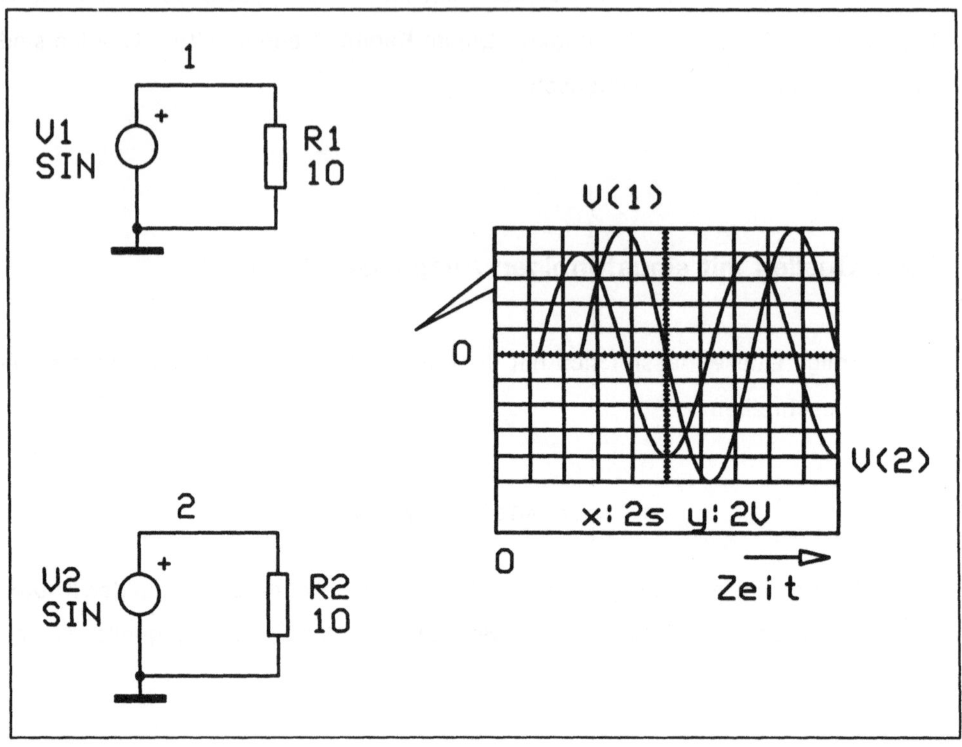

Bild 2.2.1: Sinusförmige Quellen mit SPICE

Die in Bild 2.2.1 dargestellten Kurven wurden mit folgendem SPICE-Programm erstellt:

```
.TRAN 0.1S 20S
.PRINT TRAN V(1) V(3)
R1 1 2 10
V3 3 0 SIN 0 4V 0.1HZ 2.5S 0
R2 3 0 10
V1 1 0 SIN 0 10V 0.1HZ 5S 0
.END
```

2.2.2 Quellen mit gedämpften Schwingungen

Gedämpfte sinusförmige Schwingungen der Form

$$u(t) = Ae^{-(kd)\,t}\sin(2\pi ft + \psi)$$

lassen sich mit einer Erweiterung der Beschreibung von Quellen in SPICE darstellen:

V1 Kp Kn SIN vo A freq td kd.

Die in Kapitel 2.2.1 gegebenen Erläuterungen sind auch hier gültig. Der Dämpfungskoeffizient kd ist jetzt ungleich Null zu wählen. Die in Bild **2.2.2** dargestellte Kurve wurde   mit folgendem SPICE-Programm erstellt:

```
.TRAN 0.1S  50S
.OPTIONS LIMPTS = 1000
.PRINT TRAN V(1)
R1 1 0 100K
V1 1 0 SIN 0 10V 0.1HZ 0 0.05
.END
```

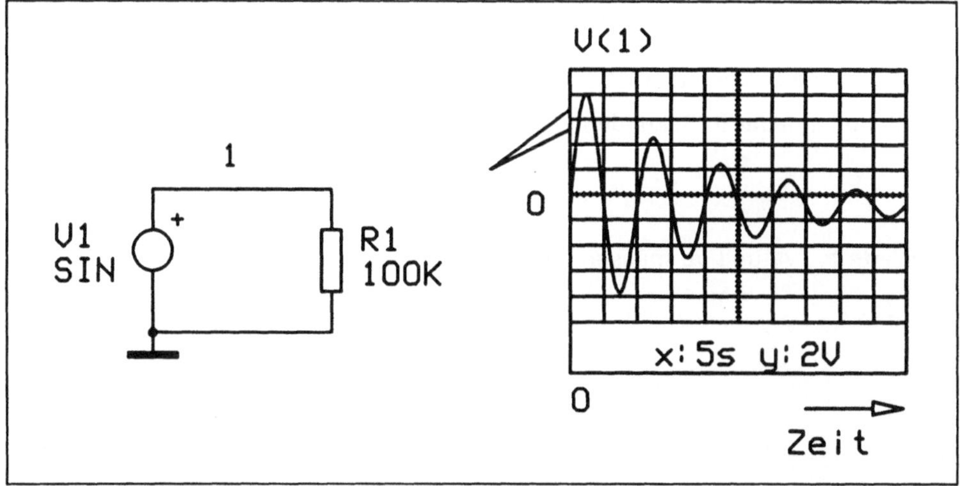

Bild 2.2.2: Darstellung gedämpfter Schwingungen mit SPICE

2.2.3 Quellen mit rechteckförmigen Ausgangsgrößen

Quellen mit rechteckförmigen Ausgangsgrößen kommen in der Praxis als Testgeneratoren für elektronische Schaltungen (z.B. Verstärker) oder als einfache Wandler (z.B. in der Kraftfahrzeugelektronik für die Umwandlung von 12 V Gleichstrom in 220 V Wechselspannung für den Betrieb einfacher Geräte im Fahrzeug) vor. Die funktionale Zuordung zwischen der Zeit t und einer abschnittsweisen konstanten Ausgangsgröße erfolgt in SPICE mit einer Erweiterung der Beschreibung von Quellen. Für eine Spannungsquelle V1, die zwischen den Knoten Kp und Kn liegt, gilt:

V1 Kp Kn PULSE va vb td tr tf pw per

Es bedeuten:

va: Pulsanfangswert in Volt

ve: Pulshöhe in Volt

td: Verzögerungszeit in Sekunden

tr: Anstiegszeit in Sekunden

tf: Abfallzeit in Sekunden

pw: Pulsweite in Sekunden

per: Periodendauer in Sekunden.

Die Werte für va und vb müssen stets angegeben werden.

Für die Rechteckspannung in Bild 2.2.3 wurde folgendes SPICE- Programm verwendet:

```
.TRAN 0.001S 0.5S
.OPTIONS LIMPTS = 2500
.PRINT TRAN V(1)
R1 1 0 100K
V1 1 0 PULSE 1 10V 0S 1US 1US 0.1S 0.25S
.END
```

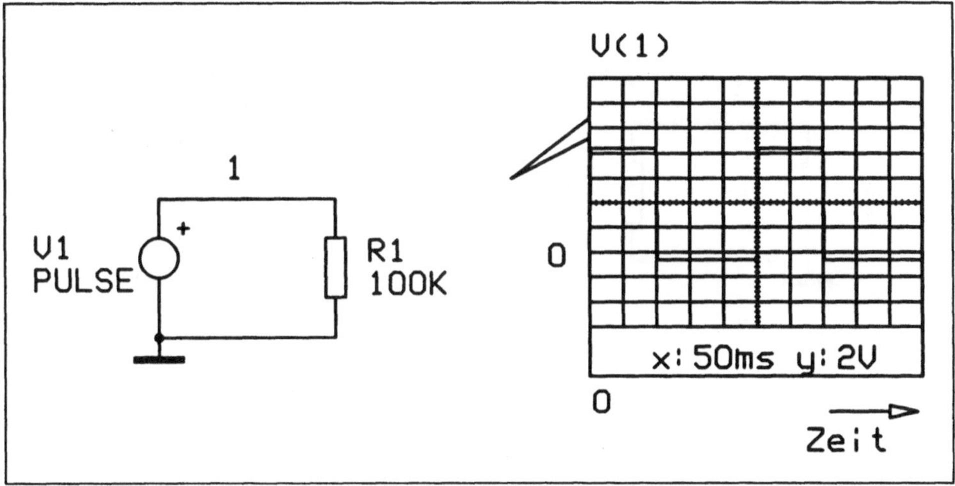

Bild 2.2.3: Darstellung von rechteckförmigen Schwingungen mit SPICE

2.2.4 Quellen mit sägezahnförmigen Ausgangsgrößen

Mit einer Abwandlung des PULSE- Befehls bei der Beschreibung einer Quelle lassen
sich auch sägezahnförmige Ausgangsgrößen erzeugen. Hierzu werden die Werte
für die Anstiegs- und Abfallzeit, für die Pulsweite und für die Periodendauer ent-

sprechend gewählt. Die in Bild 2.2.4 dargestellte Kurve wurde mit folgender Abwandlung des SPICE-Programms für Bild 2.2.3 erstellt:

.TRAN   0.01S   0.2S
.V1 1 0 PULSE 1 10V 0S 50MS 50MS 0.01MS 100MS 0.01MS

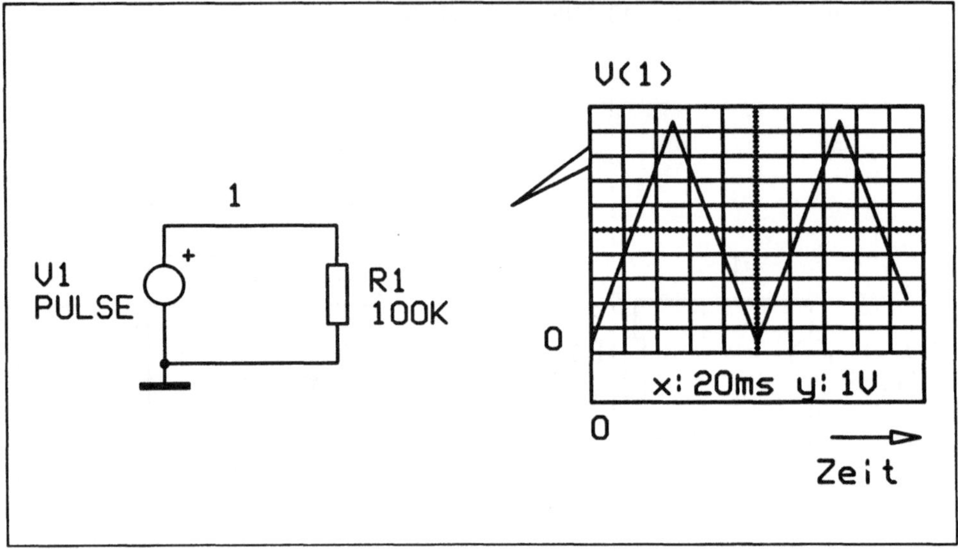

Bild 2.2.4: Darstellung von sägezahnförmigen Schwingungen mit SPICE

2.2.5 Quellen mit exponentiellen und stückweise definierten Verlauf

Zur Erzeugung spezieller Testsignale, z.B. für die Nachbildung von Blitzströmen, sind in SPICE die EXP- und die PWL-Anweisung vorgesehen. Die EXP-Anweisung dient zur Erzeugung von exponentiell ansteigenden bzw. abfallenden Pulsen:

V1 Kp Kn EXP va vb td1 t1 td2 t2;

td1,td2:   Anfangs- bzw. Abfallverzögerung in Sekunden

t1,t2:   Anstiegs- bzw. Abfallzeitkonstante in Sekunden.

Mit folgendem SPICE-Programm wurde die Kurve in Bild **2.2.5** erzeugt:


```
.TRAN 0.1S 50S
.OPTIONS LIMPTS = 1000
.PRINT TRAN V(1)
R1 1 0 100K
V1 1 0 EXP 0 10V 0S 3S 20S 6S
.END
```

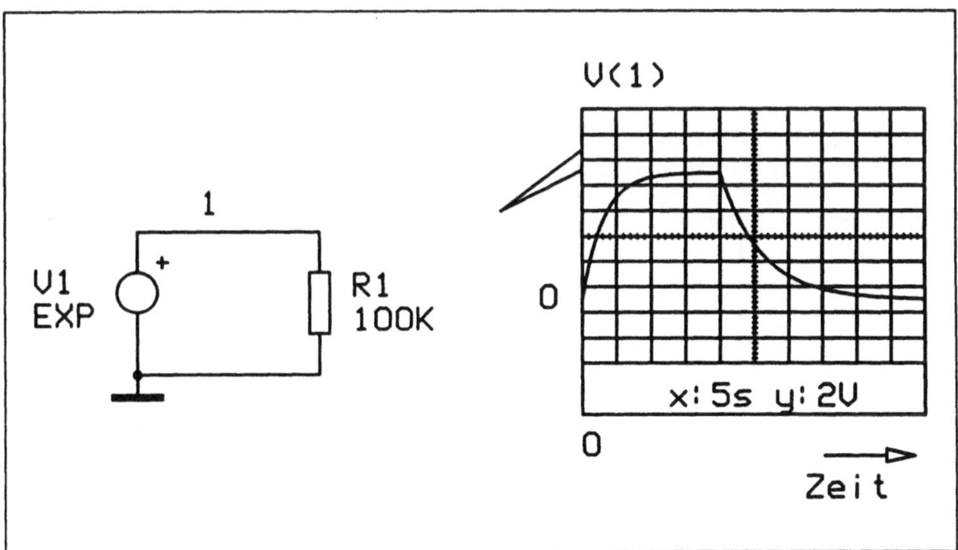

Bild 2.2.5: Darstellung von exponentiellen Pulsen mit SPICE

Stückweise definierte Zeitfunktionen lassen sich mit der PWL-Anweisung (Piece-Wise Linear) erzeugen:

V1 Kp Kn PWL t1 v1 t2 v2 ... tn vn.

Die Wertepaare (t1,v1), (t2,v2) usw. geben den Spannungswert zu einem bestimmten Zeitpunkt an. Die Kurve in Bild 2.2.6 (als Nachbildung eines Blitzstromes) wurde mit folgendem Programm erzeugt:

```
.TRAN 0.1US 100US
.PRINT TRAN V(1) I(VM)
.OPTIONS LIMPTS = 1200
R1 1 3 0.01
VM 3 0 0V
V1 1 0 PWL 0 0 2U 1 3U 5 8U 40 9U 45 10U 48 11U 50 15U 48 35U
+ 10 60U 5 100U 0      <--- Fortsetzungszeile (+)
.END
```

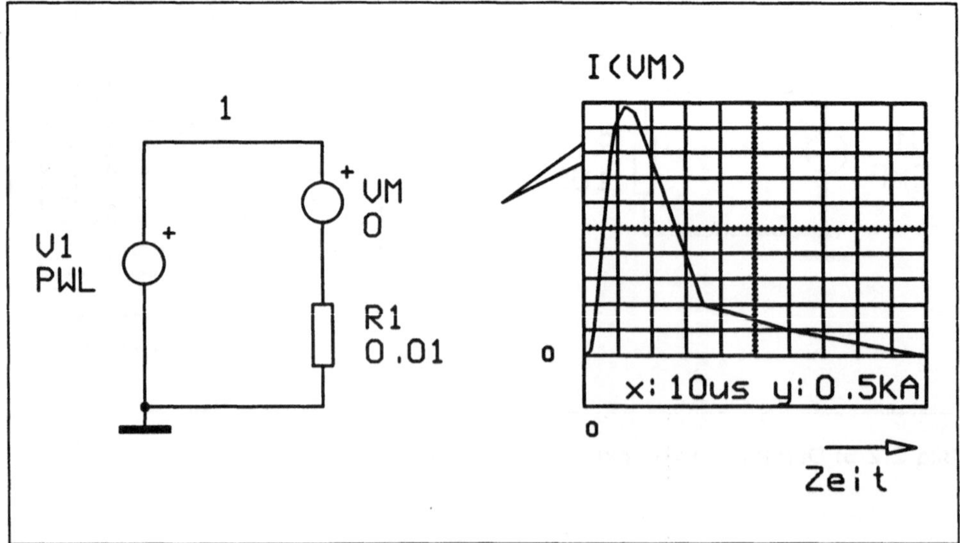

Bild 2.2.6: Darstellung einer stückweise definierten Kurve mit SPICE

2.3 Quellen mit nichtdeterministischen Ausgangsgrößen

In den beiden folgenden Kapiteln werden stationäre und nichtstationäre stochastische Größen in Verbindung mit der SPICE-Beschreibung dargestellt. Stationäre stochastische Prozesse zeichnen sich durch Restriktionen bezüglich der Mittelwerte und der Kovarianzen aus. Die Mittelwerte oder Erwartungswerte sollen im zeitlichen Verlauf konstant bleiben. Die Kovarianzen beschreiben die Stärke des Zusammenhanges zu verschiedenen Zeitpunkten und sollen bei (schwach) stationären Prozessen nur vom Abstand der einzelnen Berechnungspunkte auf der Zeitachse abhängig sein. Erzeugt man eine Realisierung eines stationären stochastischen Prozesses mit einer SPICE-Simulation, so lassen sich die Erwartungswerte und Kovarianzen des zugrundeliegenden Prozesses nur schätzen. Die Schätzwerte der Erwartungswerte und der Kovarianzen sind wiederum Zufallsvariable.

2.3.1 Erzeugung von Realisationen stationärer stochastischer Prozesse

Stationäre stochastische Prozesse sind sehr häufig Bausteine komplizierterer Prozesse. Ein spezieller stationärer stochastischer Prozeß ist der White-Noise-Prozeß (weißes Rauschen).Mit SPICE lassen sich Realisationen von Rauschprozessen mit Zufallszahlengeneratoren (Randomgeneratoren) erzeugen. Diese Zufallszahlengeneratoren sind oftmals in Bibliotheken zusammengefaßt, die vor Aufruf des Generators bei SPICE "angemeldet" werden müssen.

Die in Bild 2.3.1 dargestellte Zeitreihe wurde mit folgenden SPICE-Programm erzeugt:

```
*INCLUDE RANDOM.LIB
.TRAN 0.01US 1US
.OPTIONS LIMPTS=1200
.PRINT TRAN V(1)
R1 1 0 1E6
X1 1 RAN1 {TIM=1U MAG=1V }
.END
```

Die Rauschquelle X1 in der vorletzten Programmzeile benötigt die in geschweiften Klammern angegebenen Parameter für die gesamte Realisationszeit (TIM) und für die Amplitude des Rauschsignals (MAG). Ohne die Bibliothek RANDOM.LIB müssen die Realisationen des Prozesses mit PWL-Anweisungen erzeugt werden (Müller,1990).

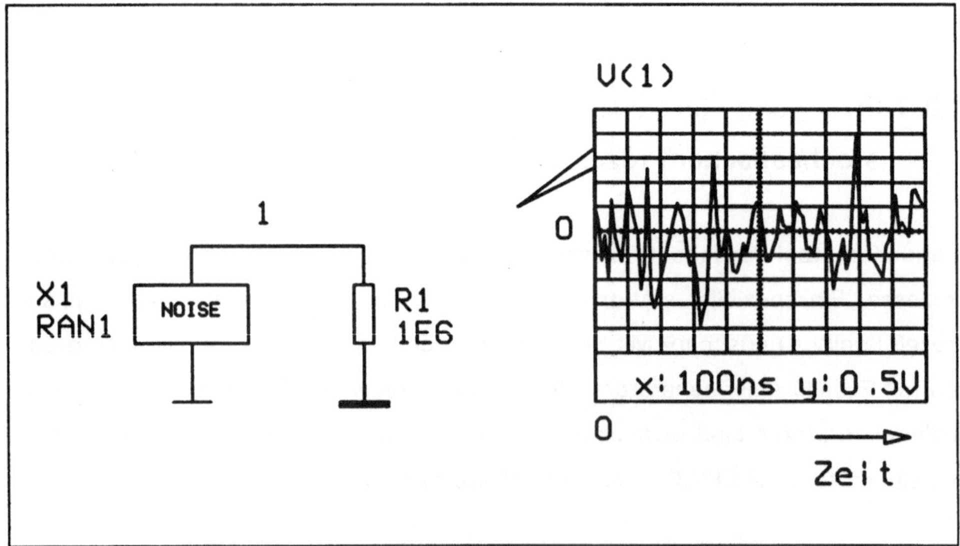

Bild 2.3.1: Realisation eines näherungsweise stationären stochastischen Prozesses mit SPICE

2.3.2 Erzeugung von Realisationen nichtstationärer stochastischer Prozesse mit SPICE

Die o.g. Festlegung stationärer stochastischer Prozesse wird verletzt, wenn bereits eine der genannten Voraussetzungen nicht erfüllt wird. Beispielsweise ist ein stochastischer Prozeß nicht mehr stationär, wenn ein Trend vorliegt. Dieser Trend kann z.B. linear sein oder einer Sinushalbwelle entsprechen. Ein linearer Trend läßt sich mit dem PWL-Statement erzeugen. Verwendet man zusätzlich eine Rauschquelle - wie im Kapitel 3.2.1 beschrieben - und einen Addierer, so erhält man die Schaltung in Bild 2.3.2. Der Addierer ist eine spannungsgesteuerte Spannungsquelle mit einem Steuerungskoeffizienten von -2, so daß das Signal am negativen Eingang invertiert wird. Das Signal am positiven Eingang wird nicht invertiert.

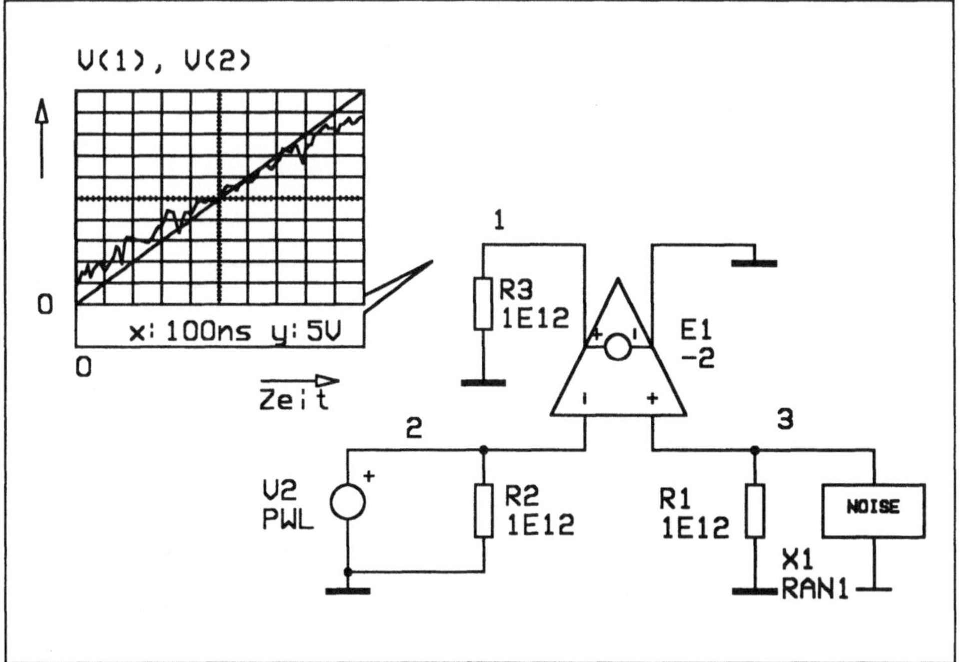

Bild 2.3.2: Netzwerk zur Erzeugung von Realisationen nichtstationärer stochastischer Prozesse mit SPICE (lin. Trend)

Die zu Bild 2.3.2 gehörige SPICE-Eingabedatei lautet:

```
*INCLUDE RANDOM.LIB
.TRAN 0.01US 1US
.PRINT TRAN V(1) V(2) V(3)
R1 3 0 1E12
R2 0 1 1E12
R3 2 0 1E12
V2 2 0 PWL 0 0V 1000N 20V
X1 1 RAN1 {TIM=1U MAG=1V }
E1 3 0 1 2 -2
.END
```

Eine verrauschte Sinushalbwelle (Bild 2.3.3) läßt sich mit dem Netzwerk in Bild 2.3.3 erzeugen, wenn für das PWL-Statement "SIN 0 20V 500KHZ" eingesetzt wird.

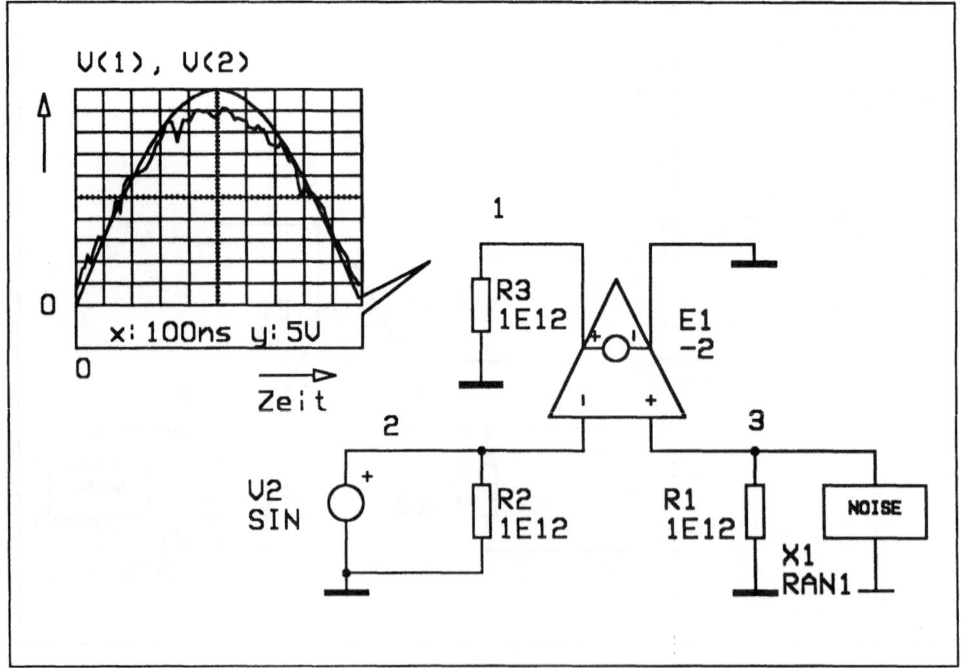

Bild 2.3.3: Realisation eines nichtstationären stochastischen Prozesses (sinusförmiger Trend) mit SPICE

3. Analyse von Schalt- und Übergangsvorgängen

Im Kapitel 1 wurden Netzwerke mit Quellen (Spannungs- und Stromquellen) und ohmschen Widerständen untersucht. Dazu wurde vorausgesetzt, daß die Quellen auf das Netzwerk bereits seit "langer Zeit" eingewirkt haben. Die Zeit war bei diesen Analysen gewissermaßen ohne Bedeutung, weil keine Zweipole mit "Gedächtnis" vorhanden waren. Analysiert man Netzwerke mit den weiteren in Kapitel 1.2 eingeführten Zweipolen (Kapazitäten und Induktivitäten), so muß bereits in Verbindung mit den bisher behandelten Gleichspannungsquellen die Zeit als weitere Variable allgemein berücksichtigt werden. Dies liegt an den weiteren Zweipolen mit "Gedächtnis" (Spulen und Kondensatoren). Die Spulen und Kondensatoren haben bei Gleichspannungsnetzwerken dann keine Bedeutung, wenn die Gleichspannungsquellen bereits seit langer Zeit an das übrige Netzwerk mit Kondensatoren, Spulen und (ohmschen) Widerständen angelegt wurden. Das Netzwerk hat dann einen Zustand der Ruhe - ohne Zeitbezug - erreicht. Schaltet man in dieser Situation die Quellen wieder aus, so bleibt in den Kondensatoren und Spulen Energie gespeichert, so daß wiederum erst nach einer gewissen Zeit ein neuer Ruhezustand erreicht wird. Zwischen den beschriebenen Ruhezuständen liegen Übergangsvorgänge, in denen die Zeit von Bedeutung ist und in denen sich die Speicherzweipole (Spulen und Kondensatoren) auf die veränderte Situation einstellen. Die Übergangsvorgänge werden durch Schaltvorgänge erzwungen.

In den folgenden Kapiteln werden zunächst Spulen bzw. Induktivitäten und Kondensatoren bzw. Kapazitäten mit den dazugehörigen Strom- und Spannungsbeziehungen allgemein eingeführt, um dann zur Diskussion von Schaltvorgängen zu kommen.

3.1 Spulen und Kondensatoren

Spulen sind Netzwerkelemente, bei denen Phänomene des magnetischen Feldes eine besondere Rolle spielen. Der Zusammenhang zwischen der Spannung v(t) und dem Strom i(t) wird bei einer linearen Induktivität L (in Henry) durch die Gleichung

$$v(t) = L\frac{di(t)}{dt}$$

beschrieben. Wenn i(t) = konst., folgt v(t) = 0; d.h. die Spule wirkt wie ein Kurzschluß. Weil es keine unendlich hohen Spannungen gibt, können Stromänderungen nur mit einem endlichen Betrag auftreten. Multipliziert man die obige Beziehung der <u>Spannung</u> v(t) an der Induktivität als <u>Funktion des Stromes</u> auf beiden Seiten mit dt, so erhält man v(t) dt = L di(t) bzw. nach Integration:

$$i(t) = \frac{1}{L}\int_{t0}^{t} v(\tau)\, d\tau + i(t0)$$

Der <u>Strom</u> i(t) ist jetzt eine <u>Funktion der Spannung</u>. Zum Zeitpunkt t0, d.h. zum Integrationsbeginn, fließt der Anfangsstrom i(t0). Wenn der Anfangsstrom in der gleichen Richtung wie der Bezugspfeil für den Strom an der Spule fließt, hat der Anfangswert ein positives Vorzeichen (Bild 3.1.1).

Bei der Reihen- bzw. Parallelschaltung von nicht gekoppelten Induktivitäten (d.h. die einzelnen Felder beeinflussen sich nicht) ist wie bei der Parallelschaltung von Widerständen vorzugehen.

Kondensatoren sind Netzwerkelemente, bei denen die Phänomene des elektrischen Feldes eine besondere Rolle spielen. Der Zusammenhang zwischen dem Strom i(t) durch den Kondensator mit der Kapazität C (in Farad) und der anliegenden Spannung v(t) wird durch folgende Gleichung erfaßt:

$$i(t) = C\frac{dv(t)}{dt}$$

Wenn die Spannung v(t) = konst. folgt i(t) = O. Der Kondensator wirkt bei Gleichspannung wie eine Unterbrechung. Weil es keinen unendlich hohen Strom gibt,
kann die Spannung sich nicht sprungartig ändern. Die Spannung als Funktion des
Stromes erhält man nach Multiplikation der Gleichung mit dt und anschließender
Integration:

$$v(t) = \frac{1}{C}\int_{t0}^{t} i(\tau)\,d\tau + v(t0)$$

Die Anfangsspannung v(t0) hat ein positives Vorzeichen, wenn der Bezugspfeil für
die Spannung v(t) die gleiche Richtung hat wie die Anfangsspannung (Bild 3.1.1).

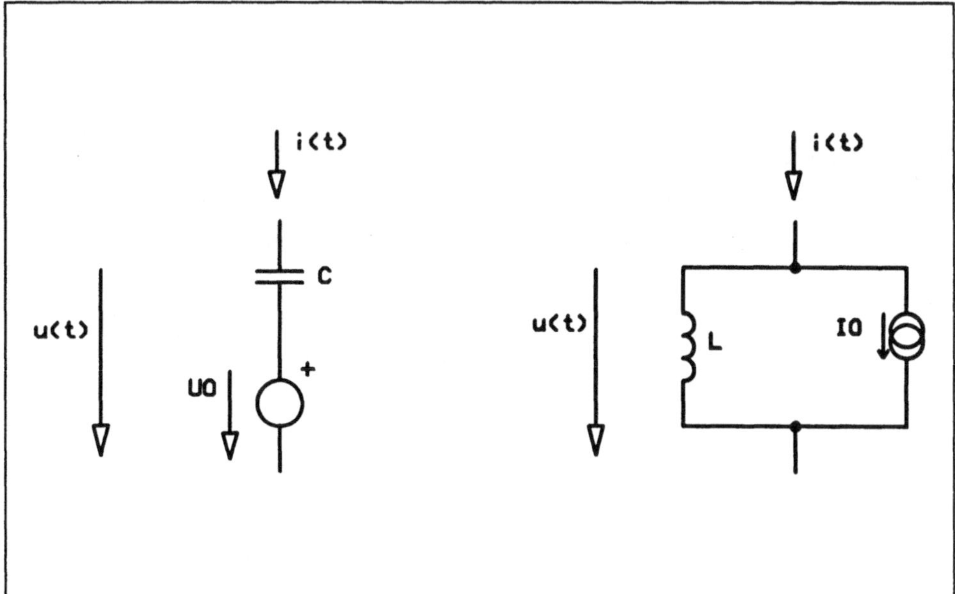

Bild 3.1.1: Anfangsbedingungen bei Spulen und Kondensatoren

Bei Reihenschaltung von nicht gekoppelten Kapazitäten (d.h. Kapazitäten, deren Felder sich nicht beeinflussen) ergibt die Summe der reziproken Werte der einzelnen Kapazitäten den reziproken Wert der Gesamtkapazität. Die Summe der einzelnen Kapazitäten bei der Parallelschaltung ergibt die Gesamtkapazität.

Für die SPICE-Simulation von Netzwerken mit Spulen und Kondensatoren, deren Anfangsbedingungen (Initial Condition) von Bedeutung sind, sind die SPICE-Beschreibungen der Zweipole in Kapitel 1.2 und die Kontrollanweisungen zu ergänzen. Für die Spule bzw.Induktivität L mit dem Anfangsstrom $i(t0) = I0$ gilt:

L Kp Kn WERTL IC = I0.

Die Variable WERTL beschreibt dabei den Zahlenwert für die Induktivität in (H)enry. Für die Kapazität C mit der Anfangsspannung $v(t0) = V0$ gilt:

C Kp Kn WERTC IC = V0.

Die Variable WERTC beschreibt dabei den Zahlenwert für die Kapazität in (F)arad. Die Anfangsbedingungen (IC) sind bei der Induktivität in A und der Kapazität in V anzugeben. Auch hier kann selbstverständlich mit Zehnerpotenzen bzw. M, P usw. gearbeitet werden.

Die TRAN-Kontrollanweisung für die Transientenanalyse ist zur Berücksichtigung der Anfangsbedingungen mit der Option UIC (use initial conditions) zu ergänzen. Mit UIC wird SPICE bekanntgegeben, zur Transientenanalyse nicht voreingestellte Anfangswerte, sondern die Anfangswerte "IC = " in den Zweipolanweisungen für die Induktivität und Kapazität zu übernehmen. Als Alternative zur Angabe der Anfangsbedingungen kann bei Netzwerken mit Kapazitäten und Halbleiterelementen die Kontrollanweisung

.IC V(Knotennummer) = Wert, V(Knotennummer) = Wert, ... vorteilhaft sein.

3.2 Schaltvorgänge bei einfachen RC- bzw. RL-Netzwerken

In Kapitel 3.1 wurde festgestellt, daß bei Kapazitäten und Induktivitäten die Speicherung von Energie charakteristisch ist. In diesem Kapitel sollen die Ströme und Spannungen in Netzwerken mit einer Kapazität oder einer Induktivität, die auch durch Zusammenfassung mehrerer in Reihe bzw. parallel geschalteter Kapazitäten oder Induktivitäten entstanden sind, berechnet werden. Die Widerstände werden ebenfalls zu einem Ersatzwiderstand zusammengefaßt. Es werden Netzwerke betrachtet, die nach dem Schaltvorgang keine unabhängigen Quellen beinhalten (Bild 3.1.2).

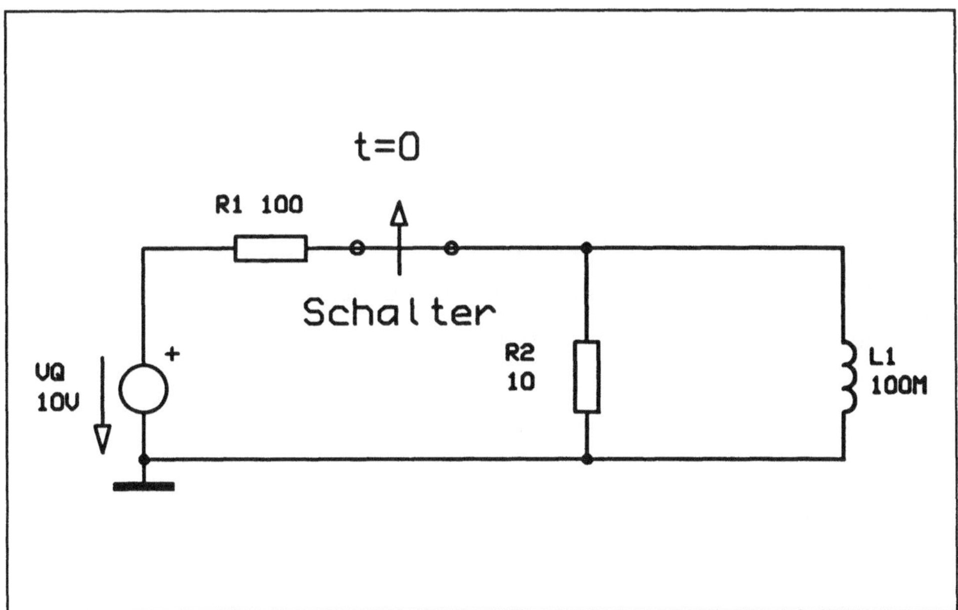

Bild 3.1.2: RL-Netzwerk mit Schaltvorgang

Der Schalter im Netzwerk, Bild 3.1.2, sei bereits seit langer Zeit geschlossen, d.h. di/dt = 0 und die Induktivität stellt einen Kurzschluß dar. Zum Zeitpunkt t0 = 0 soll der Schalter geöffnet werden. Gesucht sei der Verlauf der Spannung v(t) am

Widerstand R2 und der Verlauf des Stromes durch die Induktivität L1. Nach dem Schaltvorgang bewirkt die in L1 gespeicherte Energie im Kreis mit R2 und L1 einen Strom und einen Spannungsabfall v(t) = R2 i(t). Man erhält folgende Differentialgleichung erster Ordnung:

$$L1 \frac{di(t)}{dt} + i(t) R2 = 0$$

Die Differentialgleichung hat folgende Lösung:

$$i(t) = i(0) e^{(-R2/L)t}$$

Nachdem bereits festgestellt wurde, daß der Strom bei der Induktivität nicht springen kann, muß $i(0^-) = i(0^+) = i(0)$ gelten. Der Quotient R2/L1 wird Zeitkonstante genannt.

Zur SPICE-Simulation des Netzwerkes, Bild 3.1.3, benötigt man nach den bisherigen Überlegungen lediglich die Induktivität mit dem Anfangsstrom und den Widerstand R2. Die Messung des Stromes durch den RL-Kreis nach dem Abschalten der Spannung V1 wird durch die Nullspannungsquelle VM vorgenommen. Das für die SPICE-Simulation modifizierte Netzwerk aus Bild 3.1.2 ist in Bild 3.1.3 zusammen mit den Simulationsergebnissen abgebildet. Die SPICE-Eingabedatei für Bild 3.1.3 ist nachfolgend dargestellt:

```
.TRAN 0.5MS 100MS UIC
.OPTIONS LIMPTS = 1200
.PRINT TRAN V(1) I(VM)
R2 2 0 10
L1 1 0 100M IC = 0.1
VM 2 1 0V
.END
```

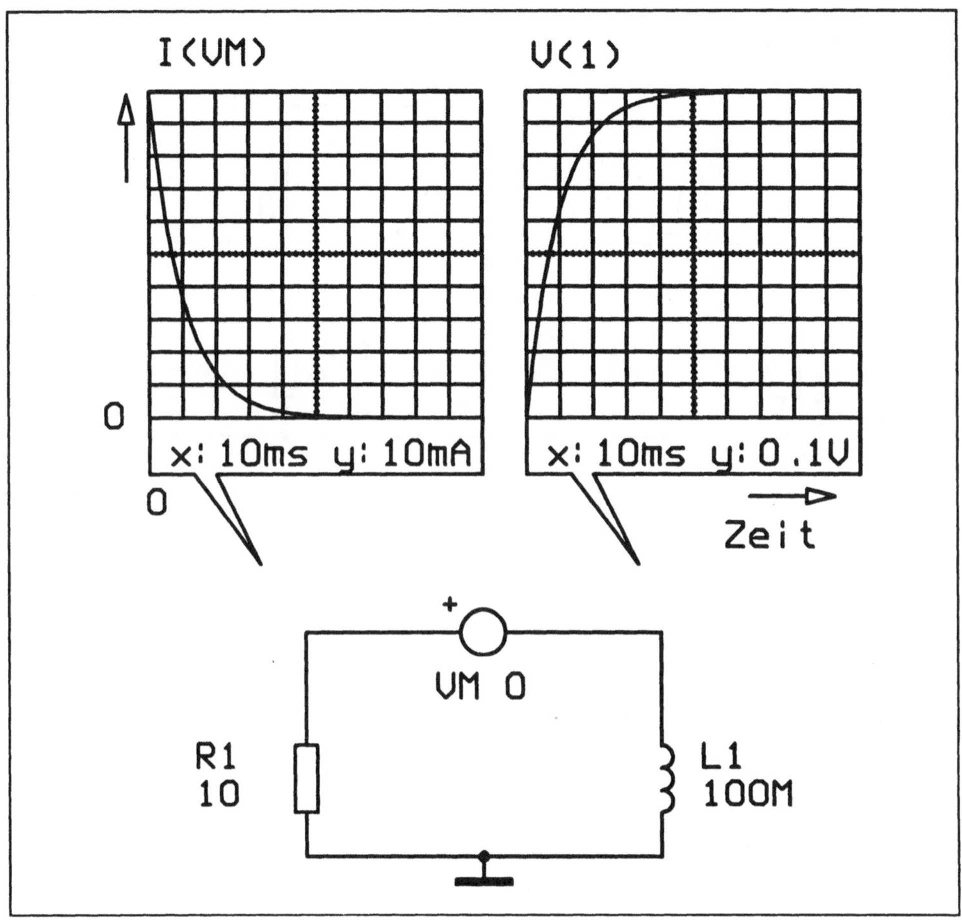

Bild 3.1.3: Modifiziertes Netzwerk zu Bild 3.1.2 mit Simulationsergebnissen

Im folgenden Beispiel werden die Ströme und Spannungen bei einem Netzwerk mit Kondensatoren und Widerständen in Verbindung mit einem Schaltvorgang ermittelt (Bild 3.1.4).

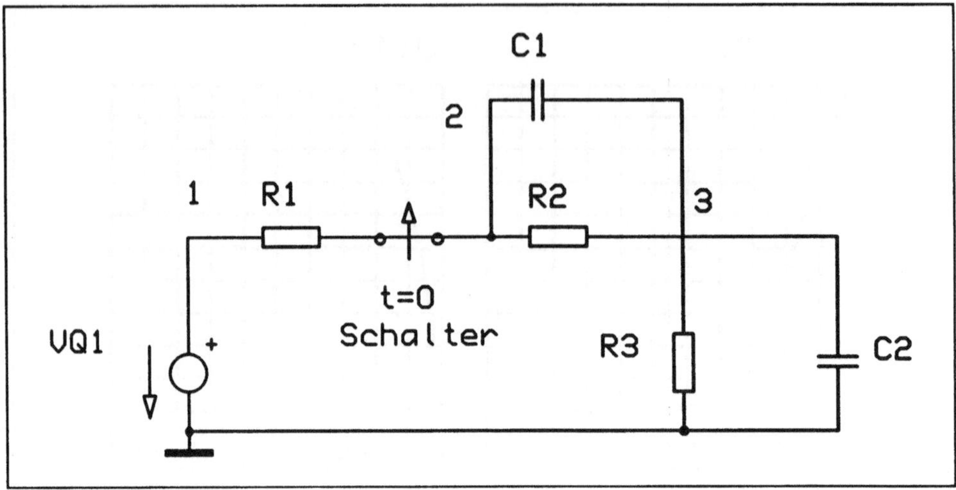

Bild 3.1.4: RC-Netzwerk mit Schaltvorgang

Es wird vorausgesetzt, daß der Schalter im Netzwerk, Bild **3.1.4**, bereits seit langer Zeit geschlossen war; d.h. die beiden Kondensatoren konnten sich vollständig aufladen. Im aufgeladenen Zustand wirkt ein Kondensator wie eine Unterbrechung (vgl. Äquivalent bei der Spule). Wenn der Schalter zum Zeitpunkt t = 0 geöffnet wird, entlädt sich der Kondensator **C1** über den Widerstand **R2**; der Kondensator **C2** entlädt sich über den Widerstand **R3**. Die beiden Entladevorgänge laufen unabhängig voneinander ab.

Der Kondensator **C1** war zu Beginn des Entladevorganges auf die Spannung

$$U_{23}(0) = VQ1 \frac{R2}{R1+R2+R3}$$

aufgeladen.

Der Kondensator C2 war zu Beginn des Entladevorganges auf die Spannung

$$U_3(0) = VQ1 \frac{R3}{R1+R2+R3}$$

aufgeladen.

Für jeden der beiden Entladekreise kann eine Differentialgleichung der Form

$$C\frac{du(t)}{dt} + \frac{u(t)}{R} = 0$$

für die Ströme aufgestellt werden. Diese Differentialgleichung hat folgende allgemeine Lösung:

$$u(t) = U(0) \, e^{-(RC)t}$$

Weil die Spannung am Kondensator nicht "springen" kann, gilt:
$U(0^-) = U(0^+) = U(0)$.

Zur SPICE-Simulation wurden in das Netzwerk, Bild 3.1.4, zwei Nullspannungsquellen zur Messung des Entladestromes eingefügt (Bild 3.1.5). Für die Simulation wurden folgende Werte für die Zweipole angesetzt: $VQ1 = 15V$, $R1 = 15K\Omega$, $R2 = 20K\Omega$, $R3 = 40K\Omega$, $C1 = 5\mu F$ und $C2 = 1\mu F$. Die Anfangsspannungen werden wieder über die IC-Option bei den Kondensatoren und mit dem Zusatz "UIC" bei der TRAN-Anweisung berücksichtigt. Die Ergebnisse der Simulation sind zusammen mit dem modifizierten Netzwerk im Bild 3.1.5 aufgeführt.

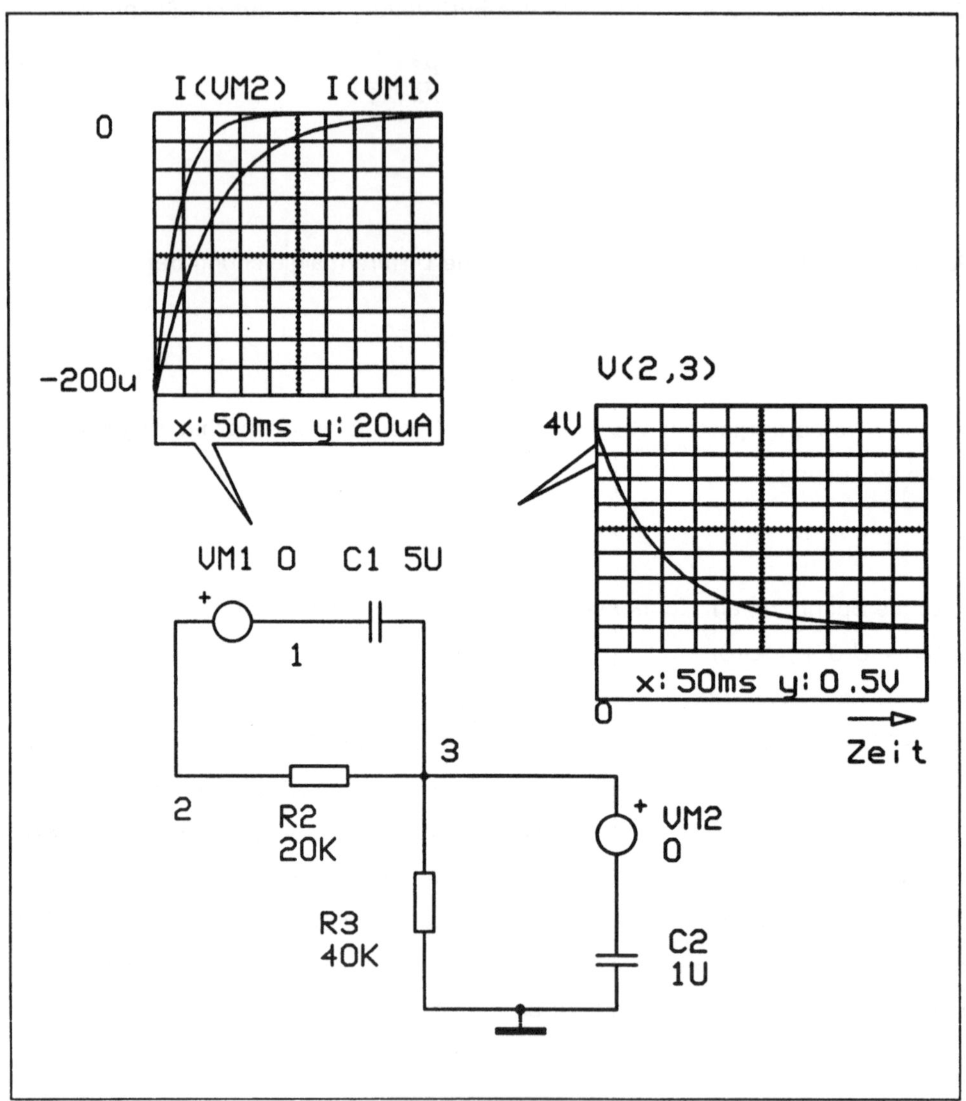

Bild 3.1.5: Modifiziertes Netzwerk aus Bild **3.1.4** für die SPICE-Simulation

Die Simulation des Netzwerkes, Bild 3.1.4 bzw. 3.1.5, wurde mit folgender SPICE-Eingabedatei durchgeführt:

```
.TRAN 5MS 500MS UIC
.OPTIONS LIMPTS = 1000
.PRINT TRAN V(2) V(2,3) V(3) I(VM1) I(VM2)
R3 3 0 40K
R2 2 3 20K
C1 1 3 5U IC = 4
VM2 3 4 0V
VM1 2 1 0V
C2 4 0 1U IC = 8
.END
```

3.3 Untersuchung von Schaltvorgängen mittels Laplacetransformation

In Kapitel 3.2 wurden Schaltvorgänge in einfachen Netzwerken untersucht, bei denen nach Betätigung von Schaltern keine Energiezufuhr durch unabhängige Quellen erfolgte. Die Energie für die Ausgleichsvorgänge wurde von der gespeicherten Energie von Spulen und Kondensatoren geliefert. In diesem Kapitel werden Ausgleichsvorgänge in Netzwerken betrachtet, die nach der Betätigung von Schaltern unabhängige Quellen beinhalten und bei denen zusätzlich gespeicherte Energie von Spulen und Kondensatoren umgesetzt wird. Die Zweipole sollen linear sein. Die Analyse von Ausgleichsvorgängen bei einfachen Netzwerken kann ohne weitere Vorausetzungen im Zeitbereich erfolgen (siehe Kapitel 3.2). Die Analyse von umfangreicheren Netzwerken kann ebenfalls im Zeitbereich erfolgen. Die dabei entstehenden Gleichungen sind i. allg. numerisch oder mit analogen Schaltungen zu lösen.

Bei linearen Netzwerken kann für die Berechnung von Ausgleichsvorgängen - auch bei etwas umfangreicheren Netzwerken - die Methode der Laplacetransformation verwendet werden. Das gesamte Netzwerk wird hierzu in den Laplacebereich transformiert, durch Anwendung der Kirchhoffschen Regeln etc. werden die bekannten Größen mit den unbekannten Größen verknüpft, die Gleichungen werden nach den unbekannten Größen aufgelöst und dann in den Zeitbereich zurücktransformiert. Zur Veranschaulichung sei der Strom i(t) in einem Netzwerk gesucht. Die Laplacetransfomierte I(s) des Stromes i(t) wird durch große Buchstaben und mit dem s - Operator $s = \delta + j\omega$ durch folgende Gleichung definiert:

$$I(s) = \int_0^\infty i(t)\, e^{-st} dt$$

Ein Großteil der üblicherweise verwendeten Funktionen ist tabelliert (Föllinger, 1980). Für einen Einheitssprung i(t) = 1 für t > 0 und i(t) = 0 für t < 0 lautet die Laplacetransformierte I(s) = 1/s mit Re [s] = δ > 0. Der Bereich der absoluten

Konvergenz des Definitionsintegrals für die Laplacetransformierte liegt in der rechten Halbebene von s. Die Laplacetransformation ist eine lineare Transformation, d.h. der zusammengesetzten Funktion $f(t) = c_1 f_1(t) + c_2 f_2(t)$ wird die Laplacetransformierte $F(s) = c_1 F_1(s) + c_2 F_2(s)$ zugeordnet. Weil Systeme der Elektrotechnik i. allg. auch Unstetigkeitsstellen von Funktionen differenzieren können, ist die Einführung der Laplacetransformierten der Ableitung von Funktionen mit Sprung- oder Unstetigkeitsstellen erforderlich. Die Laplacetransformierte der ersten Ableitung der Funktion $f(t)$ lautet: $s F(s) - f(-0)$. Der Ausdruck $f(-0)$ beschreibt den linksseitigen Grenzwert der Funktion $f(t)$ zum Zeitpunkt $t=0$. Durch den Wert $f(-0)$ wird die Vergangenheit des Netzwerkes in Form von Anfangsbedingungen repräsentiert. Die Anfangsbedingungen sind die Ströme bzw. die Spannungen, die durch Speicherelemente zum Schaltzeitpunkt $t=0$ fließen bzw. anliegen. Die "Auflösung" der Integro- Differentialgleichungen nach einer Unbekannten erfolgt im Laplacebereich, wobei jetzt nur noch elementare Rechenschritte erforderlich sind. Insgesamt erhält man z. B. für die Anwendung der Laplacetransformation auf die Differentialgleichung: $u(t) + R C (d u(t)/dt) = u_q(t)$ folgende Vorgehensweise für die unbekannte Spannung $u(t)$:

Zeitbereich:

$$u(t) + R C (d u(t)/dt) = u_q(t) \qquad u(t) = 1 - e^{-t/RC} + RC\, u(-0)\, e^{-RC\, t}$$

Laplacetransformation   Rücktransformation

Laplacebereich:

$$U(s) + R C (s U(s) - u(-0)) = U_q(t)$$

Die Auflösung nach u(t) ergibt mit $U_q(s) = 1/s$ für den Einheitssprung mit der Sprunghöhe von 1 V:

$$U(s) = \frac{1 + sRCu(-0)}{s(1 + sRC)}$$

Die physikalische Interpretation für dieses Beispiel ist ein RC-Tiefpaß, der über einen Schalter an die Gleichspannung U_q zum Zeitpunkt $t = 0$ gelegt wird. Die Anfangsbedingungen für den Kondensator sind mit u(-0) festgelegt (Bild 3.3.1).

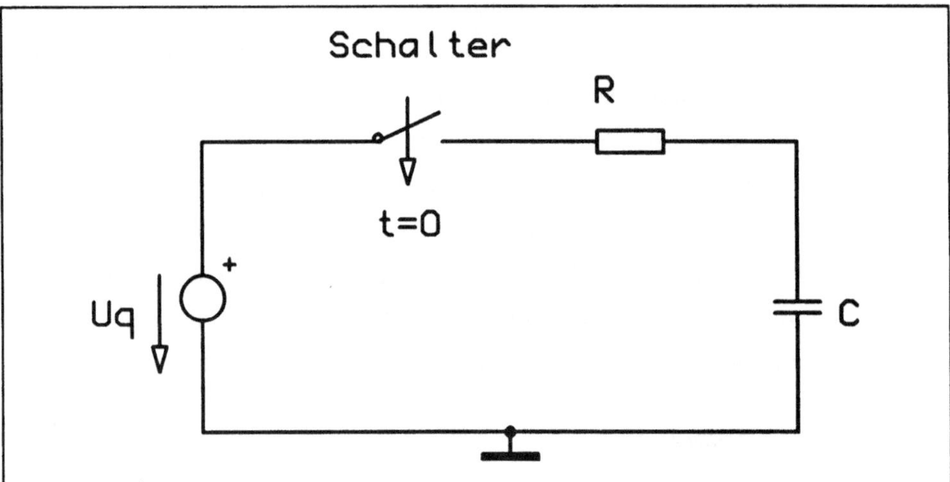

Bild 3.3.1: RC-Tiefpaß zur Erläuterung der Vorgehensweise
bei der Laplacetransformation

Die Differentialgleichung u(t) + R C d u(t)/dt = u$_q$(t) beschreibt die Beziehung zwischen der Spannung am Kondensator u(t) und der Eingangsspannung u$_q$(t) beim Schließen des Schalters zum Zeitpunkt $t = 0$. Die Differentialgleichung wurde durch Anwendung des Maschensatzes und Substitution des Stromes i(t) in u(t) + R i(t) = u$_q$(t) durch i(t) = C d u(t)/dt gewonnen. Es ergeben sich eine Reihe von Vorteilen, wenn die Analyse von Schaltvorgängen ohne "Umweg" über den Zeitbereich erfolgen kann.

3.3.1 Netzwerkelemente im s-Bereich

Für die einzelnen Netzwerkelemente sind zunächst die Strom- Spannungsbeziehungen im Zeitbereich anzuschreiben, um dann durch Laplacetransformation einen Ausdruck im Laplacebereich zu erhalten. Führt man diese Prozedur für die Zweipole R, L, C und für Spannungs- bzw. Stromquellen durch und berücksichtigt dabei die Anfangsbedingungen, so erhält man eine vollständige Beschreibung des Netzwerkes im Laplacebereich. Bei der Analyse weiterer Netzwerke können sofort die Bezieh-ungen im Laplacebereich angeschrieben werden. Diese Vorgehensweise ist vorteilhaft, weil nur die Rücktransformation in den Zeitbereich erfolgen muß. Die Aufstellung der Netzwerkgleichungen kann dagegen im Laplacebereich (s-Bereich) geschehen.

Für den <u>Widerstand</u> R gilt mit dem Ohmschen Gesetz:

$$u(t) \; = \; R \; i(t).$$

Weil R eine Konstante darstellt, folgt durch Laplacetransformation:

$$U(s) \; = \; R \; I(s).$$

Diese Beziehung wird zusammen mit den Zählpfeilen für Strom und Spannung in Bild 3.3.2 veranschaulicht.

Für die <u>Induktivität</u> L mit dem Anfangsstrom I_0 gilt:
$$u(t) \; = \; L \; d \; i(t)/dt.$$

Durch Laplacetransformation folgt:

$$U(s) \; = \; L \; (s \; I(s) - i(-0)) \; = \; sL \; I(s) - L \; I_0 \; .$$

Diese Gleichung läßt sich nach I(s) auflösen:

$$I(s) = U(s)/sL + I_0/s.$$

Die beiden Beziehungen für die Spannung U(s) und für den Strom I(s) an der Induktivität L werden in Bild 3.3.2 veranschaulicht. Man erhält eine Reihenschaltung von sL mit der Spannungsquelle LI_0 oder eine Parallelschaltung von sL mit der Stromquelle I_0/s. Bei $I_0 = 0$ gehen die beiden Darstellungen für L ineinander über.

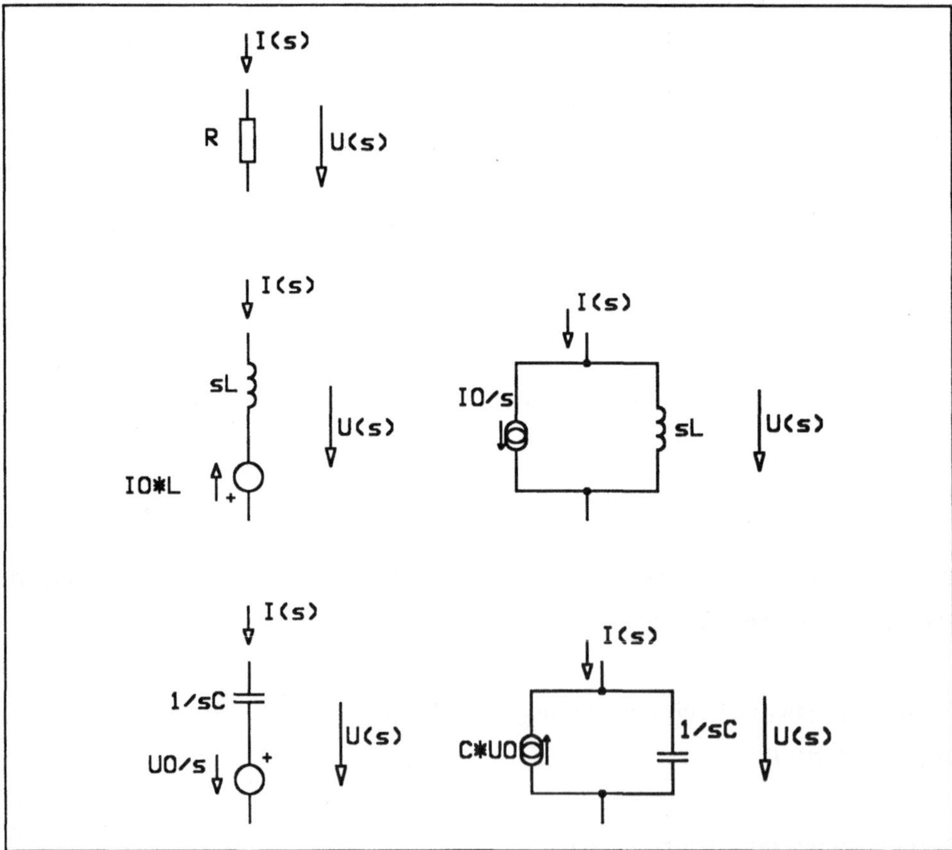

Bild 3.3.2: R, L, C im s- Bereich

Auch für die <u>Kapazität</u> C gibt es zur Berücksichtigung der Anfangsbedingungen zwei unterschiedliche Darstellungen.

Mit $i(t) = C\,d\,u(t)/dt$ folgt im Laplacebereich:

$$I(s) = C\,(s\,U(s) - u(-0)) = sC\,U(s) - C\,U_0.$$

Für die Spannung erhält man:

$$U(s) = I(s)\,1/sC + U_0/s.$$

Die beiden Beziehungen für den Strom $I(s)$ und der Spannung $U(s)$ an der Kapazität werden zusammen mit den Zählpfeilen in Bild 3.3.2 veranschaulicht.

Sowohl bei der Induktivität als auch bei der Kapazität sind die Anfangsbedingungen I_0 und U_0 vorzeichenbehaftet.

3.3.2 Beispiele zur Analyse von Netzwerken im s-Bereich und SPICE-Simulationen

Als erstes Beispiel wird ein Netzwerk mit einer Spannungsquelle und einem Schalter, der zum Zeitpunkt $t = 0$ geöffnet wird, untersucht (Bild 3.3.3). Gesucht sei die Spannung $u(t)$ am geöffneten Schalter und der Verlauf des Stromes in der R-L-Reihenschaltung.

Es ist leicht zu erkennen, daß der Anfangsstrom durch L_2 Null und der Anfangsstrom I_0 durch L_1 5 A beträgt. Die beiden Anfangsströme liegen zum Zeitpunkt -0, d.h. kurz vor dem Ausschalten, vor.

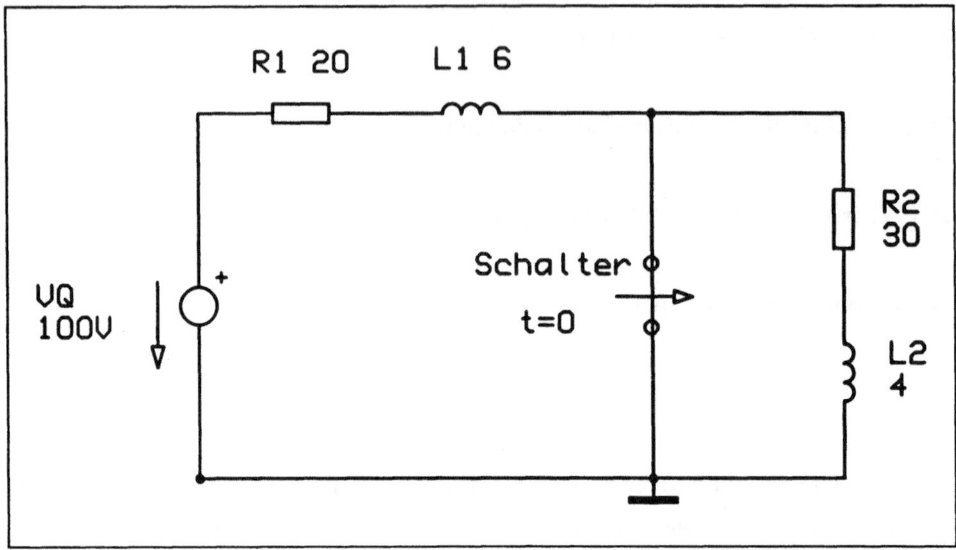

Bild 3.3.3: Netzwerk zur Verdeutlichung der Entstehung von Spannungsspitzen

Das Netzwerk, Bild 3.3.3, ist für die Analyse in den s-Bereich zu übertragen (Bild 3.3.4). Dazu sind die einzelnen Zweipole in den Laplacebereich zu übertragen. Für die Induktivität L_2 ist der Anfangsstrom Null. Der Anfangsstrom durch L_1 wird zu einer Anfangsspannung $U_0 = L_1 I_0 = 30$ Vsec.

Die gesuchte Spannung an der Reihenschaltung von R_2 und sL_2 ist U(s) und kann mit der Knotenregel für den Knoten 1, d.h. $I_2(s) - I_1(s) = 0$, ermittelt werden:

$$\frac{U(s)}{R_2 + sL_2} + \frac{U(s) - Uq(s) - I_0 L_1}{R_1 + sL_1} = 0$$

Die Auflösung nach U(s) ergibt:

$$U(s) = \frac{R_2 Uq + sL_2 Uq + sR_2 L_1 I_0 + 12 s^2 L_1 I_0}{s(R_1 + R_2 + s(L_1 + L_2))}$$

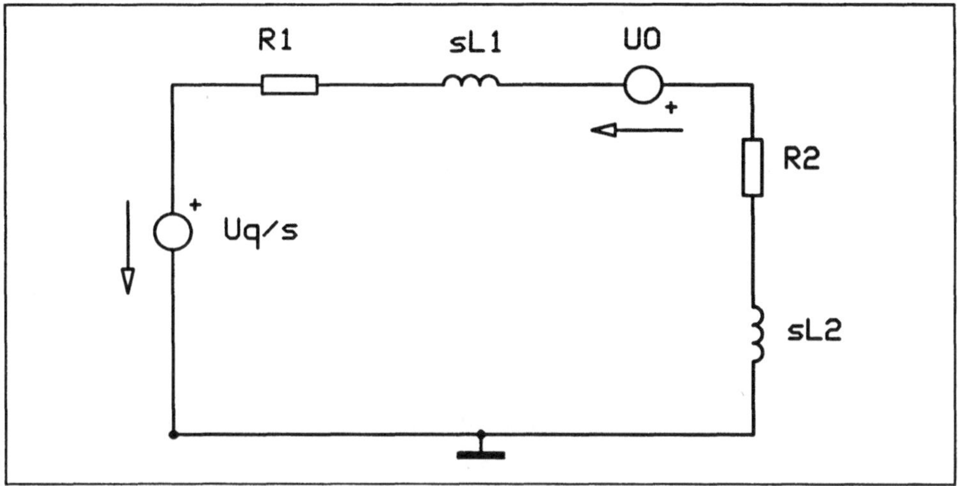

Bild 3.3.4: Netzwerk von Bild 3.3.3 im s- Bereich

Mit den o.g. Zahlenwerten folgt:

$$U(s) = 12\,Vsec + \frac{60\,V}{s} + \frac{10\,V}{s+5}$$

Die Konstante 12Vsec im s- Bereich ergibt einen δ- Impuls im Zeitbereich, der Ausdruck 60V/s ergibt einen Sprung $\sigma(t)$ mit der Sprunghöhe von 60V und der Ausdruck 10V/(s + 5) ergibt schließlich eine Exponentialfunktion $e^{(-5t)}$ im Zeitbereich. Insgesamt folgt für die Spannung u(t):

$$u(t) = 12\,V\,\delta(t) + 60\,V\,\sigma(t) + 10\,Ve^{-5t}\sigma(t)$$

Für die SPICE-Simulation ist die Netzwerkbeschreibung der Induktivitäten mit den Anfangsbedingungen IC = ... und bei der Steueranweisung für die Transientenanalyse .TRAN "UIC" anzugeben. Zusätzlich kann der Strom durch die R-L-Reihenschaltung mit einer Nullspannungsquelle VM ermittelt werden. Für die Schrittweite der Transientenanalyse wurden 20 msec gewählt. Die gesamte Simulationszeit beträgt eine Sekunde.

Die zu Bild 3.3.3 bzw. Bild 3.3.4 gehörende SPICE-Eingabedatei lautet:

```
.TRAN 20E-3 1000E-3 UIC
.OPTIONS LIMPTS = 1200
.PRINT TRAN V(1) I(VM)
R1 5 2 20
L1 2 1 6 IC = 5
R2 1 3 30
L2 3 4 4 IC = 0
VM 4 0 0V
VQ 5 0 100V
.END
```

Mit einem Programm zur grafischen Darstellung kann die Spannung u(t) und der Strom i(t) über der Zeit gezeichnet werden (Bild 3.3.5).

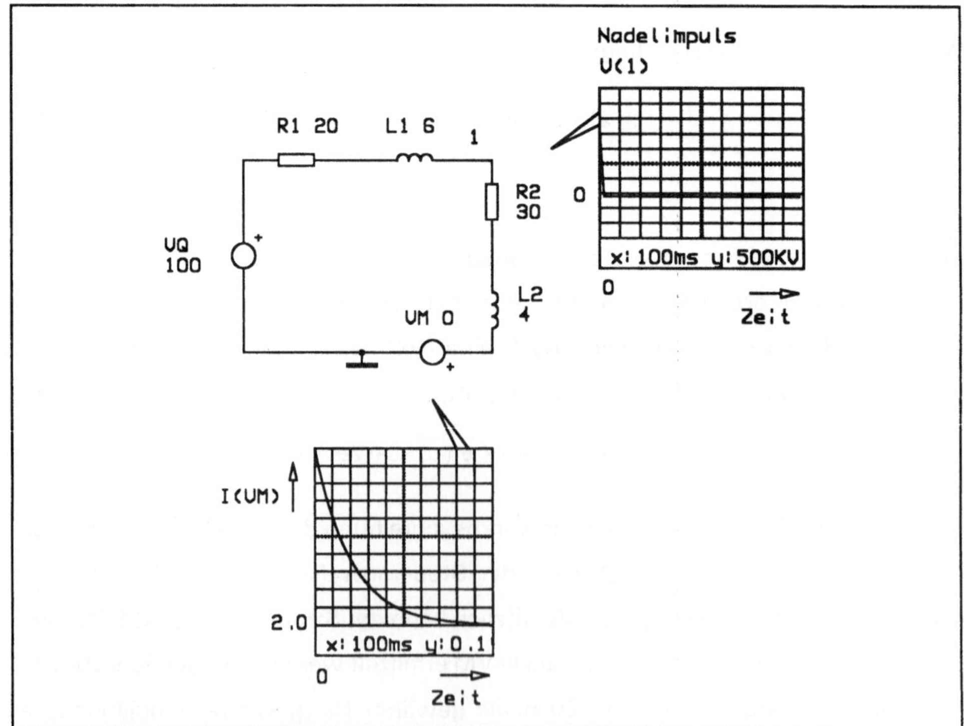

Bild 3.3.5: Simulationsergebnisse für die Spannung u(t) und den Strom i(t)

Reihenschwingkreise kommen in allen Bereichen der Elektrotechnik vor. In der Hochfrequenztechnik werden Reihenschwingkreise zur Unterdrückung von Störspannungen verwendet.Ein langes Kabel in der Energietechnik kann als Reihenschaltung einer Induktivität, eines ohmschen Widerstandes und einer Kapazität betrachtet werden. Wenn das Kabel ohne Belastung betrieben wird, stellt die Spannung an der Kabelkapazität dann die Ausgangsspannung dar. Im Beispiel, Bild 3.3.6, wird ein Reihenschwingkreis mit Anfangsbedingungen betrachtet. Zum Zeitpunkt $t = 0$ wird die Gleichspannungsquelle U_{q1} an den Reihenschwingkreis gelegt.

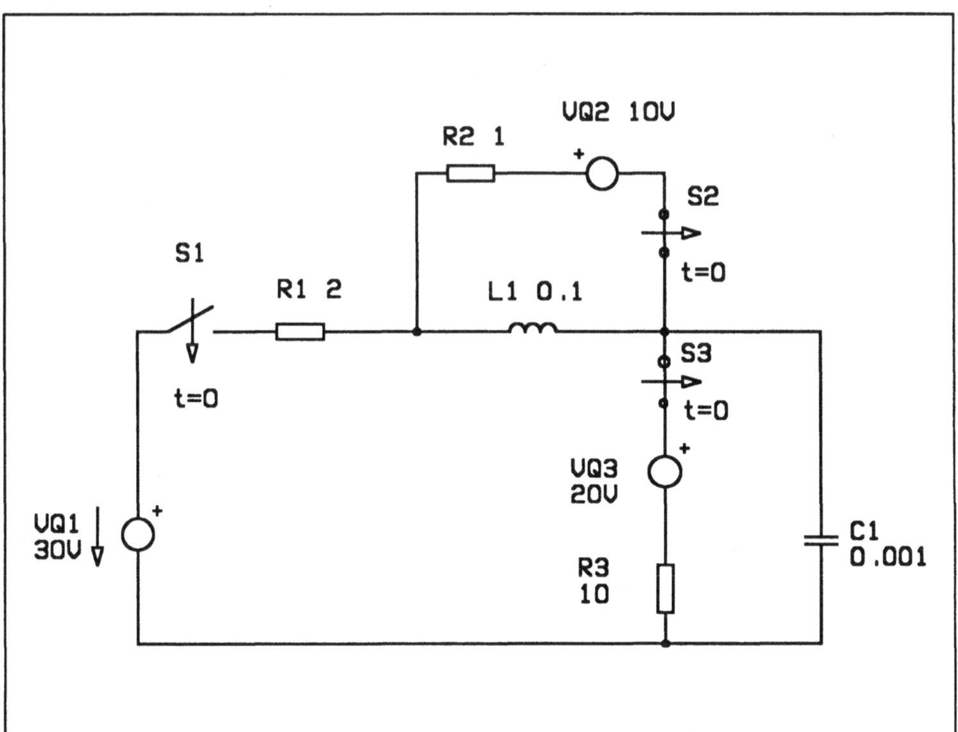

Bild 3.3.6: Reihenschwingkreis mit den Schaltern S1 bis S3

Für t<0 wurde die Induktivität L1 von der Quelle U_{q2} gespeist, die Kapazität C1 lag ebenfalls seit langer Zeit an der Spannungsquelle U_{q3}. Der Strom durch die Induktivität für t<0 beträgt I_0 = 10 A. Für t<0 beträgt die Spannung an der Kapazität U_0 = 20 V. Nach der Bestimmung der Anfangsbedingungen kann das Netzwerk in den s-Bereich übertragen werden (Bild 3.3.7). Die Anfangsbedingungen werden durch zwei Spannungsquellen dargestellt. Die Spannungsquelle I_0L_1 stellt die Anfangsbedingung für die Induktivität, die Spannungsquelle U_0/s stellt die Anfangsbedingung für die Kapazität dar. Zu beachten sind dabei die Zählrichtungen.

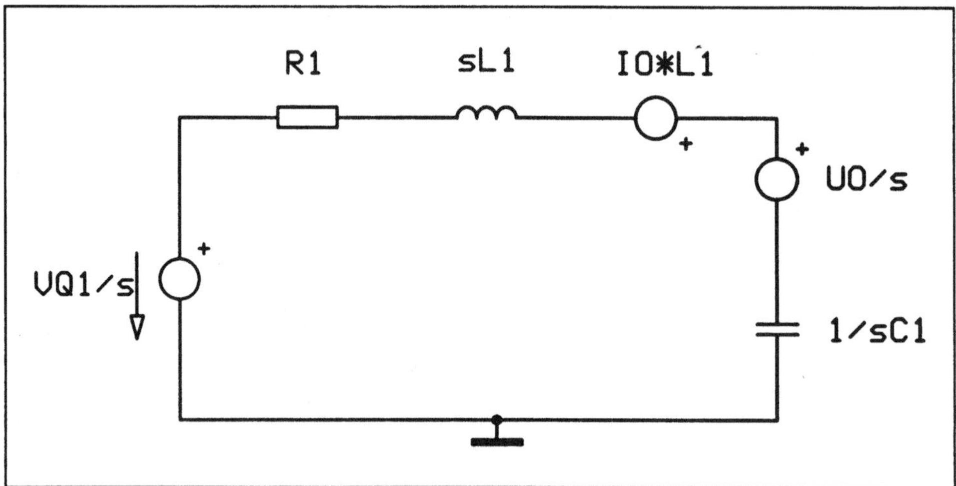

Bild 3.3.7: Reihenschwingkreis mit Anfangsbedingungen im Laplacebereich

Für den Strom I(s) in Bild 3.3.7 folgt:

$$I(s) = \frac{U_0/s - I_0L - U_{q1}/s}{R + sL + 1/sC}$$

Die Spannung an der Kapazität erhält man mit $U_c(s) = I(s)\ 1/sC$. Die Zeitfunktionen erhält man durch Partialbruchzerlegung und anschließender Rücktransformation in den Zeitbereich.

Die Zeitfunktionen für den Strom i(t) und die Spannung am Kondensator sind in Bild 3.3.8 dargestellt.

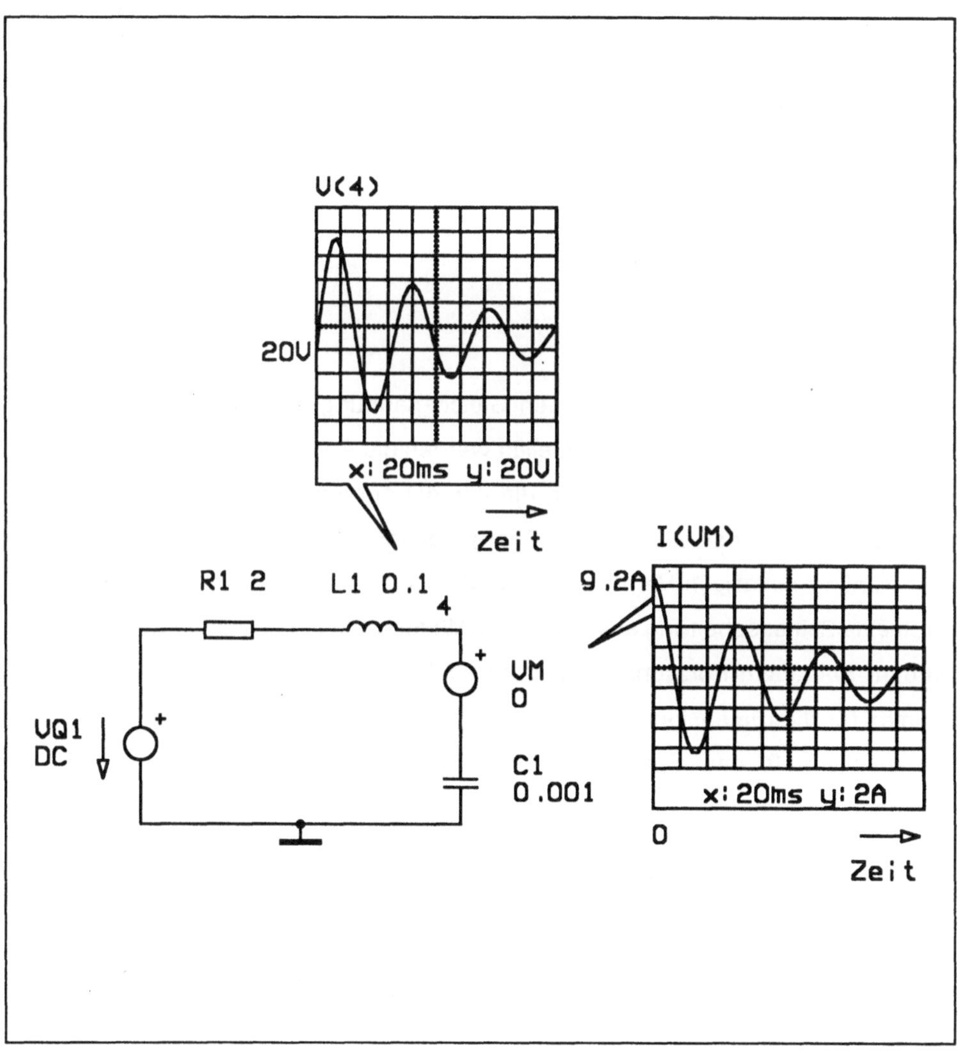

Bild 3.3.8: Simulationsergebnisse zum Reihenschwingkreis

Für die SPICE-Simulation sind die Anfangsbedingungen mit IC = ... anzugeben. In die Anweisung für die Transientenanalyse ist ...UIC aufzunehmen:

```
.TRAN 0.5E-3 200E-3 UIC
.OPTIONS LIMPTS = 3000
.PRINT TRAN V(4) I(VM)
VM 4 2 0V
R1 3 1 2
L1 1 2 0.1 IC = 10A
C1 4 0 0.001 IC = 20V
VQ1 3 0 DC 30V
.END
```

Bei den bisherigen Beispielen wurden Gleichspannungsquellen geschaltet. Beim Schalten von Wechselspannungsquellen werden die Ausgleichsvorgänge mit einer stationären Schwingung überlagert, die von der anregenden Wechselspannungsquelle stammt. In der elektrischen Energietechnik können Leitungen mit angeschlossenen einphasigen Verbrauchern, z. B. Handbohrmaschinen, näherungsweise durch eine Reihenschaltung aus ohmschen Widerstand und Induktivität dargestellt werden. Bei einem Kurzschluß am Verbraucher ist der Verlauf des Kurzschlußstromes für die Dimensionierung der elektrischen Anlage neben anderen Einflußgrößen wie z. B. dem Spannungsabfall von wesentlicher Bedeutung. Mit dem folgenden Beispiel wird der Verlauf des Stromes bei einer R-L- Reihenschaltung untersucht, wenn eine sinusförmige Spannung

$$u_q(t) = U\sqrt{2}\sin(\omega t)$$

angelegt wird (Bild 3.3.9). Im s- Bereich erhält man mit

$$U(s) = U\sqrt{2}\,\frac{\omega}{s^2 + \omega^2}$$

schließlich den gesuchten Strom:

$$I(s) = U(s) \frac{1}{R+sL}$$

Im Zeitbereich erhält man für den gesuchten Strom:

$$i(t) = U\sqrt{2}/L1 \ \frac{(R1/L1)\sin\omega t - \omega\cos\omega t + \omega e^{-R1\,t/L1}}{(R1/L1)^2 + \omega^2}$$

Für die SPICE-Simulation des Netzwerkes im Bild 3.3.9 wird folgende Eingabedatei verwendet:

```
.TRAN 0.0002 0.05
.OPTIONS LIMPTS = 1200
.PRINT TRAN I(VM) V(1)
R1 1 2 50
VM 2 3 0
L1 3 0 1H
VQ 1 0 SIN 0 200 50 0 0
.END
```

Die Ermittlung des Stromes erfolgt mit VM. Die sinusförmige Spannungsquelle wird mit V1 ... dargestellt. Mit einem Grafikprogramm läßt sich der Strom i(t) und die Spannung u(t) im zeitlichen Verlauf darstellen (Bild 3.3.9). Die anfängliche Strom-überhöhung wird mit wachsender Zeit immer geringer und geht schließlich in einen stationären Dauerstrom über. Dieser Dauerstrom kann auch mit den Methoden der Wechselstromlehre, d. h. mit der Spezialisierung s = jω bestimmt werden.

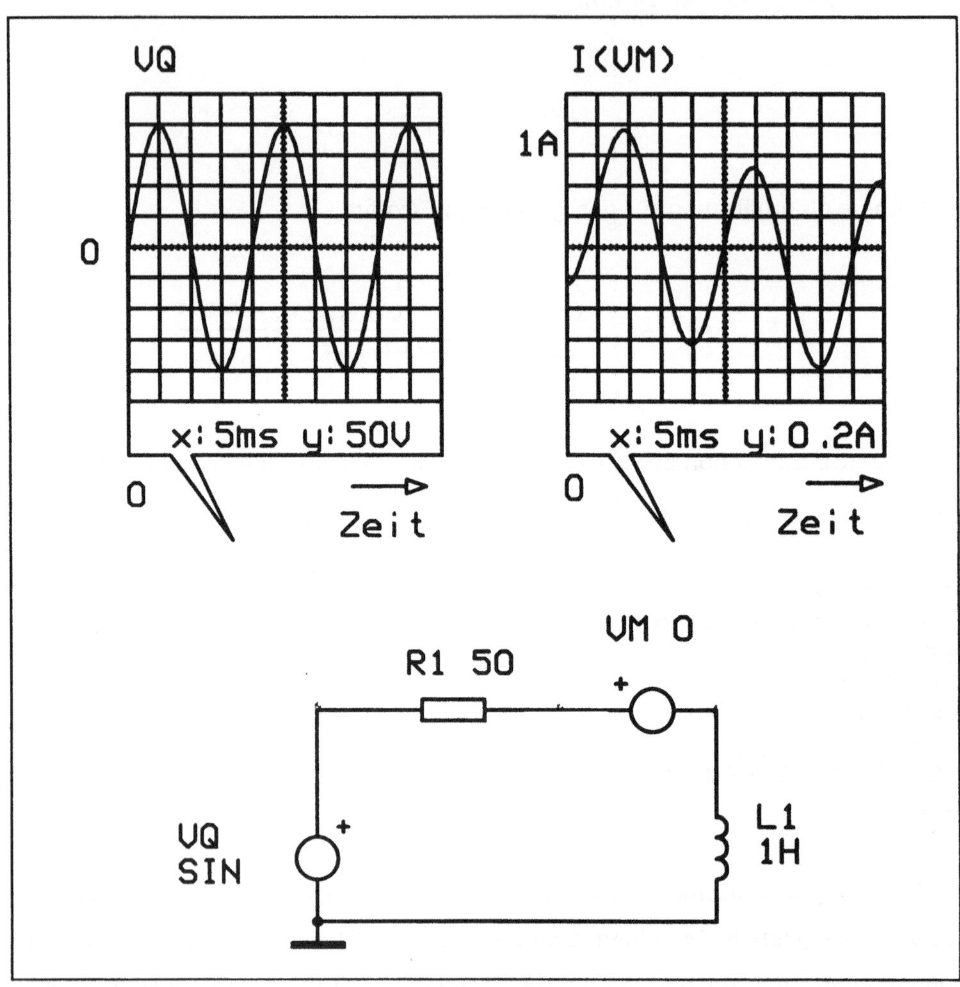

Bild 3.3.9: Spannung $u_q(t)$ und Strom $i(t)$ mit überlagertem Ausgleichsvorgang

Im Gegensatz zu den bisherigen Ausführungen wird im folgenden Beispiel eine gesteuerte Quelle in Verbindung mit einem Schaltvorgang untersucht (Bild 3.3.10). Das Netzwerk, Bild 3.3.10, stellt einen beschalteten Operationsverstärker mit dem Eingangswiderstand $Z_3(s)$, dem Ausgangswiderstand $Z_4(s)$ und der gesteuerten Quelle $A(-U_1)$, dar. Die Konstante A beschreibt den Verstärkungsfaktor.

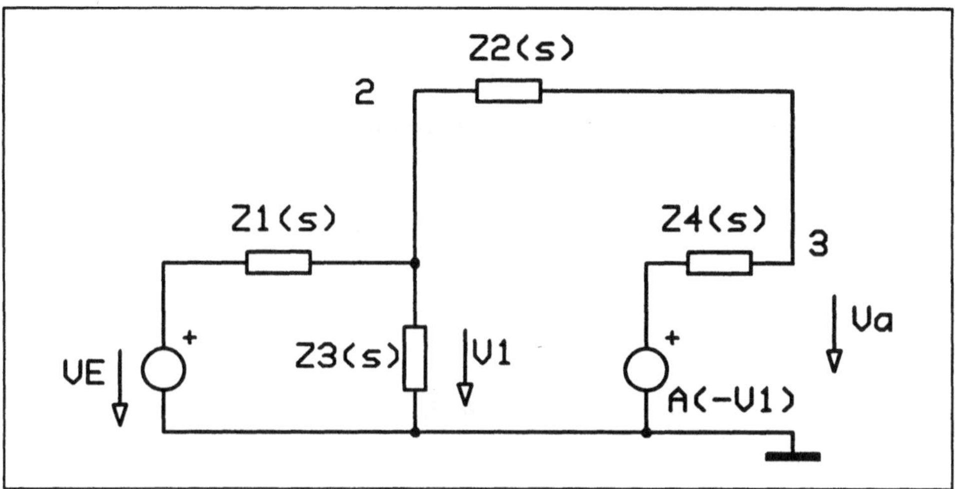

Bild 3.3.10: Netzwerk mit spannungsgesteuerter Spannungsquelle

Die Knotenspannung $U_1(s)$ beeinflußt über den Verstärkungsfaktor die Ausgangsspannung U_a. Für den Knoten 2 gilt:

$$\frac{U_1(s) - U_e(s)}{Z_1(s)} + \frac{U_1(s) - U_a(s)}{Z_2(s)} + \frac{U_1(s)}{Z_3(s)} = 0$$

Für den Knoten 3 gilt:

$$\frac{U_1(s) - U_a(s)}{Z_2(s)} - \frac{AU_1(s) + U_a(s)}{Z_4(s)} = 0$$

Für die Ausgangsspannung $U_a(s)$ folgt:

$$U_a(s) = \frac{-A + \dfrac{Z_4(s)}{Z_2(s)}}{\dfrac{Z_1(s)}{Z_2(s)}\left(1 + A + \dfrac{Z_4(s)}{Z_3(s)}\right) + 1 + \dfrac{Z_1(s)}{Z_4(s)} + \dfrac{Z_4(s)}{Z_2(s)}} U_e(s)$$

Der Term rechts von $U_e(s)$ kann als Übertragungsfunktion des Netzwerkes (beschalteter Operationsverstärker) bezeichnet werden. Setzt man einen sehr hohen Eingangswiderstand mit $Z_3 -> \infty$, und $Z_1 = R_1$, $Z_2 = R_2 + 1/(sC)$, $Z_4 = R_4$ und $U_e(s) = U_{eo}/s$ voraus, so folgt nach Rücktransformation im Zeitbereich:

$$i(t) = K_1 \sigma(t) + K_2 e^{(-at/b)}$$

Für die einzelnen Parameter gilt:

$$a = C(R_2 A - R_4)$$

$$b = C\left(R_1 + R_1 A + R_2 + \frac{R_1 R_2}{R_4}\right)$$

$$d = \frac{R_1}{R_4}$$

$$K_1 = \frac{-A U_{eo}}{d}$$

$$K_2 = \frac{U_{eo}\left(A - \dfrac{a^2}{b}\right)}{a}$$

Für die SPICE-Simulation des Netzwerkes, Bild 3.3.10, benötigt man die Darstellung einer spannungsgesteuerten Spannungsquelle E1, die von der Knotenspannung u(2,0) beeinflußt wird und deren Verstärkungsfaktor mit $A = -2$ vorgegeben wird. Für die Darstellung der Eingangssprungfunktion $u_e(t) = 10V\,\sigma(t)$ kann eine abschnittsweise definierte Funktion mit dem PWL ... Statement verwendet werden. Der Lastwiderstand R_5 ist mit $1G\Omega$ gegenüber den anderen Widerständen zu vernachlässigen. Die SPICE - Eingabedatei lautet mit den o. g. Voraussetzungen:

```
.TRAN 0.01 5
.OPTIONS LIMPTS = 1200
.PRINT TRAN V(1) V(3)
R1 1 2 100K
R2 2 4 200K
R3 2 0 10MEG
E1 5 0 2 0 -2
R4 5 3 500
C1 4 3 1U
R5 3 0 1G
VE 1 0 PWL 0 0 0.01 5 0.02 10
.END
```

Die in Bild 3.3.11 dargestellten Knotenspannungen $V(1) = u_e(t)$ und $V(2) = u_a(t)$ zeigen, daß die Ausgangsspannung zunächst auf -8V springt, um dann in einen exponentiellen Verlauf überzugehen. Die Anstiegszeit für die Eingangsrampe wurde gegenüber der Simulationszeit kurz gewählt, so daß der Eindruck eines Eingangssprunges entsteht.

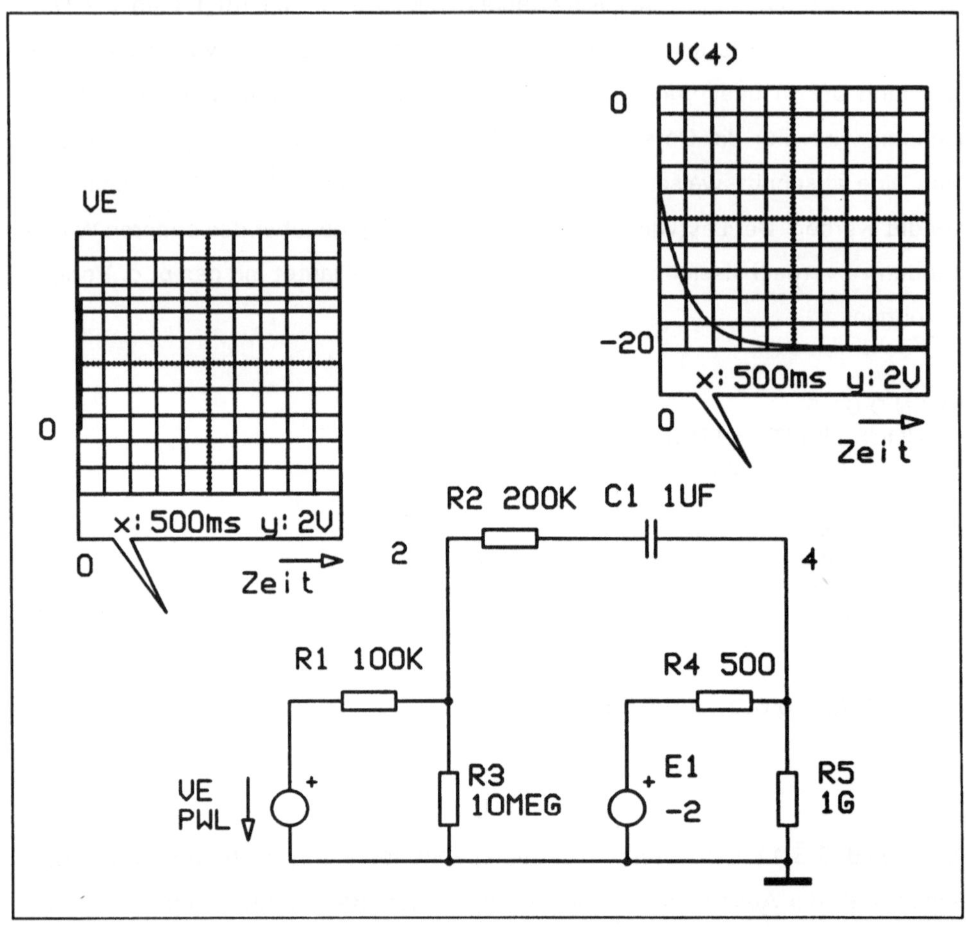

Bild 3.3.11: Ein- und Ausgangsspannungen zum Netzwerk, Bild 3.3.10

3.4 Analyse von Netzwerken mit Zustandsvariablen

Die bisherigen Untersuchungen von Schaltvorgängen haben gezeigt, daß als Ergebnis der Analyse allgemein Differentialgleichungen entstehen. Die Differentialgleichungen können unterschiedliche Ordnungen aufweisen. Der Einschaltvorgang einer Gleichspannung führte bei einer Schaltung mit einem Widerstand und einer Kapazität zu einer Differentialgleichung erster Ordnung. Bei mehreren Speicherelementen führt die Analyse auf Differentialgleichungen höherer Ordnung. In vielen Fällen liegen lineare und zeitinvariante Netzwerke vor oder können mit ausreichender Näherung angenommen werden. Derartige Netzwerke können mit dem Hilfsmittel der Laplacetransformation vom Zeitbereich in den s-Bereich überführt werden.

Nach der Lösung der transformierten Differentialgleichung im Laplacebereich muß noch die Rücktransformation in den Zeitbereich durchgeführt werden. Durch die Betrachtung im Laplacebereich erhält man durch Anwendung der Funktionentheorie oftmals grundlegende Aussagen über das dynamische Verhalten. Besonders interessant ist dabei der Zusammenhang zwischen Stabilität und den Polstellen der Übertragungsfunktion (Unbehauen, 1991). Die Betrachtung im Laplacebereich ist allerdings an die Vorausetzung der Linearität und Zeitinvarianz gebunden. Wenn diese Vorausetzung nicht vorliegt, müssen die Differentialgleichungen im Zeitbereich gelöst werden. Aber auch bei umfangreichen linearen und zeitinvarianten Netzwerken hat die Zeitbereichsbetrachtung Vorteile, die sich auch aus der Formulierung als Vektordifferentialgleichungen ergeben.

Für ein Netzwerk mit der Eingangsgröße u und der Ausgangsgröße y sei die Differentialgleichung n-ter Ordnung $a_n y^{(n)} + a_{n-1} y^{(n-1)} + \ldots + a_1 y^{(1)} + a_0 y = b_0 u$ gegeben. Mit den Zwischengrößen (Zustandsvariable) $x_1 = y$, $x_2 = y^{(1)}$, $x_3 = y^{(2)}$, $\ldots$, $x_{n-1} = y^{(n-2)}$, $x_n = y^{(n-1)}$ erhält man Differentialgleichungen erster Ordnung: $x_1^{(1)} = x_2$, $x_2^{(1)} = x_3$, $x_3^{(1)} = x_4$, $\ldots$, $x_{n-1}^{(1)} = x_n$, $x_n^{(1)} = -(a_0/a_n)x_1 - (a_1/a_n)x_2 - \ldots - (a_{n-1}/a_n)x_1 + - (b_0/a_n)u$.

Die Differentialgleichungen erster Ordung (Zustandsgleichungen) lassen sich durch einmalige Integration lösen. Für jede Differentialgleichung erster Ordnung benötigt man einen Integrator, sodaß bei einer Differentialgleichung n-ter Ordnung n Integratoren erforderlich sind. Die Integratoren können ebenso wie die Summier- und Multiplizierglieder mit SPICE dargestellt werden. Mit SPICE werden Analogrechner mit idealen Elementen simuliert. Im Folgenden werden zunächst die Elemente zur Darstellung der Zustandsgleichung beschrieben um dann mit einigen Beispielen die Analyse von Netzwerken im Zustandsraum zu demonstrieren.

3.4.1 Elemente zur Darstellung der Zustandsgleichungen

Im Gegensatz zur Analogrechnersimulation mit realen Elementen ist die Analogrechnersimulation mit SPICE durch ideale Elemente gekennzeichnet. Die Verwendung idealer Elemente (Integratoren, Multiplizierer, Summierer etc.) vermeidet die bei realen Bauelementen auftretenden Schwierigkeiten durch diverse Störfaktoren wie Rauschen, nichtlineare Bauelemente und Kontaktprobleme.

Ein Summierer kann durch eine spannungsgesteuerte Spannungsquelle dargestellt werden. Die Ausgangsspannung der gesteuerten Quelle wird durch ein Polynom aus den Eingangsspannungen erzeugt. Für die gewichtete Summation der Eingangsspannungen v1, v2 und v3 mit den Wichtungskoeffizienten k_0, k_1, k_2 und k_3 folgt für die Ausgangsspannung va $= k_1$ v1 $+ k_2$ v2 $+ k_3$ v3. Für SPICE ist die Anzahl der Eingänge mit POLY(3) anzugeben. Die Knoten, zwischen denen die zu summierenden Spannungen und die Ausgangsspannung liegen, sind ebenfalls anzugeben. Die Spannung v1 soll zwischen den Knotenpunkten 1 und 0 liegen, die Spannung v2 soll zwischen 2 und 0, die Spannung v3 soll zwischen 3 und 0 und die Ausgangsspannung zwischen 4 und 0 liegen. Mit den Gewichtungsfaktoren $k_0 = 0$, $k_1 = 10$, $k_2 = 20$ und $k_3 = 30$ erhält man für die Spannungsquelle E1 folgenden Ausdruck: E1 4 0 POLY(3) 1 0 2 0 3 0 0 10 20 30. Um den Summierer in beliebigen Schaltungen zu verwenden, ist die Definition eines SUBCKT´s vorteilhaft.

Für die Eingänge und Ausgänge werden dabei mit hochohmigen Widerständen Gleichspannungspfade zum Bezugsknoten hergestellt:

```
.SUBCKT SUM3  1 2 3 4
RIN1 1 0 1E12
RIN2 2 0 1E12
RIN3 3 0 1E12
ROUT 4 0 1E12
E1 4 0 POLY(3) 1 0 2 0 3 0  0 10  20  30
.ENDS
```

Man erhält dann die Ausgangsspannung va = 10 v1 + 20 v2 + 30 v3. Die Spannungen v1, v2 und v3 können selbstverständlich auch zeitveränderliche Spannungen sein (Bild 3.4.1).

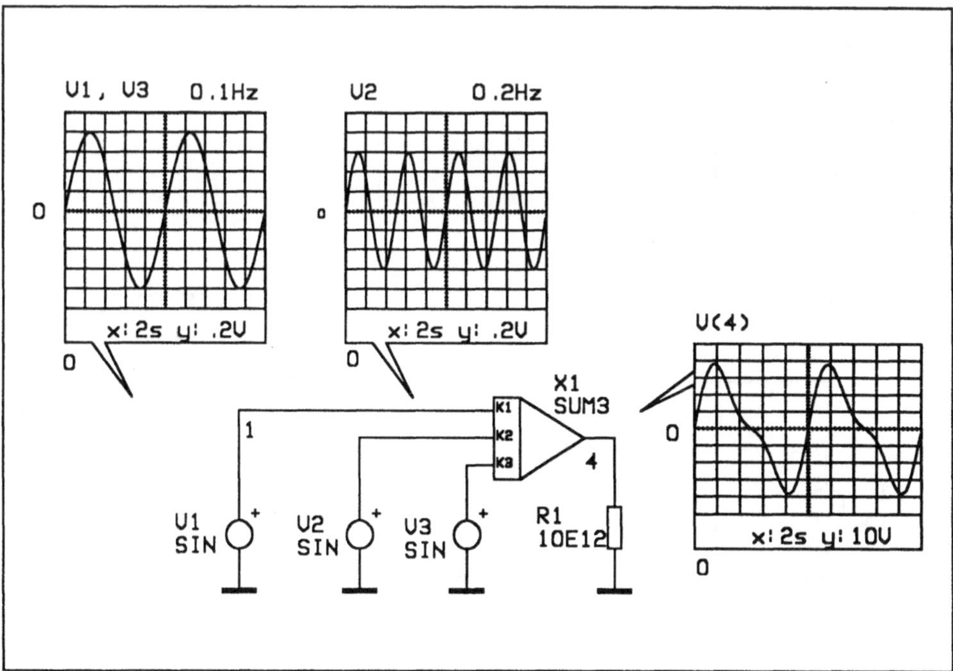

Bild 3.4.1: Eingangs- und Ausgangsbeziehungen bei einem Summierer

Zur Darstellung eines Multiplizieres mit zwei Eingängen kann folgendes SUBCKT verwendet werden:

```
.SUBCKT MUL  1 2 3
RIN1 1 0 1E12
RIN2 2 0 1E12
ROUT 3 0 1E12
E1 3 0 POLY(3) 1 0 2 0  0 0 0 0 5
.ENDS
```

Die an den Knoten 1 und 2 anliegenden Eingangsspannungen werden mit dem Faktor k multipliziert. Die Ausgangsspannung liegt zwischen den Knoten 3 und 0 an. Mit der Gleichspannungsquelle V2 = 2V erhält man eine Ausgangsspannungsamplitude von 4V (Bild 3.4.2).

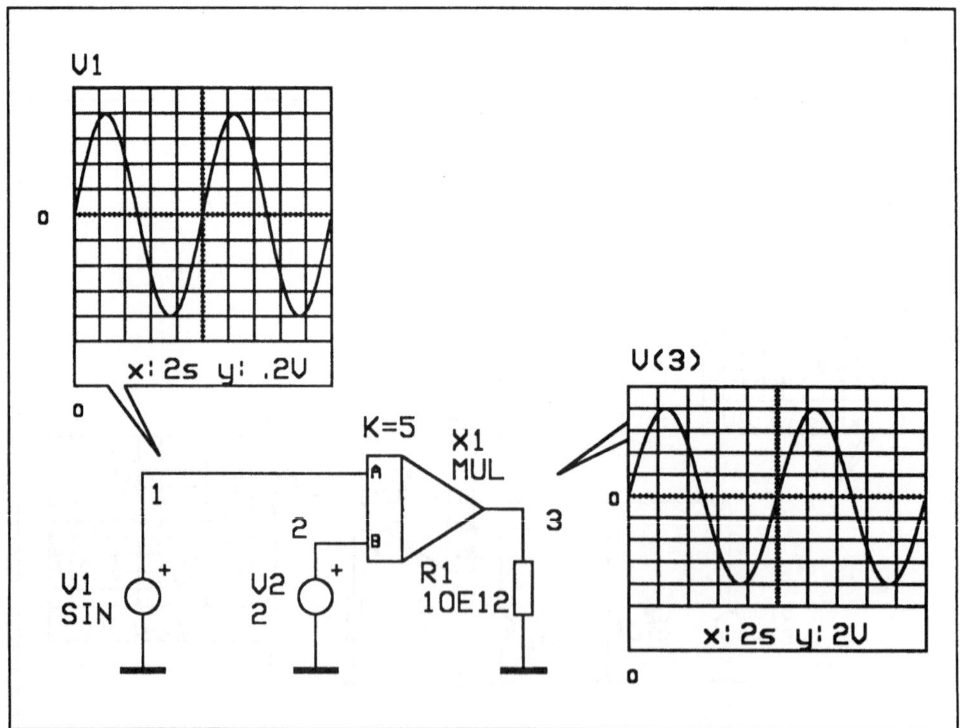

Bild 3.4.2: Ein- und Ausgangsbeziehungen bei einem Multiplizierer

Für die Darstellung eines Integrators mit einem SPICE-SUBCKT ist es vorteilhaft, eine Begrenzung der Ausgangsspannung und einen variablen Verstärkungsfaktor (Gain) vorzusehen. Im wesentlichen besteht der Integrator aus der spannungsgesteuerten Spannungsquelle E1 mit einem veränderlichen Verstärkungsfaktor und einer weiteren spannungsgesteuerten Spannungsquelle E2, die mit zwei Reihenschaltungen aus je einer Diode (DN) und einer Spannungsquelle (VN, VP) zur Spannungsbegrenzung beschaltet ist. Für positive Ausgangsspannungen erfolgt eine Begrenzung auf VP - 0.0597V. Für negative Ausgangsspannungen erfolgt eine Begrenzung auf VN - 0.0597V. Durch die Spannungsbegrenzung wird das Verhalten realer Operationsverstärker nachgebildet, bei denen die Ausgangsspannung etwas unter der positiven und negativen Betriebsspannung liegt. Die Kapazität C1 stellt in Verbindung mit dem Widerstand R1 die Zeitkonstante dar. Die Eingangs-Ausgangsbeziehungen für ein Integrierglied mit VP = 10V, VN = 0V und einem Verstärkungsfaktor von k = 1 sind in Bild 3.4.3 dargestellt. Für die Simulation des Integrierers, Bild 3.4.3, wird folgende Eingabedatei mit dem SUBCKT NTGR8 verwendet:

```
.SUBCKT NTGR8  1 2
RIN 1 0 1E12
E1 3 0 0 1 1.0000
C1 2 4 1U IC = 0.0000E0
R1 3 4 1MEG
E2 2 0 0 4 1.0000MEG
*DIODES WILL HAVE .0597V DROP AT I = 10UA ******
VN 5 2 -59.700M ******
DN 4 5 DN      ******
.MODEL DN D(IS = 1E-12 N = .14319) ******
VP 2 6 9.9403  ******
DP 6 4 DN      ******
.ENDS

.TRAN 0.1S 20S
.PRINT TRAN V(1) V(2)
V1 1 0 PULSE 0 1
R1 2 0 10E12
X1 1 2 NTGR8
*{K = 1 NLIM = 0  PLIM = 10  INIT = 0 }
.END
```

Läßt man die Dioden DP, DN und die Spannungsquellen VP, VN weg, erhält man einen idealen Integrator. Im o.g. Ausdruck ist dies durch ****** dargestellt. Der ideale Integrator zeichnet sich durch fehlende Offsetspannung und durch fehlende Ausgangsspannungsbegrenzung aus. Die Ausgangsspannung steigt linear mit wachsender Zeit an.

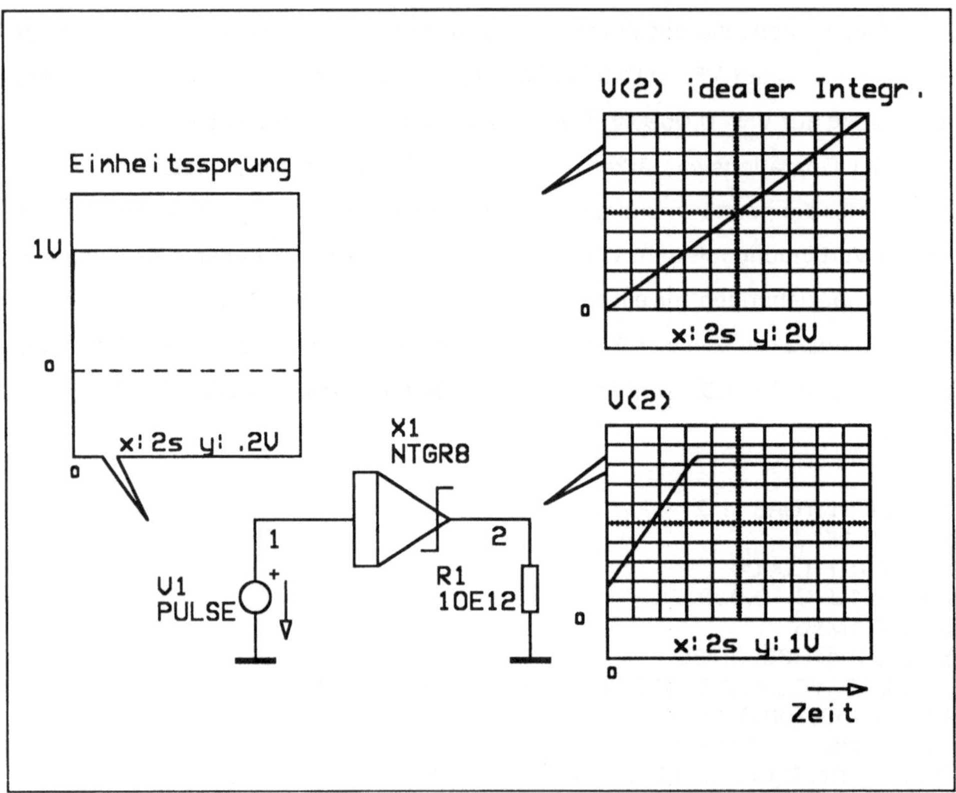

Bild 3.4.3: Ein- und Ausgangsbeziehungen bei einem Integrierer

3.4.2 Beispiele zur Analyse von Netzwerken mit Zustandsvariablen

Die folgenden Beispiele sollen die Verwendung von Zustandsvariablen in Verbindung mit SPICE-Simulationen zeigen.   Im _ersten_ einfachen Beispiel wird eine RC-Schaltung betrachtet, die von einer rechteckförmigen Spannungsquelle VQ1 angeregt wird (Bild 3.4.4).

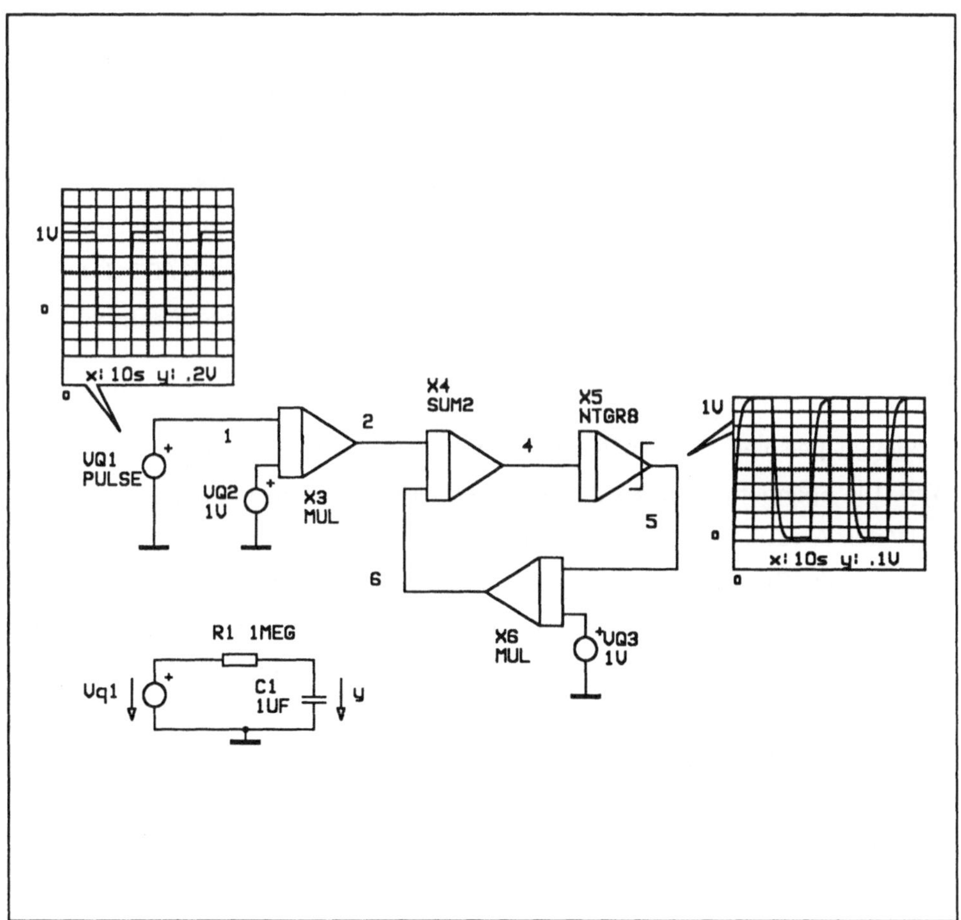

Bild 3.4.4: Simulation eines RC-Netzwerkes mit Zustandsvariable

Die Spannungsquelle hat eine Periodendauer von 20 s und eine Amplitude von 1 V. Mit einem Maschenumlauf erhält man für die Ausgangsspannung y: $R1\ C1\ y^{(1)} + y = vq1$ (Die Spannung vq1 ist zeitabhängig). Die Spannung am Kondensator wird als Zustandsgröße x_1 verwendet: $x_1 = y$, $x_1^{(1)} = y^{(1)}$. Mit der Zustandsgröße x_1 folgt:

$$x_1^{(1)} = -(1/R1\ C1)\ x_1 + (1/\ R1\ C1)\ vq1.$$

Mit den in Kapitel 3.4.1 angegebenen Elementen zur Darstellung der Zustandsgleichungen läßt sich die Beziehung für $x_1^{(1)}$ durch Verwendung eines Integrierers auflösen. Der erste Multiplizierer dient zur Multiplikation der Eingangsgröße vq1 mit dem Faktor $1/R1\ C1$. Der zweite Multiplizierer dient zur Multiplikation der Ausgangsgröße x_1 mit dem Faktor $-1/R1\ C1$. Die Zustandsgröße x_1 tritt nach Integration von $x_1^{(1)}$ auf. Der Summierer bildet die Summe $-(1/R1\ C1)x_1 + (1/\ R1\ C1)\ vq1$. Die Ausgangsspannung $x_1 = y$ für die in Bild 3.4.4 angegebenen Werte von R1 und C1 zeigt einen exponentiellen Verlauf.

Im <u>zweiten</u> Beispiel wird ein Netzwerk mit zwei RC-Gliedern untersucht (Bild 3.4.5). Die Spannungsquelle VQ stellt einen Einheitssprung mit der Sprunghöhe von 1V dar. Als Zustandsvariable werden die Spannungen an den beiden Kapazitäten verwendet. Die Knotenspannung v(1) liegt an der Kapazität C1 an. Die Knotenspannung v(2) liegt an der Kapazität C2 an. Die Knotenspannung v(2) ist auch Ausgangsvariable des Netzwerkes. Schreibt man für jeden Knoten, an dem eine Kapazität angeschlossen ist, eine Knotengleichung an so erhält man für den Knoten 1: $i_1 - i_2 - i_3 = 0$. Für den Knoten 2 erhält man für den zum Knoten 2 zufließenden Strom i_2 und für den vom Knoten 2 wegfließenden Strom i_4 (durch C2): $i_2 - i_4 = 0$. Mit den Spannungen v(1), v(2) und vq1 erhält man bei $R1 = R2 = R$, $C1 = C2 = C$ folgende Zustandsgleichungen:

$$\frac{dv(1)}{dt} = (-2/RC)\,v(1) + (1/RC)\,v(2) + (1/RC)\,vq1$$

$$\frac{dv(2)}{dt} = (1/RC)\,v(1) - (1/RC)\,v(2)$$

Für die SPICE-Simulation wird das obige Gleichungssystem so umgeformt, daß eine Differentialgleichung zweiter Ordnung entsteht. Auf der linken Seite der Differentialgleichung wird die zweite Ableitung der Zustandsvariable v(2), d.h. der Ausgangsgröße, angeschrieben:

$$\frac{d^2 v(2)}{dt^2} = -\frac{3}{RC}\frac{dv(2)}{dt} - \frac{1}{(RC)^2}v(2) + \frac{1}{(RC)^2}vq1$$

Zum Aufbau der SPICE-Simulationsschaltung beginnt man mit dem Integrierer, an dessen Eingang die zweite Ableitung von v(2) anliegt. Am Ausgang des ersten Integrierers liegt dann die erste Ableitung von v(2). Der Ausgang des ersten Integrierers wird mit dem Eingang des zweiten Integrierers verbunden. Am Ausgang des zweiten Integrierers liegt die gesuchte Ausgangsgröße v(2) an. Die gewichtete Summation der ersten und zweiten Ableitung der Ausgangsgröße v(2) und der Eingangsgröße vq1 wird über einen Summierer vorgenommen. Mit den gegebenen Werten folgt für k1 = 100, k2 = -100 und k3 = -30. Insgesamt erhält man die in Bild 3.4.5 dargestellte Simulationsschaltung.

Die Sprungantwort in Bild 3.4.5 zeigt einen Übergang von 0V zum Endwert von 1V und hat einen wenig ausgeprägten Wendepunkt. Aufgrund der gleichartigen Speicher in der Schaltung tritt kein Überschwingen auf.

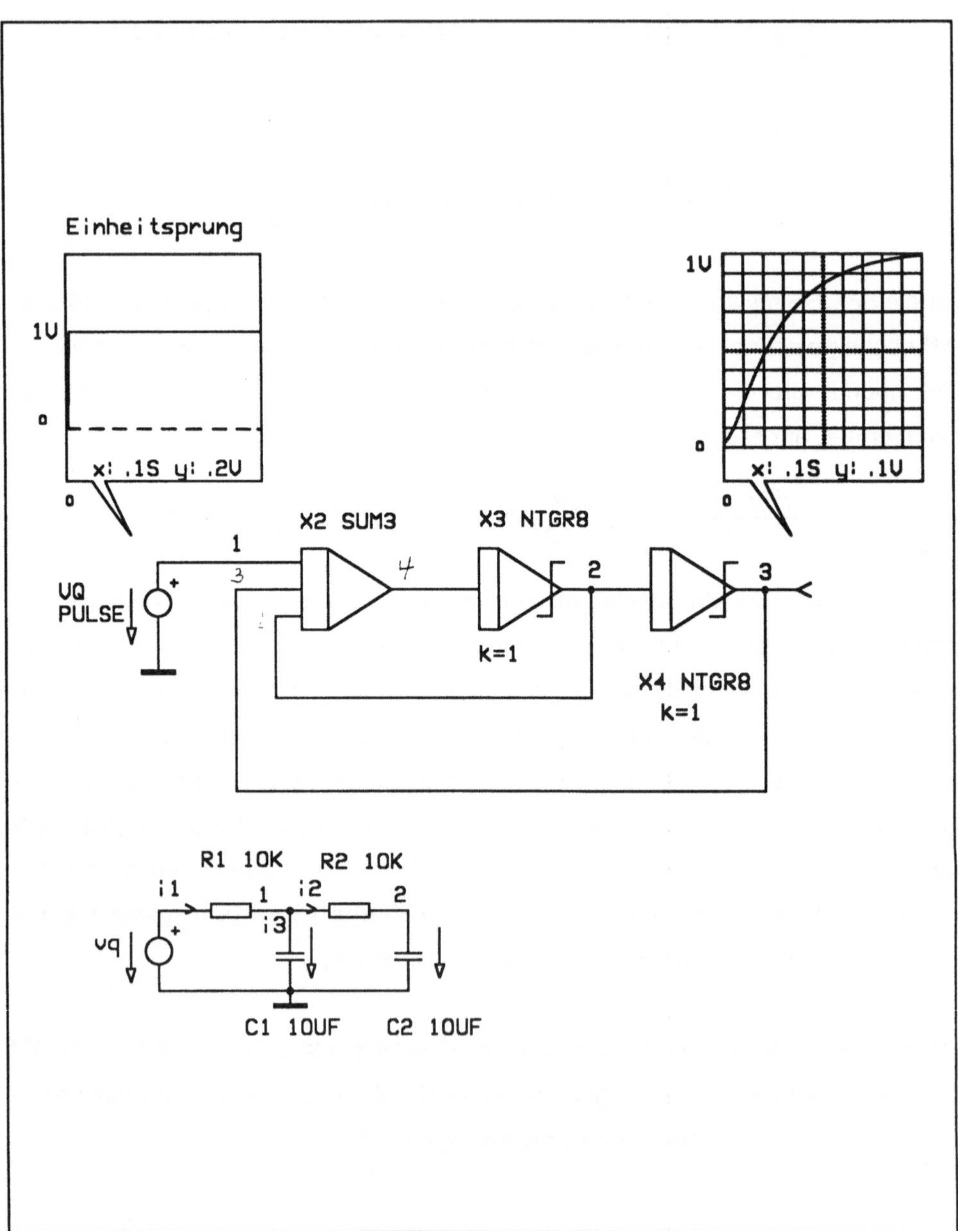

Bild 3.4.5: Simulation eines RC-Netzwerkes mit Zustandsvariable

Die SPICE-Simulation des Netzwerkes, Bild 3.4.5, kann mit folgender Eingabedatei

durchgeführt werden:

```
.SUBCKT SUM3#0 1 2 3 4
* 3 PORT SUMMER  RIN1 1 0 1E12
RIN2 2 0 1E12
RIN3 3 0 1E12
ROUT 4 0 1E12
E1 4 0 POLY(3) 1 0 2 0 3 0 0 100.000  -100.000  -30.000
.ENDS
.SUBCKT NTGR8#0 1 2
*PARAMETERS ARE GAIN = 1.0000  INITIAL OUTPUT = 0.0000E0
*POS LIMIT =  20.000   NEG LIMIT =  0.0000E0
RIN 1 0 1E12
E1 3 0 0 1 1.0000
C1 2 4 1U IC = 0.0000E0
R1 3 4 1MEG
E2 2 0 0 4 1.0000MEG
*DIODES WILL HAVE .0597V DROP AT I = 10UA
VN 5 2 -59.700M
DN 4 5 DN
.MODEL DN D(IS = 1E-12 N = .14319)
VP 2 6 19.940
DP 6 4 DN
.ENDS


.TRAN 2MS 1000MS UIC
.OPTIONS LIMPTS = 1200
.PRINT TRAN V(3)
.PRINT TRAN V(2)
.PRINT TRAN V(1)
X2 1 3 2 4 SUM3#0
*{K1 = 100   K2 = -100   K3 = -30 }
X3 4 2 NTGR8#0
*{K = 1  NLIM = 0  PLIM = 20    INIT = 0}
X4 2 3 NTGR8#0
*{K = 1 NLIM = 0  PLIM = 20  INIT = 0 }
VQ 1 0 PULSE 0 1V
.END
```

Bei der Schaltung, Bild 3.4.5, trat lediglich eine Eingangsgröße auf und es wurde nur eine Ausgangsgröße beobachtet. Viele Systeme besitzen jedoch mehr als eine Eingangsgröße z.B. in Form von Spannungs- oder Stromquellen und mehrere Ausgangsgrößen. Zur Darstellung derartiger Systeme lassen sich die Zustandsgleichungen zur Schaltung in Bild 3.4.5 in Matrizenschreibweise angeben:

$$
\begin{bmatrix} \dfrac{dv(1)}{dt} \\ \dfrac{dv(2)}{dt} \end{bmatrix} = \begin{bmatrix} \dfrac{-2}{RC} & \dfrac{1}{RC} \\ \dfrac{1}{RC} & \dfrac{-1}{RC} \end{bmatrix} \begin{bmatrix} v(1) \\ v(2) \end{bmatrix} + \begin{bmatrix} \dfrac{1}{RC} \\ 0 \end{bmatrix} vq1
$$

Die Ausgangsgröße v(2) = y kann aus dem Zustandsvektor [v(1), v(2)]^T mit der Matrix $\underline{C}$ = [0   1] gewonnen werden:

$$
y = \begin{bmatrix} 0 & 1 \end{bmatrix} \begin{bmatrix} v(1) \\ v(2) \end{bmatrix}
$$

Wenn mehrere Eingangsgrößen vorhanden sind, wird aus vq1 als Skalar ein Vektor. Bei mehreren Ausgangsgrößen wird aus y als Skalar ein Vektor und die Matrix $\underline{C}$ muß entsprechend modifiziert werden (Unbehauen, 1993). Es können selbstverständlich auch mehr als eine oder zwei Zustandsvariable - wie bei den beiden diskutierten Beispielen - auftreten.

Wenn die Übertragungsfunktion (als Quotient der Laplacetransformierten der Ausgangsgröße und der Eingangsgröße) vorliegt, läßt sich die Differentialgleichung durch Rücktransformation in den Zeitbereich herstellen. Die Zustandsgleichungen lassen sich aus der Übertragungsfunktion gewinnen (Föllinger, 1985).

4. Analyse von Netzwerken nach Abklingen von Ausgleichsvorgängen

Die in Kapitel 3 behandelten Schaltvorgänge mit einer sinusförmigen Erregung gehen nach einiger Zeit in eingeschwungene Zustände über. Die eingeschwungenen Zustände sind demnach Spezialfälle von Schaltvorgängen und zeichnen sich durch folgende Merkmale aus:

- Auf eine sinusförmige Erregung der Frequenz ω erhält
  man eine sinusförmige Antwort mit der gleichen Frequenz,
  einer typischen Phasenverschiebung und einer typischen
  Amplitude. Die Erregung kann z. B. eine Spannungsquelle
  mit sinusförmigen Zeitverlauf sein. Die Antwort des Netzwerkes kann z. B. ein Strom mit sinusförmigem Zeitverlauf und einer bestimmten Amplitude sein. In Abhängigkeit von den Zweipolen im Netzwerk ergibt sich eine bestimmte Phasenverschiebung und eine bestimmte Amplitude.

- In vielen praktischen Fällen ist man nicht an der Analyse
  der Übergangsvorgänge interessiert.

- Eine beliebige periodische Anregung kann auf Grund der
  Sätze der Fourieranalyse in eine Anzahl von sinusförmigen
  Schwingungen zerlegt werden. Ermittelt man die Antwort
  des Netzwerkes auf diese Einzelschwingungen, so erhält man
  bei Anwendung des Überlagerungssatzes eine Gesamtantwort
  des Netzwerkes auf die nichtsinusförmige periodische
  Anregung.

In den folgenden Ausführungen wird zunächst der eingeschwungene Zustand als spezieller Abschnitt eines Übergangsvorganges exemplarisch dargestellt, um danach zu den für die Betrachtung von eingeschwungenen Zuständen möglichen Vereinfachungen zu gelangen. Dieses Gebiet der Elektrotechnik wird auf Grund der praktischen Bedeutung meist als Analyse stationärer Vorgänge bezeichnet. Es handelt sich dabei um deterministische Vorgänge.

4.1 Reaktion eines Netzwerkes auf sinusförmige Anregung

In diesem Kapitel wird die Reaktion von Netzwerken auf sinusförmige Anregungen der Frequenz ω und bei einem Nullphasenwinkel ϕ dargestellt, so daß deutlich wird, daß der stationäre Anteil der Reaktion Teil der Gesamtreaktion ist. Die sinusförmige Erregung bei einem RL-Netzwerk (Bild 4.1.1) soll durch eine Spannung

$$u(t) = u_q(t) = \sqrt{2}\, U \cos(\omega t + \phi)$$

dargestellt werden. U ist der Effektivwert der Spannung u(t).

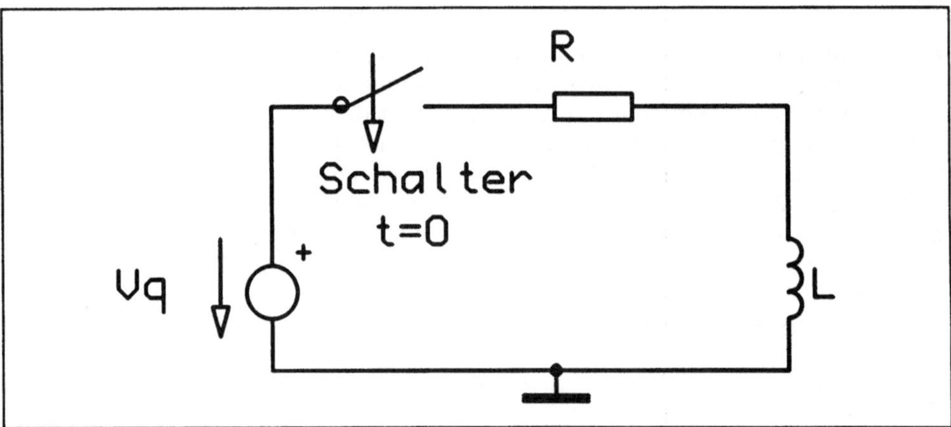

Bild 4.1.1: RL-Netzwerk mit sinusförmiger Erregung, die
zum Zeitpunkt t = 0 eingeschaltet wird

Die Maschengleichung R i(t) + L di(t)/dt = $\sqrt{2}$ U cos ($\omega t + \phi$) hat die Lösung

$$i(t) = \frac{-\sqrt{2}\, U \cos(\phi - \theta)\, e^{-Rt/L}}{\sqrt{R^2 + \omega L^2}} + \frac{\sqrt{2}\, U \cos(\omega t + \phi - \theta)}{\sqrt{R^2 + \omega L^2}}$$

Der Winkel θ wird mit $\theta = \arctan \omega L/R$ bestimmt und beschreibt die Phasenverschiebung des Stromes gegenüber der Spannung mit dem Nullphasenwinkel ϕ. Der erste Teil von i(t) wird mit wachsender Zeit verschwinden. Der zweite Teil von i(t) beschreibt eine stationäre Dauerschwingung mit der Anregungsfrequenz ω und einem Gesamtphasenwinkel von $\phi - \theta$.

Die o.g. cosinusförmige Erregung kann als Realteil der allgemeineren Erregung

$$\sqrt{2}\,U e^{j(\omega t + \phi)} = \sqrt{2}\,U e^{j\phi} e^{j\omega t}$$

betrachtet werden. Der Realteil der allgemeineren Erregung ist ebenfalls von der Kreisfrequenz ω und der Zeit t abhängig und stellt einen rotierenden Zeiger dar. Betrachtet man allerdings den Ausdruck

$$\sqrt{2}\,U e^{j\phi}$$

so liegt dabei keine Zeitabhängigkeit vor. In der komplexen Zahlenebene wird dieser Ausdruck als ruhender Zeiger dargestellt. Dieser ruhende Zeiger wird komplexe Amplitude der Spannung genannt. Die komplexe Amplitude hat keine Informationen über die Kreisfrequenz, so daß zur Rückgewinnung der dazugehörigen zeitveränderlichen Größe die Angabe der Frequenz notwendig ist. Die Überführung der ursprünglichen Spannung u(t) in eine komplexe Amplitude und die Rückgewinnung der zeitveränderlichen Größe u(t) kann als Transformationspaar (siehe Kapitel 3.3) bezeichnet werden.

Um den stationären Teil des Stromes i(t) in der RC-Schaltung, Bild 4.1.1, zu erhalten, wird die allgemeine Erregung

$$\sqrt{2}\,U e^{j\,(\omega t+\phi)} = \sqrt{2}\,U e^{j\phi} e^{j\omega t}$$

in die rechte Seite der Differentialgleichung

$$R\,i(t) \;+\; L\,\frac{d\,i(t)}{dt} \;=\; u(t)$$

und der Strom allgemein mit

$$\sqrt{2}\,I e^{j\,(\omega t+\beta)}$$

in die linke Seite der Differentialgleichung eingesetzt. Der Phasenwinkel β soll allgemein die Verschiebung des Stromes gegen die Spannung als Reaktion des Netzwerkes auf das Anlegen der Spannung beschreiben. Mit den o. g. Einsetzungen und mit Bildung des Realteils auf beiden Seiten der Gleichung erhält man

$$Re\left(L\,\frac{d\,(\sqrt{2}\,I e^{j\,(\omega t+\beta)})}{dt} + R\sqrt{2}\,I e^{j\,(\omega t+\beta)}\right) = Re\left(\sqrt{2}\,U e^{j\,(\omega t+\phi)}\right)$$

Diese Gleichung kann nur dann erfüllt werden, wenn die Argumente des Operators "Bildung des Realteils" auf beiden Seiten identisch sind:

$$j\omega L\sqrt{2}\,I e^{j\,(\omega t+\beta)} + R\sqrt{2}\,I e^{j\,(\omega t+\beta)} = \sqrt{2}\,U e^{j\,(\omega t+\phi)}$$

Dividiert man die Gleichung auf beiden Seiten durch $e^{j\,\omega t}$ und stellt nach dem Strom um, so erhält man:

$$\sqrt{2}\,Ie^{j\beta} = \frac{\sqrt{2}\,Ue^{j\phi}}{R+j\omega L}$$

Auf beiden Seiten der Gleichung stehen komplexe Amplituden. Im Nenner auf der rechten Seite steht der komplexe Widerstand des Netzwerkes, Bild 4.1.1. Vergleicht man diesen Strom mit der rechten Seite der Lösung mittels Einschaltvorgang, so ist ersichtlich, daß der zunächst unbestimmte Winkel β gleich dem Winkel θ sein muß. Den Effektivwert des Stromes erhält man durch Division der Gleichung mit $\sqrt{2}$.

Betrachtet man das Netzwerk, Bild 4.1.1, im s- Bereich, so erhält man mit der Erregung $U(s)$ einen Strom $I(s) = U(s)/(R+sL)$. Das Netzwerk wird für $t<0$ als energielos angenommen. Die Übertragungsfunktion im s- Bereich $I(s)/U(s) = G(s) = 1/(R+sL)$ kann formal mit $s = j\omega$ in die Übertragungsfunktion $G(j\omega) = 1/(R+j\omega L)$ in der komplexen Zahlenebene überführt werden.

Eine Kapazität C bei der Frequenz ω wird durch die komplexe Größe $1/j\omega C$ dargestellt. Eine Induktivität L wird durch $j\omega L$ abgebildet. Allgemein gilt zwischen der komplexen Spannung $\underline{U} = Ue^{j\phi}$, dem komplexen Strom $\underline{I} = Ie^{j\theta}$ und dem komplexen Widerstand $\underline{Z} = Ze^{j(\phi-\theta)}$ das "ohmsche Gesetz" $\underline{U} = \underline{Z}\,\underline{I}$.

Die SPICE - Simulation von Netzwerken im stationären Zustand läßt sich als Wechselspannungsanalyse (AC) bezeichnen und erfolgt mit der AC - Steueranweisung. Die Quellen werden mit der Beifügung AC als Wechselspannungsquellen der Frequenz f, dem Effektivwert U und dem Nullphasenwinkel ϕ beschrieben. Die Frequenz f in $\omega = 2\pi f$ kann linear, dekadisch (in Zehnerschritten) oder als Verdopplung (Oktave) verändert werden.

Den drei Variationsmöglichkeiten der Frequenz entsprechen die Steueranweisungen:

.AC LIN NP FSTART FSTOP

.AC DEC ND FSTART FSTOP

.AC OCT NO FSTART FSTOP

Mit FSTART bzw. FSTOP wird die Start- bzw. Stopfrequenz beschrieben. NP ist die Gesamtzahl der Frequenzpunkte bei linearer Variation. ND ist die Zahl der Frequenzpunkte für jede Frequenzdekade. Die einzelnen Frequenzpunkte f_k innerhalb einer Dekade mit der Anfangsfrequenz f_a erhält man mit $f_k = f_a\,10^{k/ND}$. NO ist die Zahl der Frequenzpunkte innerhalb einer Oktave, die bei der Frequenz f_a beginnt und $f_k = f_a\,2^{k/NO}$ einzelne Frequenzpunkte enthält. Für die Ausgabe der Analyseergebnisse ist bei der .PRINT- bzw. bei der .PLOT- Anweisung noch die Analyseart (AC) anzugeben. Der Betrag der komplexen Größe (Magnitude) und die Phase der komplexen Größe werden zu der Bezeichnung der auszugebenden Größen hinzugefügt. Für den Strom durch die Nullspannungsquelle VM gilt:

.PRINT AC IM(VM) IP(VM) bzw. .PLOT AC IM(VM) IP(VM)

Für die auszugebende Spannung V(1,2) gilt mit den Knotennummern 1 und 2:

.PRINT AC VM(1,2) VP(1,2) bzw. .PLOT AC VM(1,2) VP(1,2)

4.2 Einfache Beispiele zur Analyse von Netzwerken
im stationären Zustand

Als erstes Beispiel wird ein ohmscher Widerstand an einer Wechselspannungsquelle der Frequenz f, mit einem Effektivwert U und einem Nullphasenwinkel ϕ betrachtet (Bild 4.2.1). Zur SPICE - Analyse werden folgende Werte angenommen: U = 100V, f = 50 Hz und ϕ = 0 Grad. Zur Messung des Stromes wird die Nullspannungsquelle VM eingefügt. Der Strom durch VM hat mit der eingezeichneten Richtung ein positives Vorzeichen.

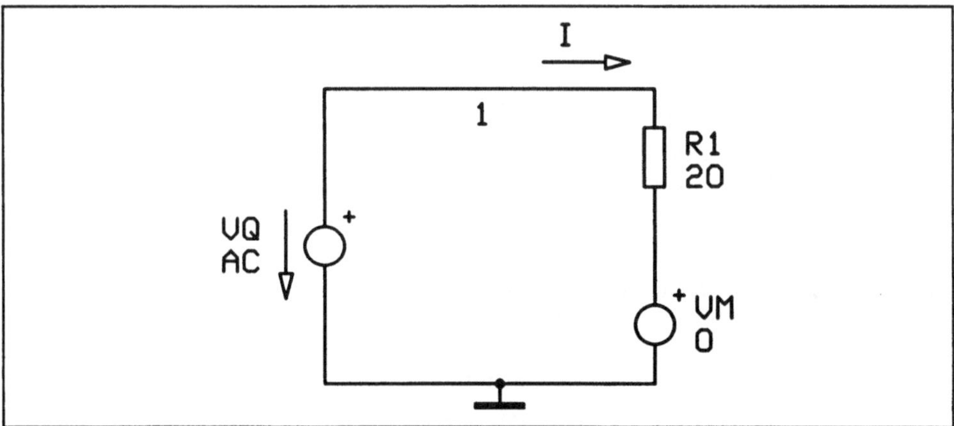

Bild 4.2.1: Ohmscher Widerstand an Wechselspannung

Für eine Simulation der Schaltung bei einer Frequenz von 50 Hz wurde in der folgenden Eingabedatei die Zeile .AC LIN 1 50 50 eingesetzt:

```
.AC LIN 1 50 50
.PRINT AC IM(VM) IP(VM)
.PRINT AC IM(VQ)
.PRINT AC IP(VQ)
R1 1 2 20
VQ 1 0 AC 100 0
VM 2 0 0
.END
```

Mit den o.g. PRINT - Anweisungen wird sowohl der Strom durch die Quelle VQ als auch durch den Widerstand ausgegeben. Fließt durch die Quelle der Strom $\underline{I}_Q$, so gilt für die komplexe Scheinleistung der Quelle: $\underline{S}_Q = \underline{U} (\underline{I}_Q)^* = U\, e^{j\Phi} (I_Q\, e^{j\theta})^*$ $= -U\, I$. $\underline{I}$ ist der Strom durch den Widerstand R1 (Verbraucherzählpfeilsystem). Die Scheinleistung der Quelle ist reell und eine reine Wirkleistung. Die Blindleistung der Quelle ist Null.

Im folgenden Ausschnitt der Ausgabedatei sind die einzelnen Ströme mit Effektiv-wert und Phase sowie die Frequenz abzulesen:

```
AC ANALYSIS            TEMPERATURE  =   27.000 DEG C


     FREQ           IM(VM)       IP(VM)
  5.00000E+01     5.000E+00   0.000E+00


     FREQ           IM(VQ)       IP(VQ)
  5.00000E+01     5.000E+00   1.800E+02
```

Durch Vergleich der Ergebnisse des Stromes für die Quelle VM (d.h. durch den Widerstand R) und durch die Quelle VQ wird das Erzeugerzählpfeilsystem für die Quelle VQ ersichtlich. Der Strom durch VQ ist um 180 Grad gegenüber dem Strom durch VM verschoben. Die Effektivwerte sind in beiden Fällen identisch.

Im folgenden Beispiel wird eine Spannungsquelle mit dem Effektivwert von 100 V und einem Phasenwinkel von 0 Grad an eine Reihenschaltung einer Induktivität L1 und eines Widerstandes R1 gelegt (Bild 4.2.2). Gesucht sei der Strom durch den Widerstand R1 und die Spannung am Widerstand R1, wenn die Frequenz f von 10 Hz bis 100 Hz in Schritten von 10 Hz verändert wird. Mit dem Maschenumlauf $\underline{U}_q - \underline{I}\,R - \underline{I}\,j\omega L = \underline{0}$ folgt der Strom $\underline{I}$ und damit auch die Spannung $\underline{U}(1,2) = \underline{I}\,R$.

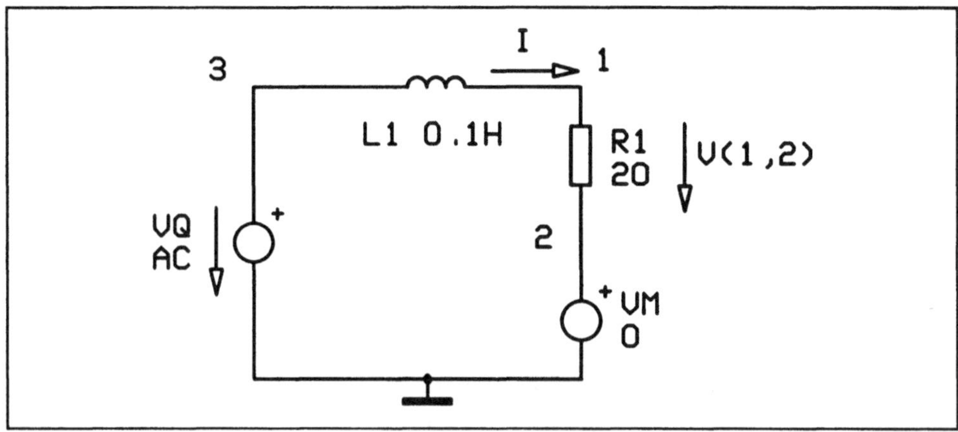

Bild 4.2.2: RL - Reihenschaltung an Wechselspannung

Für die SPICE - Simulation wird folgende Eingabedatei verwendet:

```
.AC LIN 10 10 100
.PRINT AC IM(VM) IP(VM)
.PRINT AC IM(VQ)
.PRINT AC IP(VQ)
.PRINT AC VM(1,2) VP(1,2)
R1 1 2 10
VQ 3 0 AC 100 0
L1 3 1 0.1
VM 2 0 0
.END
```

Die Variation der Frequenz von **10 Hz** bis **100 Hz** in Schritten von **10 Hz** wird mit der ersten Zeile durchgeführt.

Die Ergebnisse sind folgenden Ausschnitten der SPICE - Ausgabedatei zu entnehmen:

FREQ	IM(VM)	IP(VM)
1.00000E+01	8.467E+00	-3.214E+01
2.00000E+01	6.227E+00	-5.149E+01
3.00000E+01	4.686E+00	-6.205E+01
4.00000E+01	3.697E+00	-6.830E+01
5.00000E+01	3.033E+00	-7.234E+01
6.00000E+01	2.564E+00	-7.514E+01
7.00000E+01	2.217E+00	-7.719E+01
8.00000E+01	1.951E+00	-7.875E+01
9.00000E+01	1.741E+00	-7.997E+01
1.00000E+02	1.572E+00	-8.096E+01

FREQ	VM(1,2)	VP(1,2)
1.00000E+01	8.467E+01	-3.214E+01
2.00000E+01	6.227E+01	-5.149E+01
3.00000E+01	4.686E+01	-6.205E+01
4.00000E+01	3.697E+01	-6.830E+01
5.00000E+01	3.033E+01	-7.234E+01
6.00000E+01	2.564E+01	-7.514E+01
7.00000E+01	2.217E+01	-7.719E+01
8.00000E+01	1.951E+01	-7.875E+01
9.00000E+01	1.741E+01	-7.997E+01
1.00000E+02	1.572E+01	-8.096E+01

Im folgenden Beispiel wird ein Reihenschwingkreis betrachtet, der mit einer sinusförmigen Spannung von 100 V mit einem Phasenwinkel von 0 Grad gespeist wird (Bild 4.2.3). Gesucht sei der Strom durch die Reihenschaltung und die Spannungen an R1, L1 und C1. Die Frequenz soll von 0.1 kHz bis 1 MHz variiert werden, so daß über der Frequenz der Effektivwert des Stromes und die Phase des Stromes aufgetragen werden kann. Die grafische Darstellung soll bezüglich der Frequenz logarithmisch sein.

Den Strom durch die R-L-C Reihenschaltung (Verbraucherzählpfeilsystem) erhält man mit:

$$\underline{I} = \frac{\underline{U}}{\underline{Z}} = \frac{\underline{U}}{R1 + j\omega L1 - j\,(1/\omega C1)}$$

Mit einer Frequenz von 0.1 kHz erhält man für den Strom $\underline{I} = 6.27 \cdot 10^{-3}$ A $e^{j86.4\,\text{Grd}}$. Bei einer bestimmten Frequenz sind die Beträge der Spannungen am Kondensator und an der Induktivität gleich groß, besitzen aber umgekehrte Richtungen. Die Reihenschaltung hat einen reellen Widerstand, d.h.:

$$j\,(\omega L1 - 1/\omega C1) = 0$$

$$\omega_r = \frac{1}{\sqrt{L1 C1}}$$

Die Frequenz $f_r = \omega_r/2\pi$ wird Resonanzfrequenz des Reihenschwingkreises genannt. Für die in Bild 4.2.3 angegebenen Werte erhält man eine Resonanzfrequenz von 15.923 kHz. Bei einer Frequenz von 0.1 kHz liegt eine Anregung unterhalb der Resonanzfrequenz vor und der Strom $\underline{I}$ eilt der Spannung $\underline{U}$ um einen Winkel von 86.4 Grad voraus. Der Kreis wirkt unterhalb der Resonanzfrequenz kapazitiv. Für die Spannung am Widerstand R1 gilt:

$$\underline{U}_R = R\,\underline{I} = 6.27 \text{ V } e^{j\,89.64\,\text{Grd}} = \underline{U}(1,2)$$

Für die Spannung an der Induktivität gilt:

$$\underline{U}_L = \underline{I}\, j\omega\, L1 = 3.9\ V\ e^{j\,179.6\ Grd} = \underline{U}(2,3)$$

Für die Spannung an der Kapazität gilt:

$$\underline{U}_C = \underline{I}\,(-j/\omega\ C1) = 99.8\ V\ e^{-j\,0.4\ Grd} = \underline{U}(3,4)$$

Für die SPICE - Simulation wird folgende Eingabedatei verwendet:

```
.AC LIN 1000 .1KHZ 1MEGHZ
.PRINT AC IM(VM) IP(VM)
.PRINT AC VM(3,4) VP(3,4)
.PRINT AC VM(2,3) VP(2,3)
.PRINT AC VM(1,2) VP(1,2)
.OPTIONS LIMPTS=1200
R1 1 2 100
L1 2 3 1M
C1 3 4 100N
VM 4 0 0
VQ 1 0 AC 100 0
.END
```

Aus der grafischen Darstellung des Stromes über der Frequenz (Bild **4.2.3**) kann die
Bandbreite und die Güte des Reihenschwingkreises abgelesen werden. Die Bandbreite ist dabei diejenige Frequenzdifferenz, bei der der Strom um den Faktor $1/\sqrt{2}$
gegenüber dem maximalen Strom kleiner ist. Aus Bild **4.2.3** wird der maximale
Strom mit 1 A abgelesen. Die untere Frequenz, bei der der Strom um den Faktor
$1/\sqrt{2}$ abgefallen ist, wird aus Bild 4.2.3 mit ca. 10 kHz abgelesen. Die obere
Frequenz liegt bei ca. 30 kHz. Die Bandbreite B wird damit zu ca. **20 kHz** bestimmt. Mit der Bandbreite B und der Resonanzfrequenz f_r wird die Güte Q des
Reihenschwingkreises: $Q = f_r\,/\,B = 0.8$.

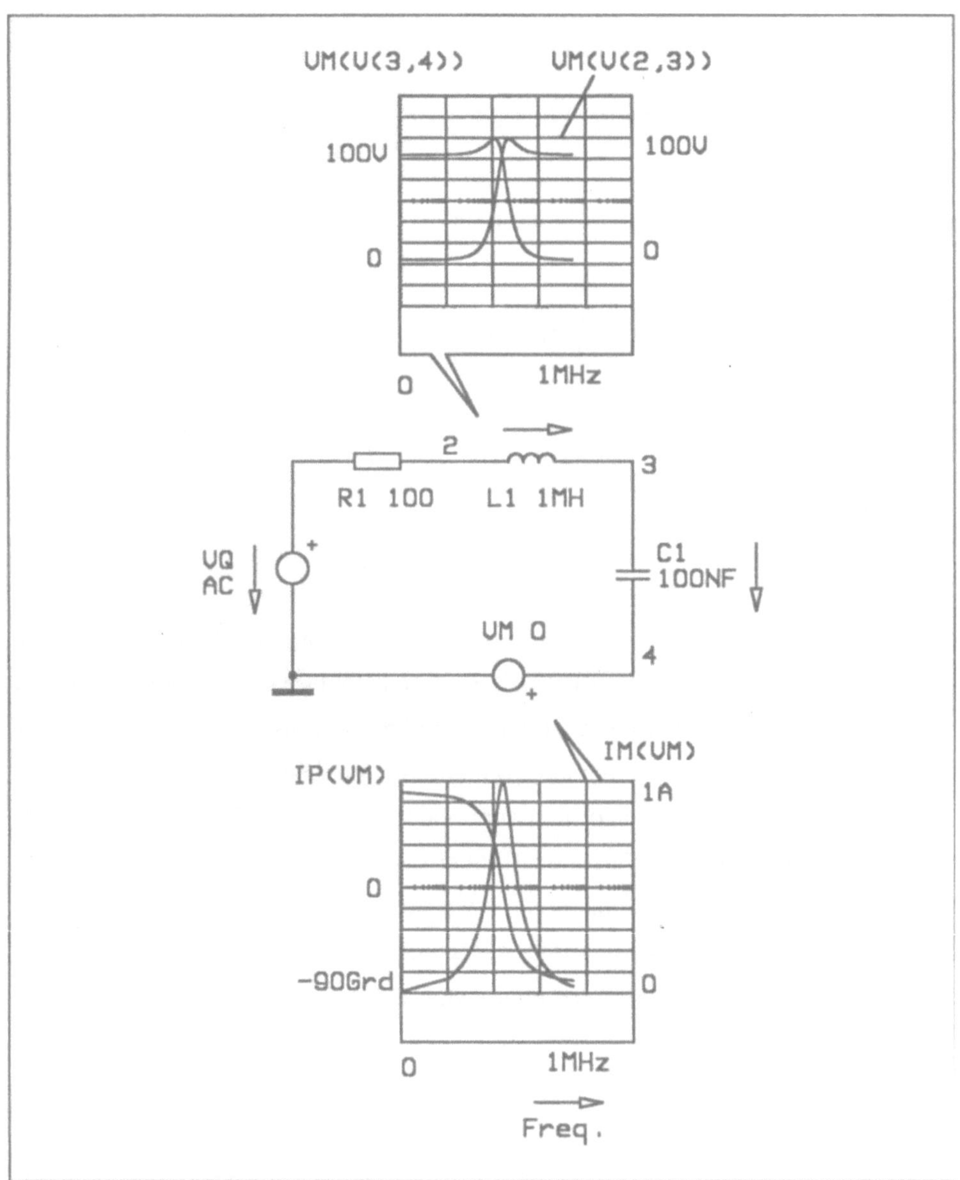

Bild 4.2.3: Reihenschwingkreis an Wechselspannung

Die Güte kann auch aus der Beziehung:

$$Q \; = \; 2\pi \; \frac{\text{maximal gespeicherte Energie}}{\text{pro Periode umgesetzte Energie}} \qquad \text{berechnet werden.}$$

Für die pro Periode T umgesetzte Energie gilt: $I^2\,R$, $T = 1/f$. Bei Resonanz wird die konstante Energie:

$$\frac{1}{2}\,C1\,U^2 \; = \; \frac{1}{2}\,L1\,I^2$$

gespeichert, so daß für

$$Q = \frac{\omega_r L1}{R1} = \frac{1}{R1\,\omega_r\,C1}$$

folgt. Die Phase des Stromes kann, ebenso wie der Betrag des Stromes, über der Frequenz aufgetragen werden (Bild 4.2.3). Der Effektivwert der Spannung am Kondensator bzw. an der Induktivität kann höher sein als der Effektivwert der Spannungsquelle. Diese Erscheinung wird Spannungsüberhöhung genannt. Die größten Werte werden von den o.g. Spannungen bei einer Frequenz angenommen, die nicht identisch mit der Resonanzfrequenz ist. Die Spannungserhöhung hat Auswirkungen für die Dimensionierung der Elemente des Kreises im Hinblick auf die Spannungsfestigkeit. Für das in Bild 4.2.3 vorgegebene Netzwerk können die Spannungen am Kondensator bzw. an der Spule aus Bild 4.2.3 entnommen werden.

Als nächstes <u>Beispiel</u> wird eine Parallelschaltung eines Widerstandes R1, einer Induktivität L1 und einer Kapazität C1 betrachtet, die von einer Stromquelle mit Frequenzen zwischen 10 Hz und 100 kHz gespeist wird (Bild 4.2.4). Der Effektivwert der Stromquelle wird nicht mit der Frequenz verändert. Die Anordnung wird Parallelschwingkreis genannt und kommt in der Filtertechnik, z.B. als Bandfilter im Rundfunkempfänger vor. In der Energietechnik wird der Parallelschwingkreis als Kompensationsschaltung für induktive Blindströme herangezogen. Die Ströme und die Gesamtspannung sollen bestimmt werden.

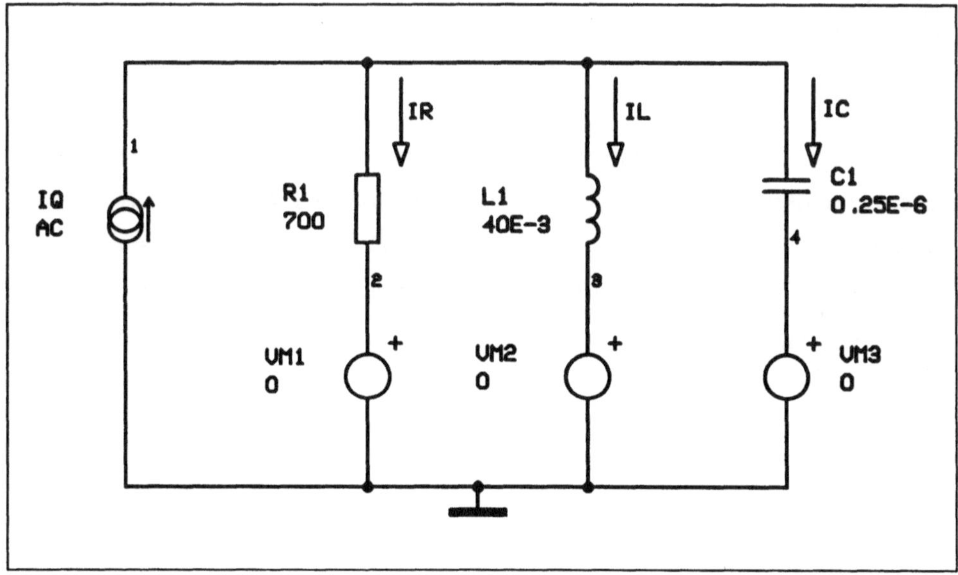

Bild 4.2.4: Parallelschwingkreis mit Stromquelle

Die Gesamtspannung $\underline{U}$ an der Parallelschaltung erhält man mit $\underline{U} = \underline{I} / \underline{Y}$. Der Gesamtstrom ist $\underline{I} = \underline{I}_q$. Der Gesamtleitwert ist $\underline{Y} = 1/R1 + 1/(j\omega L1) + j\omega C1$.

Die Simulation des Parallelschwingkreises erfolgt mit folgender Eingabedatei:

```
.AC LIN 1000 10HZ 100KHZ
.PRINT AC VM(1) VP(1)
.PRINT AC IM(VM1) IP(VM1)
.PRINT AC IM(VM2) IP(VM2)
.PRINT AC IM(VM3) IP(VM3)
.OPTIONS LIMPTS = 1200
R1 1 2 700
L1 1 3 40E-3
C1 1 4 0.25E-6
VM1 2 0 0
VM2 3 0 0
VM3 4 0 0
IQ 0 1 AC 50E-3 0
.END
```

Im Gegensatz zum Reihenschwingkreis mit Stromresonanz zeichnet sich der Parallelschwingkreis durch Spannungsresonanz aus (Bild **4.2.5**). **Bei Resonanz** speichert die Parallelschaltung eine konstante Energie. Nachdem die Spannung am Kondensator Null ist, wenn der Strom durch die Induktivität ein Maximum hat - und umgekehrt - folgt:

$$1/2 \; L1 \; I^2 \; = \; 1/2 \; C1 \; U^2$$

bzw. aus:

Blindleitwert der Induktivität = Blindleitwert der Kapazität

$$Q \; = \; R1/(\omega \, L1) \; = \; \omega \; C1 \; R1$$

Die Effektivwerte der Ströme durch die Induktivität bzw. Kapazität können höher sein als der Effektivwert des Gesamtstromes. Dieser Effekt wird als Stromüberhöhung bezeichnet und entspricht der Spannungsüberhöhung bei der Reihenresonanz (Bild 4.2.5).

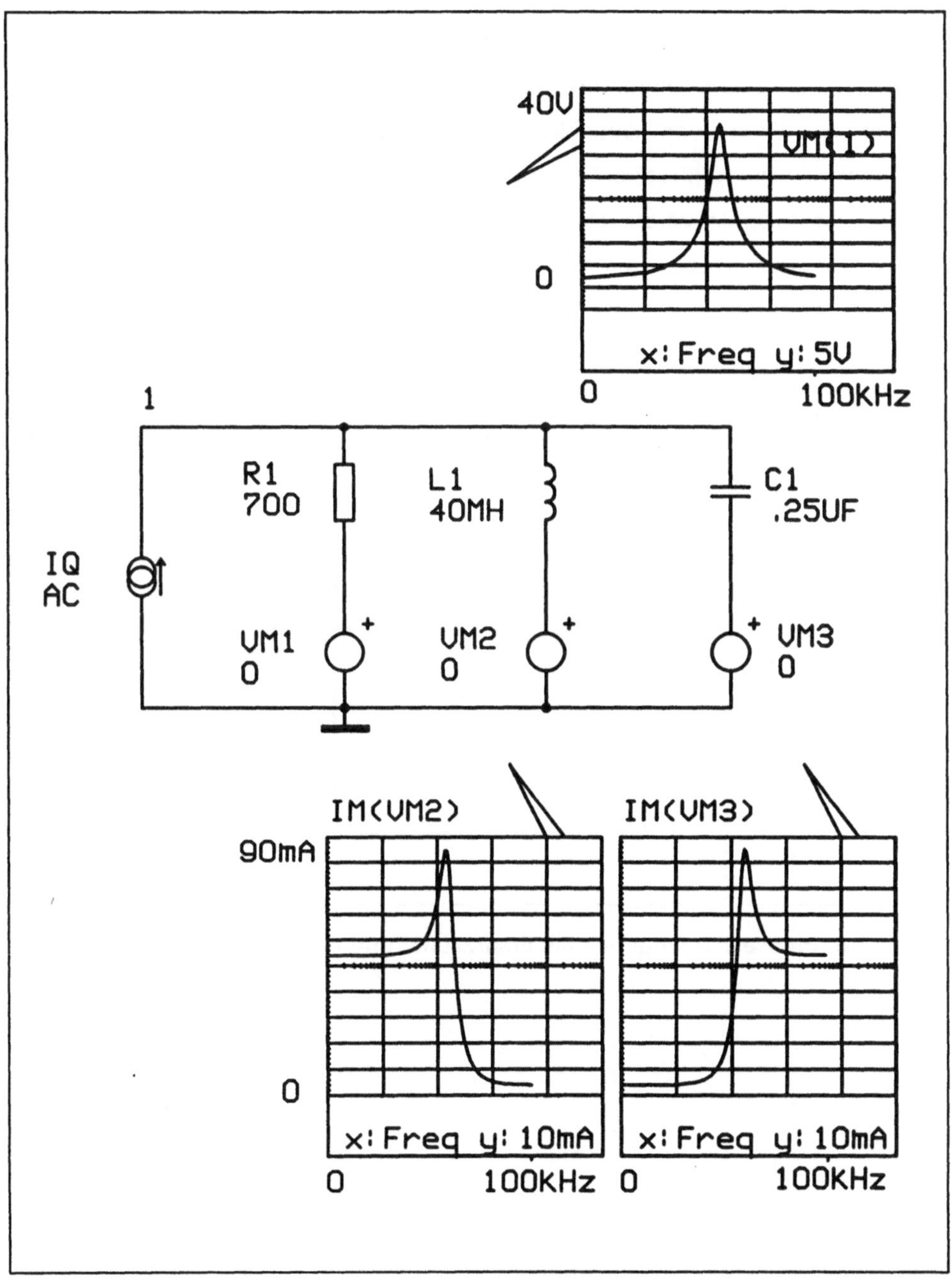

Bild 4.2.5: Spannungen und Ströme beim Parallelschwingkreis

Eine Spule als Realisation einer Induktivität L weist auf Grund des Drahtwiderstandes und ggf. durch das Kernmaterial (z.B. Ferrit) Verluste auf. Diese Verluste führen zu einem zusätzlichen Wirkwiderstand R_d, der in Reihe zur idealen Induktivität liegt. Auf Grund von Verschiebungsströmen zwischen den Windungen der Wicklung tritt eine kapazitive Komponente C_w auf, die man sich parallel zur verlustbehafteten Spule vorstellen kann. Insgesamt erhält man die in Bild 4.2.6 dargestellte Ersatzschaltung einer Spule an Wechselspannung.

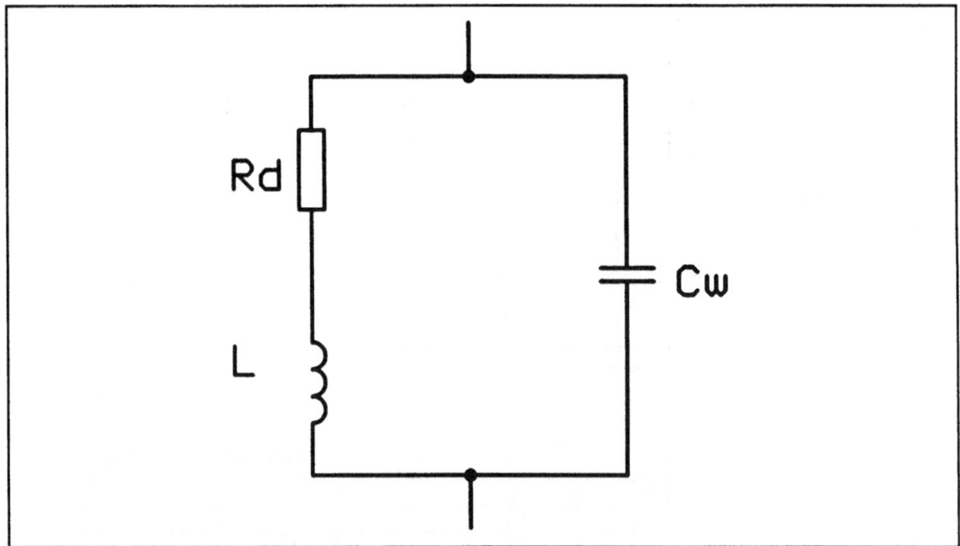

Bild 4.2.6: Parallelschwingkreis als Ersatzschaltung einer Spule

Bei der Energieversorgung treten in Transformatoren und Leitungen durch pendelnde Blindleistung zusätzliche Verluste auf. Diese Verluste lassen sich reduzieren, indem man dem (induktiven) Verbraucher eine Kapazität parallelschaltet. Diese Maßnahme wird Blindleistungskompensation genannt. Die Kompensation erfolgt aus Kostengründen meist nicht vollständig, sondern oft nur bis zu einem cos ϕ von 0.95. Dies bedeutet, daß der Winkel ϕ zwischen dem Gesamtstrom der kompensierten Schaltung und der Gesamtspannung an der Parallelschaltung ca. 18.2 Grad beträgt. Für einen Motor mit einer Leistung von 1000 W und einem cos ϕ = 0.7 soll eine Kompensation auf einen cos ϕ = 0.9 vorgenommen werden. Die Nennspannung am Motor beträgt 230 V. Die Netzfrequenz beträgt 50 Hz. Zu bestimmen ist die Kapazität für die Kompensation.

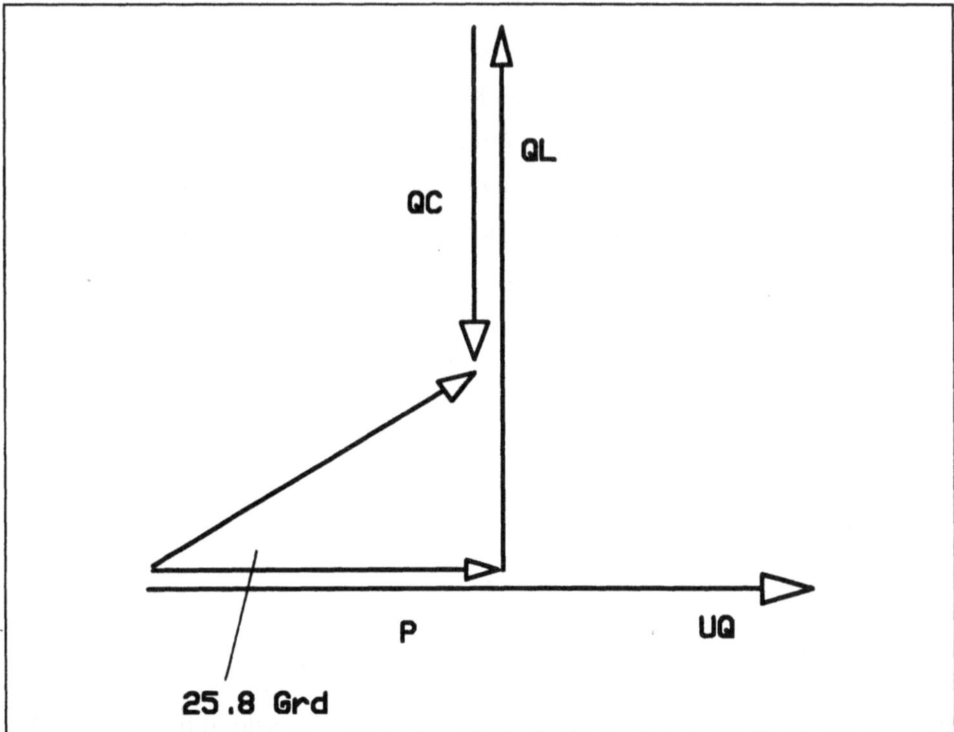

Bild 4.2.7: Zeigerdiagramm zur Kompensation

Die Lösung der Aufgabe läßt sich an Hand des Zeigerdiagramms, Bild 4.2.7, erläutern. Im nichtkompensierten Fall beträgt der Phasenwinkel zwischen dem Strom durch den Motor und der anliegenden Spannung ca. -45.57 Grad. Bei Kompensation, d.h. bei Parallelschaltung, beträgt der Phasenwinkel zwischen Strom und Spannung ca. -25.84 Grad. Ein negativer Phasenwinkel bedeutet, daß der Strom der Spannung nacheilt; es liegt ein induktiver Verbraucher vor.

Für den Strom durch den Parallelwiderstand der Induktivität des Motors erhält man:
I_R = 1000 W / (230 V cos 45.57) = 6.21 A. Der Widerstand R hat dann einen Wert von 37 Ω. Für den Betrag des Stromes durch die Induktivität folgt:
I_L = 1020 var / (230 V sin 45.57) = 6.21 A. Aus X_L = ω L folgt: L = 0.118 H.

Setzt man sowohl für die Quelle als auch für den Verbraucher das Verbraucherzählpfeilsystem voraus, so folgt bei einem Phasenwinkel von 0 Grad der Quellspannung für die Blindleistung Q_L des Motors ohne Kompensation: tan 45.57 = Q_L/P.
Der Motor ist induktiv, daher folgt in Verbindung mit dem Verbraucherzählpfeilsystem eine positive Blindleistung Q_L. Mit der Wirkleistung P des Motors von 1 KW erhält man Q_L = 1020 var. Bei Kompensation des Motors durch Parallelschaltung mit einer Kapazität tritt die negative Blindleistung Q_C der Kapazität auf und man erhält einen kleineren Phasenwinkel von 25.84 Grad zwischen Schein- und Wirkleistung: tan 25.84 = Q_Q/P. Q_Q ist die Blindleistung der Quelle bei Kompensation und hat einen negativen Wert.

Es gilt für die komplexe Scheinleistung $\underline{S}_Q$ der Quelle: $\underline{S}_Q$ = $\underline{U}\,\underline{I}^*$ = U e^{j0} (I e^{j90})* = -j U I = -j Q_Q. Mit der unveränderten Leistung P = 1 kW des Motors folgt für die Blindleistung -Q_Q = -P tan 25.84 = -484.32 var.

In einem Netzwerk mit n Zweipolen im Verbraucherzählpfeilsystem muß die Summe aller (Schein-, Blind-, Wirk-) Leistungen gleich Null sein, d.h: Q_L + Q_C + Q_Q = 0 bzw. Q_C = -(Q_L + Q_Q) = -1020 var + 484.32 var = -535.68 var. Mit $|\,Q_C\,|$ = ω C U^2 folgt schließlich für die Kapazität C = 32.2 μ F.

Die SPICE - Simulation der Kompensationsschaltung läßt sich jetzt unter Verwendung der berechneten Werte der Induktivität, der Kapazität und des ohmschen Widerstandes durchführen. Dabei werden zur Erfassung der Ströme durch die einzelnen Elemente der Parallelschaltung Nullspannungsquellen verwendet. Die Parallelschaltung wird von einer Spannungsquelle gespeist, so daß zur Vermeidung einer Masche mit (idealer) Induktivität und (idealer) Spannungsquelle ein sehr kleiner Widerstand R2 in Reihe zur Spannungsquelle eingefügt wird (Bild 4.2.8).

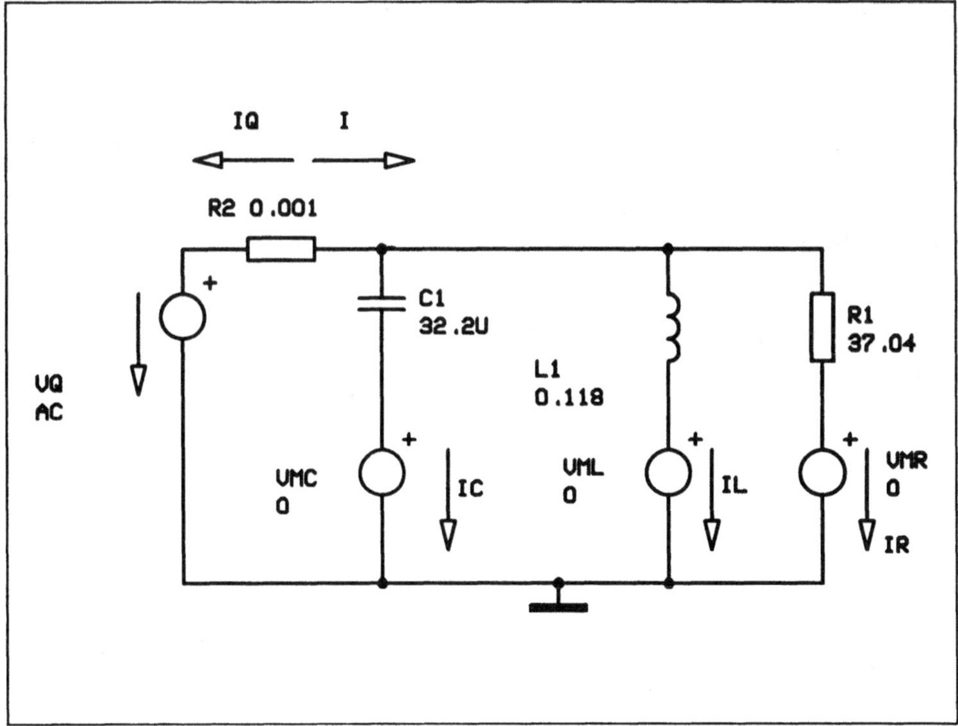

Bild 4.2.8: Netzwerk zur Simulation der Blindleistungskompensation bei einem Motor

Zum Bild 4.2.8 gehört folgende Eingabedatei:

```
.PRINT AC IM(VMC) IP(VMC)
.PRINT AC IM(VML) IP(VML)
.PRINT AC IM(VMR) IP(VMR)
C1 5 2 32.2U
L1 5 3 0.118
R1 5 4 37.04
VMC 2 0 0
VML 3 0 0
VMR 4 0 0
R2 1 5 0.001
VQ 1 0 AC 230 0
.END
```

Mit diesem Beispiel wird deutlich, daß manche Aufgabenstellungen zunächst umgeformt werden müssen, damit eine SPICE - Simulation möglich wird. Bei der Kompensationsschaltung mußten zunächst aus den Leistungen die einzelnen Zweipole bestimmt werden.

4.3 Frequenzkennlinien (Bodediagramm)

SPICE kann dazu verwendet werden, um Frequenzkennlinien zu erzeugen. Dazu wird über dem Logarithmus der Frequenz die darzustellende Größe (Betrag, Phase) in dB aufgetragen. Durch die logarithmische Darstellung können große Frequenzbereiche und stark unterschiedliche Betragswerte in einem Diagramm übersichtlich dargestellt werden. Eine dimensionslose komplexe Größe erhält man durch Normierung mit einer äquivalenten Dimension. Beispielsweise kann eine Spannung am Ausgang auf eine Spannung am Eingang bezogen werden. Durch die Verwendung logarithmischer Maßstäbe können die Betrags- und Phasenwerte oftmals näherungsweise durch Geraden ersetzt werden.

Herausragende Bedeutung hat das Frequenzkennlinienverfahren bei der Beurteilung der Stabilität von Regelungsystemen. Durch die Betrachtung der Übertragungsfunktion des offenen Kreises (d. h. die Rückführung einer Ausgangsgröße auf den Eingang wird aufgetrennt) läßt sich die Stabilität des geschlossenen Kreises beurteilen. Wenn bei der Durchtrittsfrequenz des Betragsverlaufes durch die waagrechte Achse der Phasenwinkel über -180 Grad liegt, dann ist das System stabil.

Die Betragsdiagramme werden durch VDB(Knoten 1, Knoten 2) oder IDB(Bezeichnung der Nullspannungsquelle) bei der PRINT - Anweisung erstellt. Die Phasendiagramme werden durch VP(Knoten 1, Knoten 2) oder IP(Bezeichnung der Nullspannungsquelle) bei der PRINT - Anweisung erstellt. Die .AC - Anweisung enthält mit DEC xx die Anzahl xx der Datenpunkte pro Frequenzdekade. Wenn die Frequenz z.B. von 10 Hz bis 1 MHz variiert werden soll, erhält man fünf Dekaden mit jeweils xx - Punkten. Dies muß bei der .OPTIONS - Anweisung mit LIMPTS = 5*xx berücksichtigt werden.

Im folgenden Beispiel wird ein einfacher RC - Tiefpaß betrachtet. Der Tiefpaß wird von einer Wechselspannungsquelle gespeist (Bild 4.3.1).

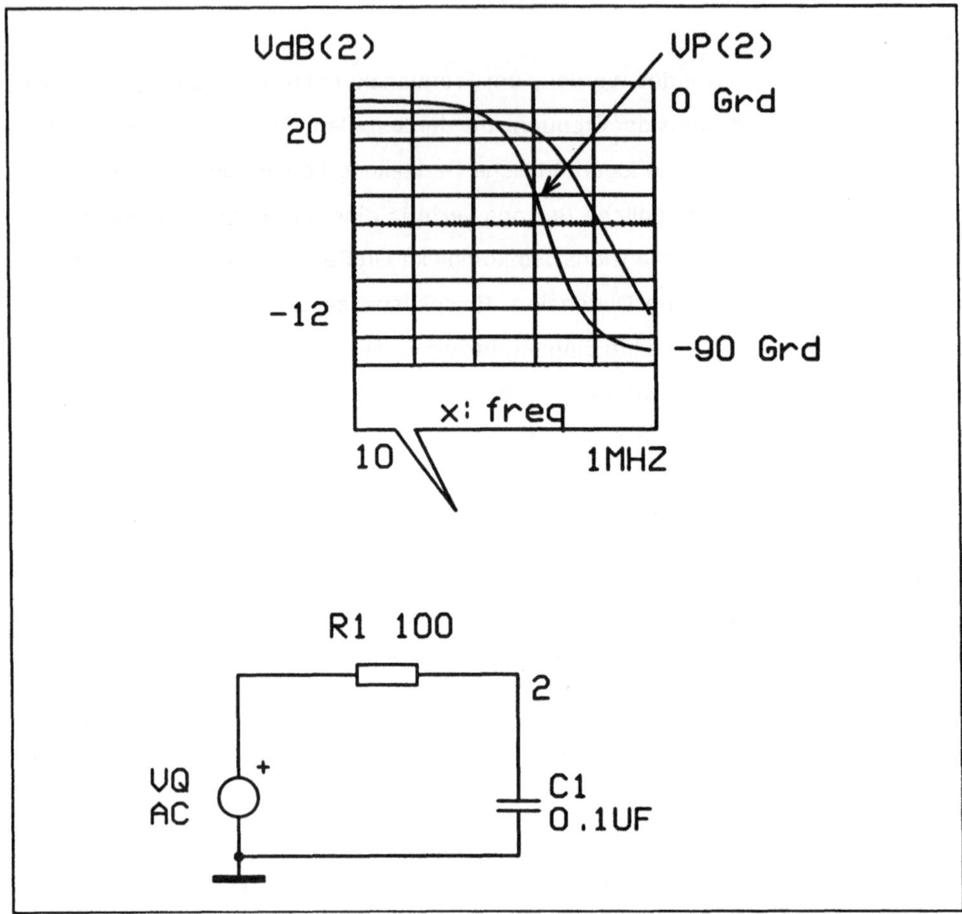

Bild 4.3.1: RC - Tiefpaß zur Erläuterung der Frequenzkennliniendarstellung

Die Übertragungsfunktion

$$H(j\omega) = \frac{U_2(j\omega)}{U_1(j\omega)} = \frac{1}{1+j\omega R1C1}$$

ist für die Frequenzkennliniendarstellung zunächst in Real- und Imaginärteil aufzuspalten. Man erhält:

$$Re(H(j\omega)) = \frac{1}{1+(\omega R1C1)^2}$$

$$Im(H(j\omega)) = \frac{-\omega R1C1}{1+(\omega R1C1)^2}$$

und damit für den Betrag:

$$|H(j\omega)| = \frac{1}{1+(\omega R1C1)^2}\sqrt{1+(\omega R1C1)^2}$$

Für die Phase erhält man:

$$\phi = \arctan\frac{Im(H(j\omega))}{Re(H(j\omega))} = -\arctan(\omega R1C1)$$

Für $\omega = 0$ wird $\phi = 0$, und für $\omega \rightarrow \infty$ wird $\phi = -90$ Grad. Die Frequenzkennlinien-darstellung in Bild 4.3.1 wurde mit folgender SPICE - Eingabedatei erzeugt:

```
.AC DEC 10 10HZ 1MEGHZ
.PRINT AC VDB(2) VP(2)
.OPTIONS LIMPTS = 500
R1 1 2 100
C1 2 0 .1U
VQ 1 0 AC 10V 0
.END
```

Aus den Frequenzkennlinien in Bild 4.3.1 ist abzulesen, daß bei einer Frequenz von ca. 10 KHz ein Abfall der Spannung um den Faktor $1/\sqrt{2}$ erfolgt. Diese Frequenz nennt man Grenzfrequenz. Die Phase beträgt bei 1 MHz ca. -90 Grad.

Für den von einer Stromquelle gespeisten Parallelschwingkreis erhält man die in Bild 4.3.2 dargestellten Frequenzkennlinien.

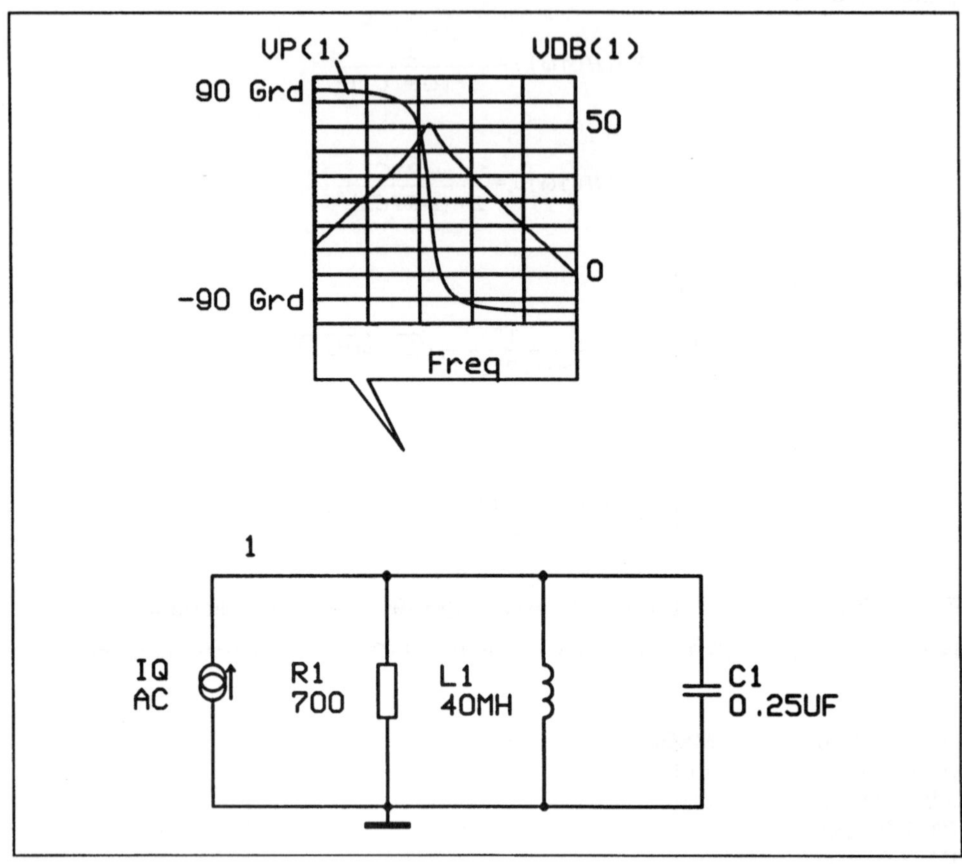

Bild 4.3.2: Parallelschwingkreis mit Frequenzkennlinien

Die zu Bild 4.3.2 gehörende Eingabedatei ist nachfolgend **abgebildet**:

```
.AC DEC  100 10 1E+6
.PRINT AC VDB(1) VP(1)
.OPTIONS LIMPTS=1200
L1 1 0 40E-3
C1 1 0 .25E-6
IQ 0 1 AC 1A 0
R1 1 0 700
.END
```

4.4 Netzwerke mit gesteuerten Quellen an Wechselspannung

Bei Netzwerken mit gesteuerten Quellen ergeben sich gegenüber den bisherigen keine besonderen Schwierigkeiten. Es treten lediglich komplexe Größen in den Gleichungen auf. Als erstes Beispiel wird ein Netzwerk mit einer stromgesteuerten Spannungsquelle betrachtet (Bild 4.4.1). Gesucht sind die Ströme $\underline{I}1$ und $\underline{I}2$ und die Spannung an $\underline{Z}1$, bestehend aus R1 und L1.

Für die Berechnung der einzelnen Größen mit der Maschenanalyse werden folgende Abkürzungen verwendet:

$$\underline{Z}1 = R1 + j\omega L1 = 10\Omega + j20\Omega,$$

$$\underline{Z}2 = R2 + j\omega L2 = 20\Omega + j100\Omega,$$

$$\underline{Z}3 = R3 + j\omega L3 = 40\Omega + j50\Omega \quad \text{und } \omega = 2\pi\,f,\ \text{mit } f = 50\ \text{Hz}.$$

Für den Maschenstrom $\underline{I}1$ gilt: $(\underline{Z}1 + \underline{Z}2)\,\underline{I}1 - \underline{Z}2\,\underline{I}2 = \underline{U}Q1$.

Für den Maschenstrom $\underline{I}2$ gilt: $-\underline{Z}2\,\underline{I}1 + (\underline{Z}2 + \underline{Z}3)\,\underline{I}2 = -k\,\underline{I}S$.

In Matrizenschreibweise erhält man mit der Matrix der (komplexen) Widerstände $\underline{R}$, dem Vektor der Maschenströme $\underline{Im}$ und dem Vektor der Quellspannungen $\underline{Vm}$ folgendes Gleichungssystem:

$$\begin{bmatrix} \underline{Z}1+\underline{Z}2 & -\underline{Z}2 \\ -\underline{Z}2 & \underline{Z}2+\underline{Z}3 \end{bmatrix} \begin{bmatrix} \underline{I}1 \\ \underline{I}2 \end{bmatrix} = \begin{bmatrix} \underline{V}Q1 \\ -k\underline{I}s \end{bmatrix}$$

Die Matrix der komplexen Widerstände ist symmetrisch aufgebaut, auf der rechten Seite des Gleichungssystems tritt jedoch der unbekannte Steuerstrom $\underline{I}S$ auf. Den Steuerstrom erhält man aus der Knotengleichung: $I1 - I2 - IS = 0$.

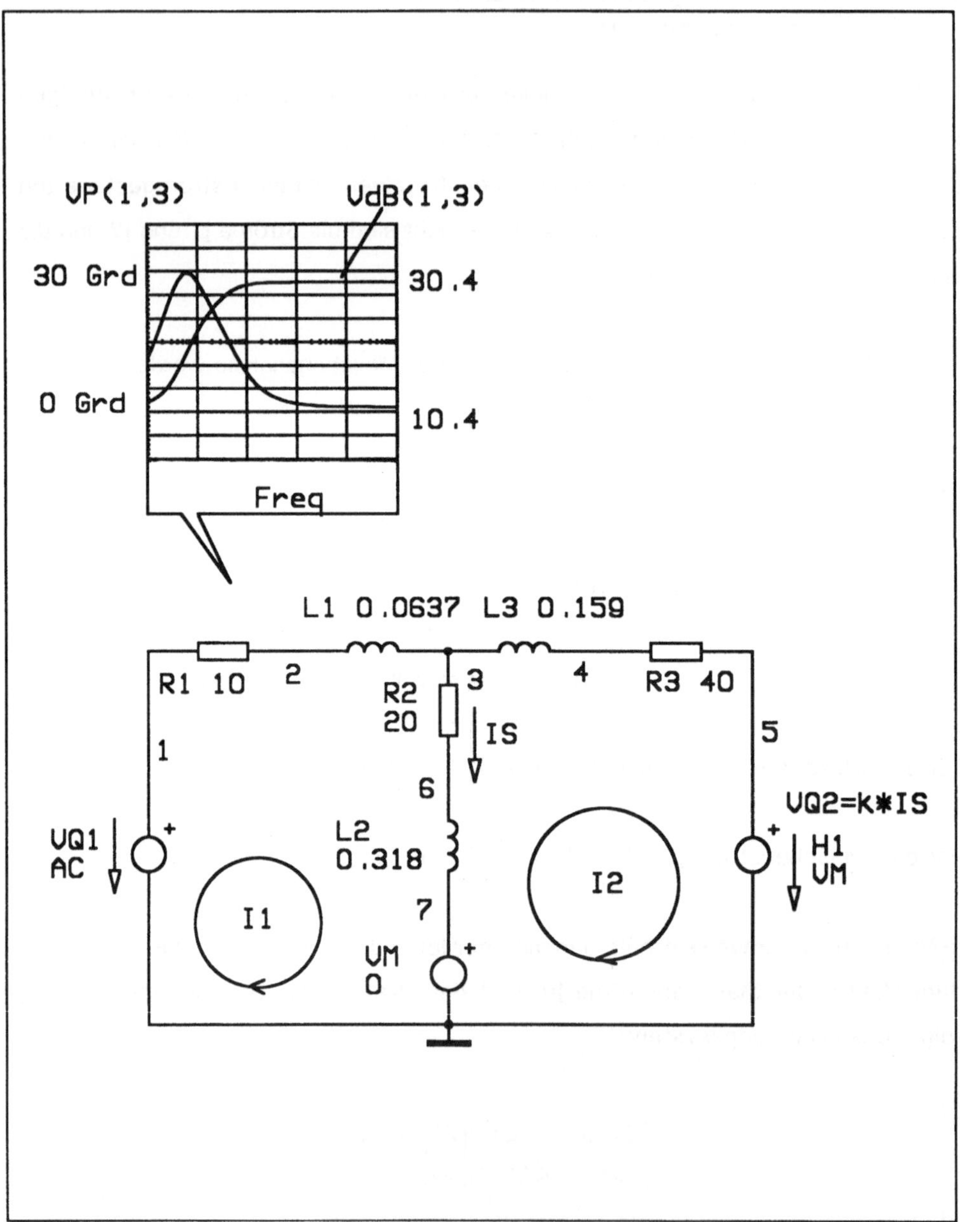

Bild 4.4.1: Netzwerk mit stromgesteuerter Spannungsquelle

Setzt man den Steuerstrom in obiges Gleichungssystem ein, so erhält man eine un-symmetrische Widerstandsmatrix:

$$\begin{bmatrix} \underline{Z}1+\underline{Z}2 & -\underline{Z}2 \\ -\underline{Z}2+k & \underline{Z}2+\underline{Z}3-k \end{bmatrix}\begin{bmatrix} \underline{I}1 \\ \underline{I}2 \end{bmatrix}=\begin{bmatrix} \underline{U}\underline{Q}1 \\ 0 \end{bmatrix}$$

Mit $\underline{U}Q1$ = 100V und k = 50Ω erhält man:

$\underline{I}1$ = (934/953 - j 1132/953) A,

$\underline{I}2$ = (883/953 - j 509/953) A.

Für die Spannung an $\underline{Z}1$ erhält man: **34.34 V** $e^{j13\text{ Grd}}$.

Das in Bild 4.4.1 dargestellte Netzwerk ist bereits für die SPICE - Simulation vor-bereitet. Die Werte der Induktivitäten lassen sich aus $X = \omega L$ bestimmen. Mit folgender SPICE - Eingabedatei

```
.AC LIN 1 50 50
.PRINT AC IM(VQ1) IP(VQ1)
.PRINT AC VM(1,3)
.PRINT AC VP(1,3)
H1 5 0 VM 50
R1 1 2 10
L1 2 3 0.0637
R2 3 6 20
L2 6 7 0.318
L3 3 4 0.159
R3 4 5 40
VM 7 0 0
VQ1 1 0 AC 100 0
.END
```

erhält man für f = 50 Hz folgende Ergebnisse (Ausschnitt):

IM(VQ1) = 1.54 A	VM(1,3) = 34.46 V
IP(VQ1) = 129.5 Grd	VP(1,3) = 12.99 Grd

Bei der Interpretation der Simulationsergebnisse ist zu beachten, daß für die Quelle $\underline{U}_{Q1}$ im Zusammenhang mit dem Strom $\underline{I}1$ das Erzeugerzählpfeilsystem vorliegt, d.h. zum Phasenwinkel von 129.5 Grad sind noch 180 Grad hinzuzufügen.

Zur Bestimmung der Frequenzkennlinien der Spannung an $\underline{Z}1$ wird die Frequenz von 1 Hz bis 1 MHz verändert und es werden folgende Programmzeilen eingesetzt:

```
.AC DEC 10 1HZ 1MEGHZ
.PRINT AC VDB(1,3)
.PRINT AC VP(1,3)
```

Die Frequenzkennlinien sind in Bild 4.4.1 dargestellt.

Mit folgendem Beispiel soll die Behandlung von gesteuerten Quellen in Wechselstromnetzwerken im Hinblick auf unterschiedliche Quellenarten und Steuerungsarten vertieft werden. Gegeben sei ein Netzwerk mit einer spannungsgesteuerten Spannungsquelle und einer stromgesteuerten Stromquelle (Bild 4.4.2).Das Netzwerk soll mit der Knotenanalyse bei f = 50 Hz untersucht werden.

Es werden folgende Abkürzungen verwendet:

$$\underline{Z}1 = j40\Omega = j\omega\,L1 = j\omega\,0.0637H$$

$$\underline{Z}2 = -j50\Omega = -j/\omega\,C1 = -j/\omega\,63.69\mu\,F$$

$$k1 = 0.25,\ k2 = 32,\ \underline{I}_{Q1} = 17\,A\,e^{j0}$$

$$\underline{E}1 = k1\,U0,\ \underline{F}1 = k2\,I0.$$

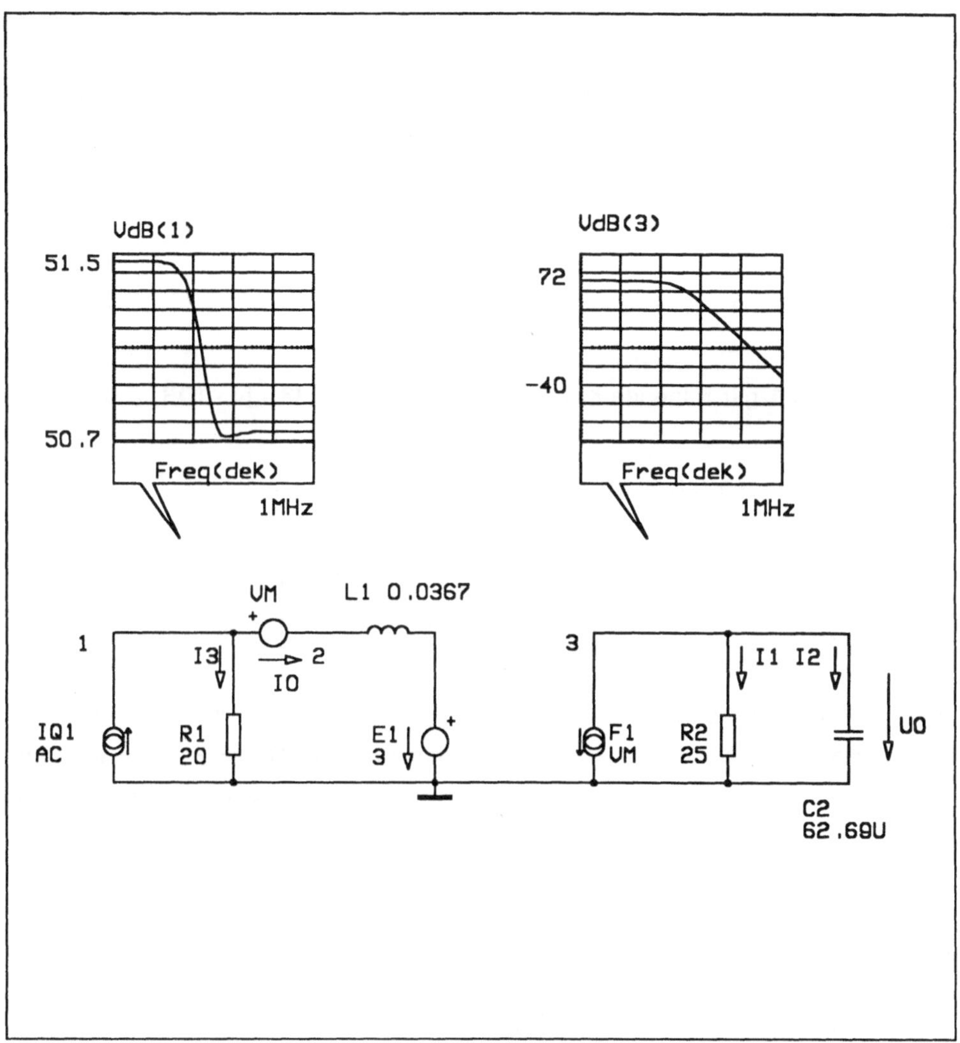

Bild 4.4.2: Netzwerk mit unterschiedlich gesteuerten Quellen

Für die Anwendung der Knotenanalyse ist die Spannungsquelle $\underline{E}1$ zunächst in eine Stromquelle $\underline{I}Q3 = k1\,\underline{U}0/\underline{Z}1$ umzuwandeln. Damit liegt eine spannungsgesteuerte Stromquelle vor.

Die Stromsteuerung der Stromquelle $\underline{F}$1 durch den Strom $\underline{I}$0 ist in eine Spannungssteuerung umzuwandeln:

$$\underline{F}1 \;=\; k1\,(\underline{U}(1)/\underline{Z}1 - \underline{U}0/\underline{Z}1).$$

Für den Knoten 3 gilt folgende Knotengleichung:

$$-\,k2\,\underline{I}0 - \underline{I}1 - \underline{I}2 \;=\; 0.$$

Für den Knoten 1 gilt folgende Knotengleichung: $\underline{I}Q1 - I3 - \underline{I}4 - IQ3 = 0.$

Insgesamt erhält man folgendes Gleichungssystem:

$$\begin{bmatrix} -k1\,k2\,\underline{Y}1 + \underline{Y}2 + G2 & k2\,\underline{Y}2 \\ -k1\,\underline{Y}1 & \underline{Y}1 + G1 \end{bmatrix} \begin{bmatrix} \underline{U}0 \\ \underline{U}1 \end{bmatrix} = \begin{bmatrix} 0 \\ \underline{I}Q1 \end{bmatrix}$$

Das in Bild 4.4.2 dargestellte Netzwerk ist durch die Einfügung einer Nullspannungsquelle VM zur Messung des Steuerstromes I0 für die Quelle F1 bzw. IQ2 für die SPICE - Simulation bereits vorbereitet. Eine weitere Quellenumwandlung kann entfallen. Zur Simulation des Netzwerkes, Bild 4.4.2, kann folgende Datei verwendet werden:

```
.AC LIN 1 50 50
.PRINT AC IM(VM) IP(VM) VM(3) VP(3) VM(1) VP(1)
R1 1 0 20
L1 2 9 0.0637
F1 3 0 VM 32
R2 3 0 25
C2 3 0 63.69U
VM 1 2 0
E1 9 0 3 0 0.25
IQ1 0 1 AC 17 0
.END
```

Die Knotenspannungen V(1) und V(3) können zusammen mit dem Steuerstrom $\underline{I}0$ (durch VM dargestellt) aus folgendem Ausschnitt der SPICE - Ausgabedatei entnommen werden:

```
        FREQ           IM(VM)       IP(VM)
    5.00000E+01     1.976E+00    -1.444E+02


        FREQ           VM(3)        VP(3)
    5.00000E+01     1.414E+03     8.977E+00


        FREQ           VM(1)        VP(1)
    5.00000E+01     3.729E+02     3.534E+00
```

Zur Darstellung der Frequenzkennlinien werden folgende Änderungen bzw. Ergänzungen bei den Steueranweisungen vorgenommen:

```
.AC DEC 10 1 1MEG
.PRINT AC VM(3) VP(3)
.PRINT AC VM(1) VP(1)
.PRINT AC VDB(3) VDB(1)
```

Die Frequenzkennlinien sind im Bild 4.4.2 dargestellt.

4.5 Mehrphasensysteme

In der elektrischen Energietechnik werden Mehrphasensysteme verwendet, um mit geringerem Aufwand gegenüber Einphasensystemen Energie zu übertragen. Bei einem Einphasensystem ist jeder Erzeuger oder Verbraucher ein Zweipol mit jeweils einer Hin- und Rückleitung. Ein Wechselstromsystem mit mehr als zwei Strombahnen wird Mehrphasensystem genannt. Bei einem Mehrphasensystem kann jeder Verbraucher von einer Quelle versorgt werden.

Die Quellen in einem Mehrphasensystem unterscheiden sich meist nur bezüglich der Phasenlage; die Frequenz und die Effektivwerte sind identisch. Von großer praktischer Bedeutung ist das Dreiphasensystem als Sonderfall des Mehrphasensystems. Im Dreiphasensystem sind drei Quellen vorhanden (Bild 4.5.1).

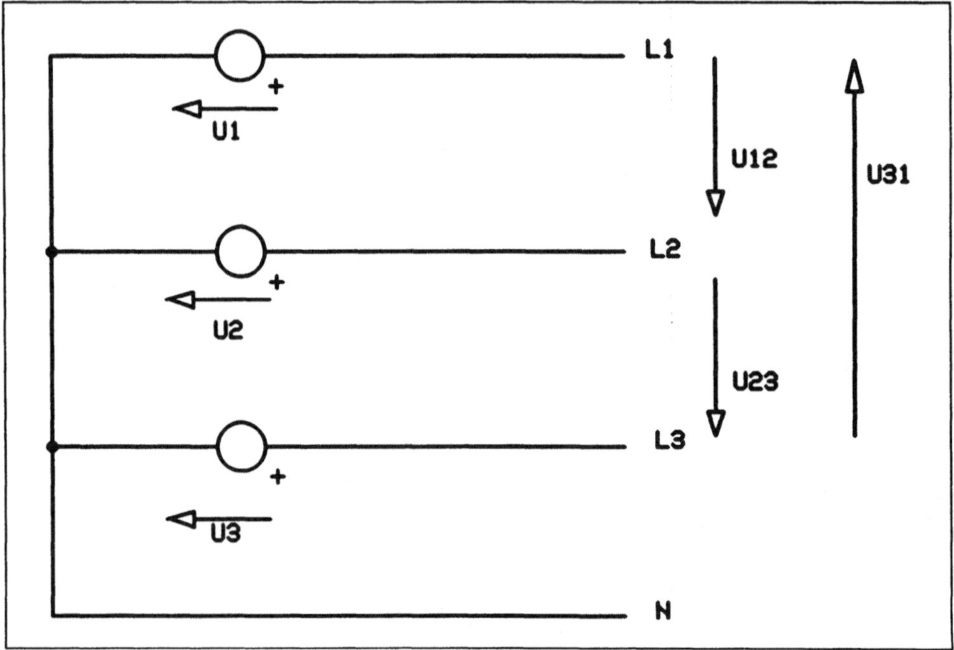

Bild 4.5.1: Dreiphasensystem in Sternschaltung

Die drei Quellen in einem Dreiphasensystem können ebenso wie die Verbraucher unterschiedlich zusammengeschaltet werden. Wenn die Quellen bzw. die Verbraucher an einer gemeinsamen Stelle verbunden sind, spricht man von Sternschaltung. Die Schaltung läßt sich als Stern umzeichnen. Wenn jeder Anfang einer Quelle mit dem Ende der nächsten Quelle verbunden ist, spricht man von Dreieckschaltung (Bild 4.5.2). Dies gilt auch für die einzelnen Verbraucher.

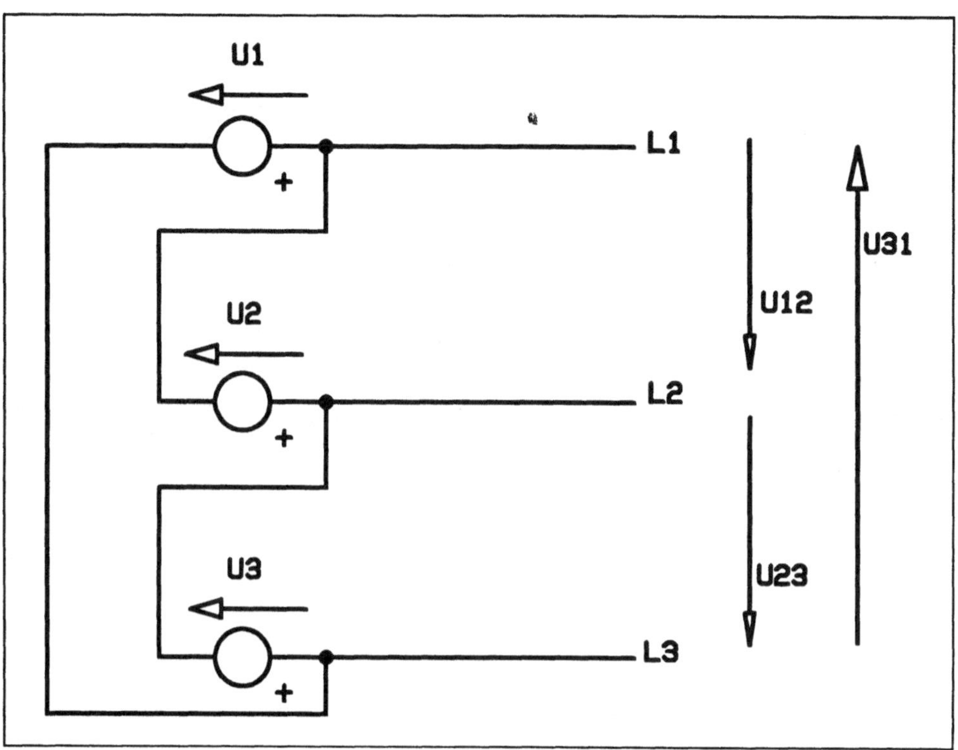

Bild 4.5.2: Dreiphasensystem in Dreieckschaltung

Die einzelnen Verbraucher bzw. Quellen werden Stränge genannt, um die Verknüpfung mit einzelnen Wicklungen einer elektrischen Maschine zu verdeutlichen. Die drei Quellen besitzen gleiche Frequenz (z.B. 50 Hz), gleiche Effektivwerte U (z.B. 220V), aber unterschiedliche Phasenwinkel: $\underline{U}_1 = U$, $\underline{U}_2 = U\,e^{-j120\ Grd}$ $\underline{U}_3 = U\,e^{j120\ Grd}$. Mit der Umwandlung der Exponentialschreibweise der drei Zeiger in Real- und Imaginärteil läßt sich zeigen, daß die Summe des obigen Dreiphasensystems Null ergibt.

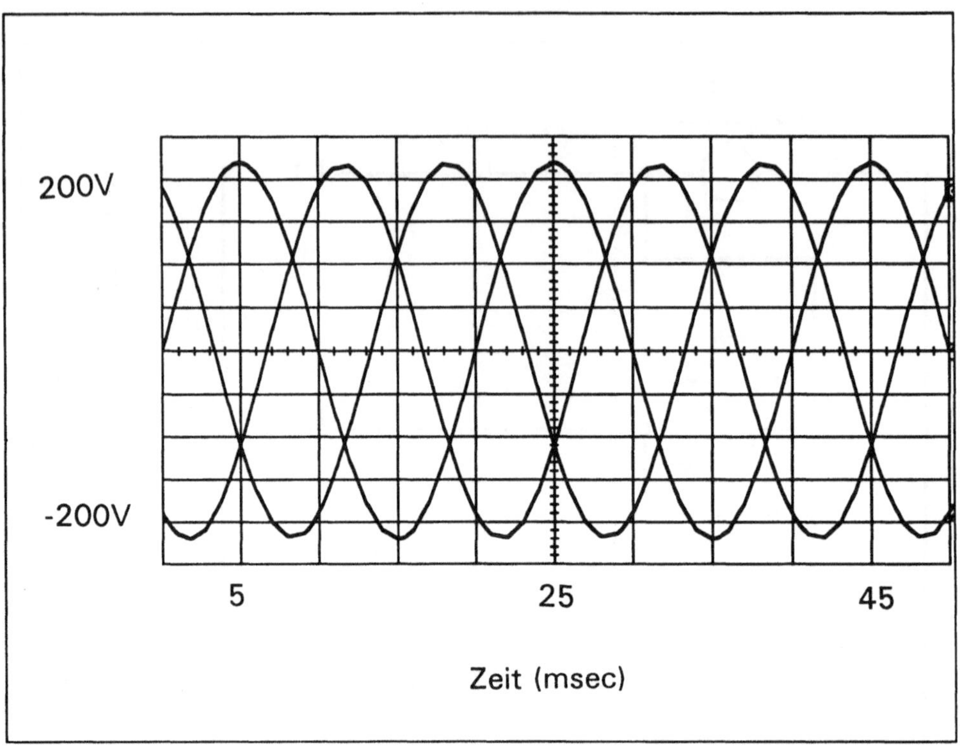

Bild 4.5.3: Zeitverläufe der Spannungen in einem Dreiphasensystem

Mit einem in Stern geschalteten Erzeuger lassen sich an den Leitern L1 bis L3 und N insgesamt vier Spannungen abnehmen. Mit einem in Dreieck geschalteten Erzeuger lassen sich auf Grund des fehlenden Neutralleiters nur drei Spannungen abgreifen. Bei einem in Stern geschalteten Erzeuger lassen sich in Verbindung mit verschiedenen Schutzmaßnahmen gegen gefährliche Berührspannungen an den Körpern (Hülle) der Betriebsmittel (z.B. Motor) wesentlich mehr Netzarten realisieren. Einphasige Verbraucher (z.B. Glühlampe) werden an einen der Außenleiter (L1, L2, L3) und am Neutralleiter angeschlossen. Eine derartige Anschlußmöglichkeit besteht bei einem Dreiphasennetz ohne N - Leiter nicht. Das Dreiphasensystem wird auch Drehstromsystem genannt, weil sich durch drei phasenverschobene

Spannungen (Bild 4.5.3) bzw. Ströme ein umlaufendes Magnetfeld in räumlich versetzten Spulen realisieren läßt. Die Außenleiterspannungen $\underline{U}_{12}$, $\underline{U}_{13}$ und $\underline{U}_{31}$ sind um den Faktor $\sqrt{3}$ größer als die Strangspannungen; dies läßt sich durch eine Maschengleichung über die Außenleiterspannung $\underline{U}_{12}$ und über die Quellspannungen $\underline{U}_1$ und $\underline{U}_2$ zeigen (Bild 4.5.3).

Zur Erläuterung der Analyse von Drehstromsystemen wird das Netzwerk in Bild 4.5.4 betrachtet. Quelle und Verbraucher sind als Stern geschaltet. Die Sternpunkte von Quelle (N) und Verbraucher (K) sind nicht verbunden.

Mit folgenden Abkürzungen

$$\underline{U}_1 = 220 \text{ V}, \quad \underline{U}_2 = 220 \text{ V } e^{-j120 \text{ Grd}}, \quad \underline{U}_3 = 220 \text{ V } e^{j120 \text{ Grd}}$$

$$\underline{Z}_1 = R_1 + j\omega L_1 = 200\,\Omega + j\omega\,0.5\,\Omega\,\text{sec}$$

$$\underline{Z}_2 = R_2 + j\omega L_2 = 200\,\Omega + j\omega\,0.5\,\Omega\,\text{sec}$$

$$\underline{Z}_3 = R_3 + j\omega L_3 = 10\,\Omega + j\omega\,0.1\,\Omega\,\text{sec}$$

soll die Spannung zwischen den beiden Sternpunkten N und K, in Abhängigkeit von den Spannungen zwischen den jeweiligen Außenleitern und dem Sternpunkt der Quelle ($\underline{U}_{1N} = \underline{U}_1$ usw.), die Ströme in den Außenleitern (L1, L2, L3) bzw. im Verbraucher $\underline{I}_1$, $\underline{I}_2$, $\underline{I}_1$ und die Spannungen an den Verbrauchersträngen $\underline{U}_{1K}$, $\underline{U}_{2K}$, $\underline{U}_{3K}$ bestimmt werden (f = 50 Hz).

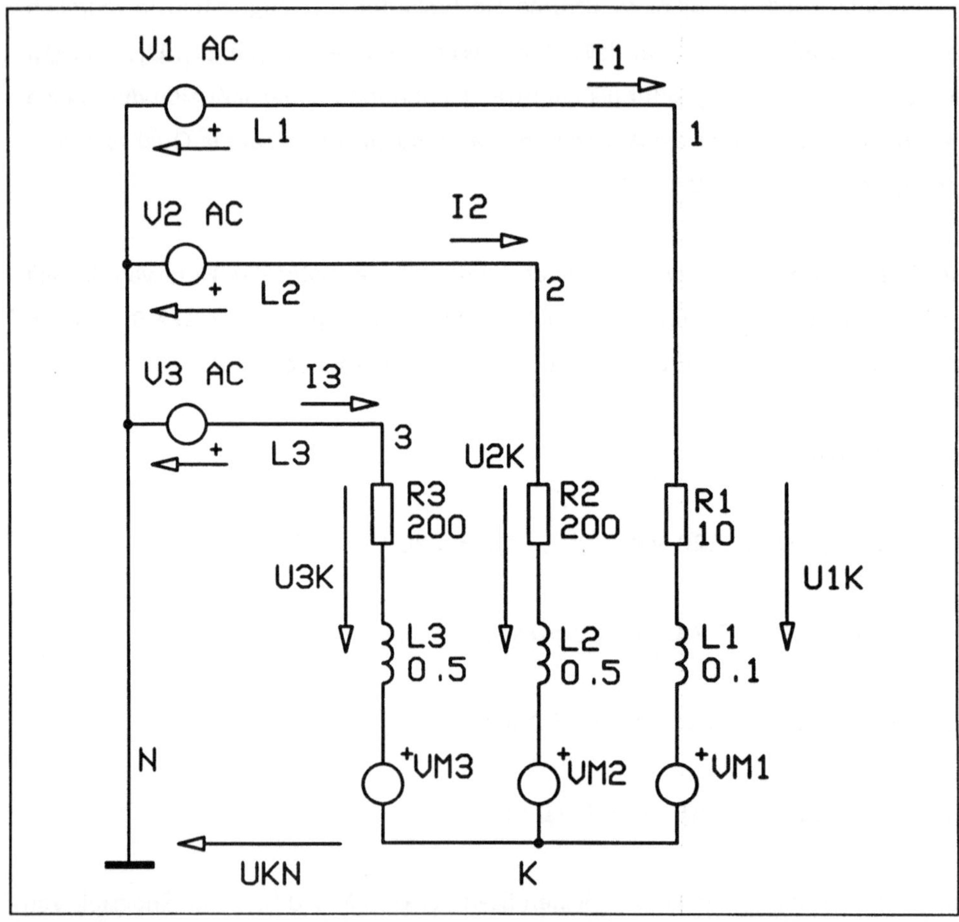

Bild 4.5.4: Drehstromsystem mit Sternschaltungen

Die Lösung erfolgt mit den Strangströmen (Außenleiterströmen):

$$\underline{I}_1 = \underline{U}_{1K}/\underline{Z}_1 = \underline{U}_{1K}\,\underline{Y}_1$$

$$\underline{I}_2 = \underline{U}_{2K}/\underline{Z}_2 = \underline{U}_{2K}\,\underline{Y}_2$$

$$\underline{I}_3 = \underline{U}_{3K}/\underline{Z}_3 = \underline{U}_{3K}\,\underline{Y}_3 \; .$$

Mit $\underline{I}_1 + \underline{I}_2 + \underline{I}_3 = 0$ für den Verbrauchersternpunkt und mit

$$\underline{U}_{1N} - \underline{U}_{KN} - \underline{U}_{1K} = 0$$

$$\underline{U}_{2N} - \underline{U}_{KN} - \underline{U}_{2K} = 0$$

$$\underline{U}_{3N} - \underline{U}_{KN} - \underline{U}_{3K} = 0 \quad \text{folgt:}$$

$$(U_{1N} - \underline{U}_{KN})\underline{Y}_1 + (U_{1N} - \underline{U}_{KN})\underline{Y}_2 + (\underline{U}_{1N} - \underline{U}_{KN})\underline{Y}_3 = 0.$$

Die Auflösung der Knotengleichung nach der Spannung zwischen den Sternpunkten ergibt:

$$\underline{U}_{KN} = (\underline{U}_{1N}\underline{Y}_1 + \underline{U}_{2N}\underline{Y}_2 + \underline{U}_{3N}\underline{Y}_3) \, / \, (\underline{Y}_1 + \underline{Y}_2 + \underline{Y}_3).$$

Mit der Spannung zwischen den Sternpunkten lassen sich die Spannungen an den Verbrauchersträngen

$$\underline{U}_{1K} = \underline{U}_{1N} - \underline{U}_{KN}$$

$$U_{2K} = \underline{U}_{2N} - \underline{U}_{KN}$$

$$\underline{U}_{3K} = \underline{U}_{3N} - \underline{U}_{KN}$$

und die Außenleiterströme ermitteln.

Die SPICE - Simulation des Netzwerkes, Bild 4.5.4, kann mit folgender Eingabedatei erfolgen:

```
.AC LIN 1 50 50
.PRINT AC IM(VM1) IP(VM1)
.PRINT AC IM(VM2) IP(VM2)
.PRINT AC IM(VM3) IP(VM3)
.PRINT AC VM(4,8) VP(4,8)
.PRINT AC VM(5,8) VP(5,8)
.PRINT AC VM(6,8) VP(6,8)
.PRINT AC VM(8)   VP(8)
V2 2 0 AC 220 -120
V3 3 0 AC 220 120
R1 1 4 10
R2 2 5 200
R3 3 6 200
L1 4 7 0.1
L2 5 10 0.5
L3 6 9 0.5
VM1 7 8
VM2 10 8
VM3 9 8
V1 1 0 AC 220 0
.END
```

Man erhält folgende Ergebnisse (Auszug):

IM(VM1) = 2.122 A	IM(VM2) = 1.224 A	IM(VM3) = 1.37 A
IP(VM1) = 44.99 Grd	IP(VM2) = 172.4 Grd	IP(VM3) = 102.1 Grd
VM(4,8) = 66.66 V	VM(5,8) = 192.2 V	VM(6,8) = 215.2 V
VP(4,8) = 45.01 Grd	VP(5,8) = -97.55 Grd	VP(6,8) = -167.9 Grd

VM(8) = 161.1 V	VP(8) = -11.51 Grd

Im Gegensatz zum Netzwerk, Bild 4.5.4, das keine Verbindung zwischen den Sternpunkten aufweist, benötigen Netze zum Anschluß von einphasigen Verbrauchern einen Neutralleiter. Wenn ein Neutralleiter zwischen die Sternpunkte von Quelle und Verbraucher geschaltet wird, fließt wegen der von Null unterschiedlichen Spannung $\underline{U}_{KN}$ ein Strom zwischen den Sternpunkten. Zur Simulation sei zwischen den Punkten N und K ein Widerstand R4 = 5 Ω eingefügt. Die Simulation liefert folgende Ergebnisse (Auszug):

VM(8) = 27.42 V	VP(8) = -68.1 Grd

Vergleicht man die Spannung zwischen den Sternpunkten ohne bzw. mit Verbindung der Sternpunkte durch einen Widerstand, so ist zu erkennen, daß auf Grund des Stromes durch den Neutralleiter eine Reduktion der Potentialdifferenz erfolgt. Der Strom durch den Neutralleiter kann Werte in der Größenordnung der Außenleiterströme annehmen. Der Neutralleiter wird daher mit dem gleichen Leiterquerschnitt wie die Außenleiter ausgeführt. Wenn der Verbraucher identische Widerstände besitzt, liegt ein Sonderfall der Belastung vor. Durch den Neutralleiter fließt kein Strom. Der Neutralleiter kann jetzt entfallen. Dieser Sonderfall der Belastung kommt in der Praxis selten vor und wird symmetrische Belastung (bei symmetrischer Quelle) genannt.

4.6 Magnetisch gekoppelte Kreise

Bei den bisherigen Betrachtungen von Netzwerken mit Spulen wurde vorausgesetzt, daß sich die Magnetfelder der Spulen nicht gegenseitig beeinflussen. Wenn der magnetische Fluß Φ einer Windung einer Spule auch die anderen (N) Windungen der Spule durchsetzt, erhält man einen Gesamtfluß N Φ . Der Differentialquotient des Gesamtflusses nach der Zeit wird induktive Spannung $u_L = d(N \Phi)/dt$ genannt. Weil die Spannung u_L im Stromkreis desjenigen Stromes entsteht, der die Flußänderung selbst hervorruft, nennt man u_L auch selbstinduktive Spannung. Der gesamte Vorgang wird als Selbstinduktion bezeichnet. Man definiert entsprechend eine Selbstinduktivität oder kurz Induktivität $L = (N \Phi)/I$, (I ist ein Gleichstrom). Der Fluß Φ wird vom Strom I selbst hervorgerufen und kann mit dem magnetischen Leitwert $\Lambda = \Phi/\Theta$ mit der Durchflutung $\Theta = N I$ berechnet werden, so daß $L = N^2 \Lambda$ folgt. Im Vakuum sowie bei para- und diamagnetischen Stoffen ist L annähernd konstant. Die Spannung u_L kann aus der Stromänderung direkt berechnet werden: $u_L = L di(t)/dt$. Ist in dem sich ändernden Magnetfeld der einen Spule eine weitere Spule angebracht, so wird in der zweiten Spule eine Spannung erzeugt. Damit kann der Stromkreis der ersten Spule mit dem Stromkreis der zweiten Spule gekoppelt werden, obwohl keine galvanische Verbindung, d. h. eine Verbindung mit einem Leiter, vorliegt.

Magnetisch gekoppelte Kreise werden in vielen Gebieten der Elektrotechnik eingesetzt. Für viele Anwendungen magnetisch gekoppelter Kreise ist der Transformator ein Oberbegriff, der spezielle Formen wie Übertrager (Nachrichtentechnik) und Wandler (Meßtechnik) einschließt. In der <u>Energietechnik</u> benötigt man Transformatoren, um Leistungen umzuwandeln; dabei wird für Niederspannungsnetze mit Spannungen kleiner als 1000 V die Mittelspannung von z.B. 20 KV transformiert. In der Energietechnik wird die Frequenz (50 Hz) nicht verändert; es wird ein möglichst hoher Wirkungsgrad bei geringen Kosten angestrebt. Die Feldlinien werden in einem Kern aus ferromagnetischen Materialien geführt.

In der <u>Nachrichtentechnik</u> benötigt man Transformatoren, die bei unterschiedlichen Frequenzen mit geringen Verzerrungen betrieben werden können. Verzerrungen können bei nichtlinearen Kennlinien wie z.B. einer Magnetisierungskennlinie eines ferromagnetischen Materials entstehen. Im Hochfrequenzbereich werden Transformatoren oftmals ohne ferromagnetische Materialien ausgeführt. In der <u>Meßtechnik</u> benötigt man Spannungswandler, um Hochspannungen vom Meßplatz, z.B. in einer Schaltwarte, fernzuhalten. Spannungswandler dürfen nur mit kleiner Belastung (z.B. durch ein hochohmiges Voltmeter) betrieben werden. Stromwandler werden zur Messung hoher Ströme verwendet. Stromwandler werden näherungsweise im Kurzschluß betrieben, weil die Strommeßgeräte einen geringen Innenwiderstand besitzen.

Der o.g. Anwendungsbereich von Transformatoren würde eine breite Diskussion insbesondere von nichtlinearen Verhältnissen (z.B. ist die magnetische Flußdichte B allgemein eine nichtlineare Funktion der magnetischen Feldstärke H bzw. des Stromes) bedingen. Die bisherigen Betrachtungen zur Netzwerkanalyse wurden im wesentlichen auf lineare Verhältnisse beschränkt, so daß sich die folgenden Ausführungen zu magnetisch gekoppelten Kreisen ebenfalls auf lineare Beziehungen beschränken. Trotz dieser Beschränkung können viele Probleme bei Transformatoren näherungsweise analysiert werden, weil z.B. durch Wahl der Aussteuerung (Feldstärke) H in einem linearen Bereich der B = f(H) - Kennlinie gearbeitet werden kann. Weitere Vereinfachungen führen schließlich zum idealen Transformator, der nur mit einem Übersetzungsverhältnis ü beschrieben wird. Obwohl der ideale Übertrager nicht realisiert werden kann, sind in Verbindung mit weiteren Zweipolen Ersatzschaltungen realer Transformatoren gebräuchlich. Die Vorgehensweise, zunächst ideale Bausteine zu verwenden, um sich dann durch Hinzufügen weiterer Bausteine dem realistischeren Verhalten zu nähern, ist auch im Bereich der SPICE - Simulation gebräuchlich. Bei der SPICE - Simulation lassen sich ideale Übertrager darstellen; diese idealen Übertrager werden dann beschaltet, um z.B. Sättigungseffekte darzustellen.

4.6.1 Transformatorgleichungen

Zur quantitativen Beschreibung magnetisch gekoppelter Kreise wird mit Hilfe von Bild 4.6.1 (nichtmagnetischer Kern) ein Gleichungspaar (Transformatorgleichungen) für die Netzwerkanalyse hergeleitet.

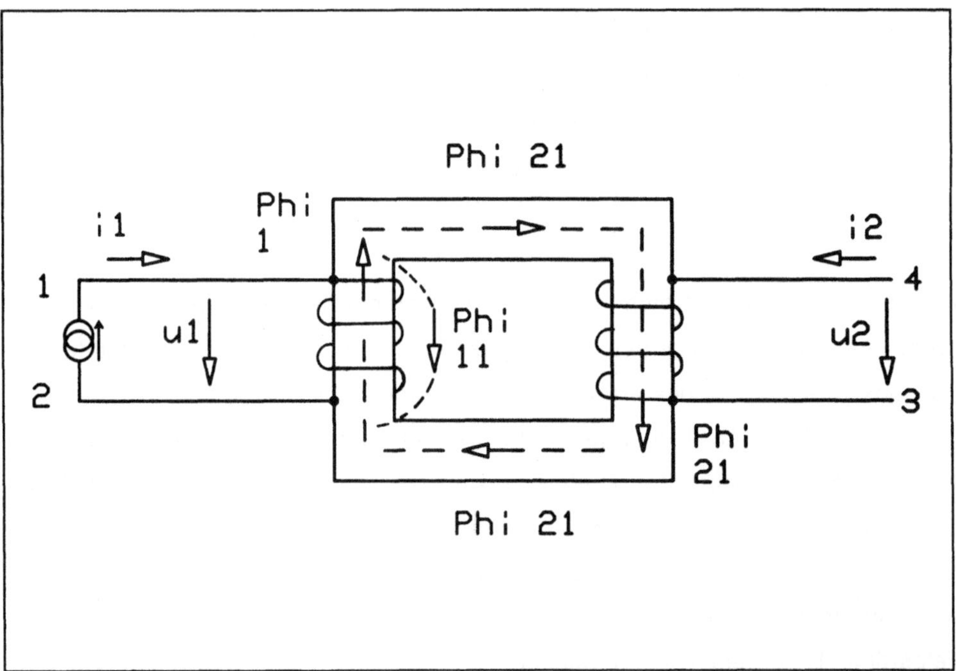

Bild 4.6.1: Magnetisch gekoppelte Kreise

Der Gesamtfluß, der durch einen zeitlich veränderlichen Strom i_1 hervorgerufen wird, kann in zwei Teilflüsse Φ_{11} und Φ_{21} aufgespalten werden. Φ_{11} ist der Teilfluß, der von i_1 hervorgerufen wurde und nur die Spule 1 (links) durchsetzt; Φ_{21} ist der Teilfluß, der ebenfalls durch i_1 hervorgerufen wurde, aber sowohl die Spule 1 als auch die Spule 2 durchsetzt.

Bei der Doppelindizierung gilt folgende Regel:

1. Index: Ort der Wirkung

2. Index: Ort der Erzeugung.

Für die Teilflüsse gilt:

$$\Phi_{11} = \Lambda_{11}\, N_1\, i_1,$$

$$\Phi_{21} = \Lambda_{21}\, N_1\, i_1$$

und für den Gesamtfluß: $\Phi_1 = \Lambda_1\, N_1\, i_1 = \Phi_{11} + \Phi_{21}.$

Es ist zu erkennen, daß sich auch die magnetischen Leitwerte der Teilräume, die von den Teilflüssen eingenommen werden, addieren. Für die Spannung an der Spule 1 gilt:

$$u_1 = d(N_1\, \Phi_1)/dt = N_1\, d(\Phi_{11} + \Phi_{21})/dt = (N_1)^2\,(\Lambda_{11} + \Lambda_{21})di/dt,$$

$$u_1 = L_1\, di/dt.$$

Für die Spannung an der Spule 2 gilt:

$$u_2 = d(N_2\Phi_{21})/dt = N_1\, N_2\, \Lambda_{21}di/dt,$$

$$u_2 = L_{21}\, di/dt.$$

L_{21} wird Gegeninduktivität genannt. Mit der Speisung der Spule 2 bei Leerlauf der Spule 1 läßt sich zeigen, daß $L_{12} = N_1\, N_2\, \Lambda_{12}$ und mit $\Lambda_{12} = \Lambda_{21}$ folgt: $L_{12} = L_{21}.$

Der Anteil des Gesamtflusses, der beiden Spulen gemeinsam ist, wird durch den Kopplungsfaktor k beschrieben:

$$k = \Phi_{21}/\Phi_1 = \Phi_{12}/\Phi_1 = L_{12}/\sqrt{(L_1 L_2)}.$$

Der Kopplungsfaktor wird Null, wenn $\Phi_{12} = \Phi_{21} = 0$, d.h. es ist kein gemeinsamer Fluß der beiden Spulen vorhanden. Der Kopplungsfaktor wird Eins, wenn $\Phi_{12} = \Phi_{21} = \Phi_1$, d.h. der Fluß Φ_1 durchströmt ohne Verzweigung beide Spulen. Ein Kopplungsfaktor, der der oberen Grenze von Eins sehr nahe kommt, kann durch ferromagnetische Materialien realisiert werden.

Für das Vorzeichen der in der Spule hervorgerufenen Spannung bei einer Stromänderung in der Spule 1 (und umgekehrt) ist der Wicklungssinn der Spulen von Bedeutung. Die Zuordnung von Wicklungssinn und Polarität der jeweiligen Spannung wird durch Wicklungspunkte beschrieben. Jedes Spulenpaar wird mit zwei Wicklungspunkten versehen, die durch folgendes Verfahren festgelegt werden können:

a) Markierung eines beliebigen Wicklungsanschlusses mit einem Punkt;

b) Anzeichnen eines Stromzählpfeils, der in den mit einem Wicklungspunkt gekennzeichneten Wicklungsschluß hineinfließt;

c) Durch Anwendung der "rechte - Hand - Regel" wird die Richtung des Feldes innerhalb der ersten Spule festgelegt;

d) Anzeichnen eines in die Wicklung hineinfließenden Stromes an einen beliebigen Anschluß der zweiten Spule;

e) Durch Anwendung der "rechte - Hand - Regel" wird die Richtung des Feldes innerhalb der zweiten Spule festgelegt;

f) Durch Vergleich der Flußrichtungen in den beiden Spulen wird bei der zweiten Spule der Wicklungspunkt angezeichnet. Wenn die beiden Flüsse in die gleiche Richtung weisen, wird der Anschluß der zweiten Spule, in die der Strom hineinfließt, mit einem Punkt gekennzeichnet.

Das beschriebene Verfahren führte zur Kennzeichung der Wicklungen mit Punkten in Bild 4.6.2.

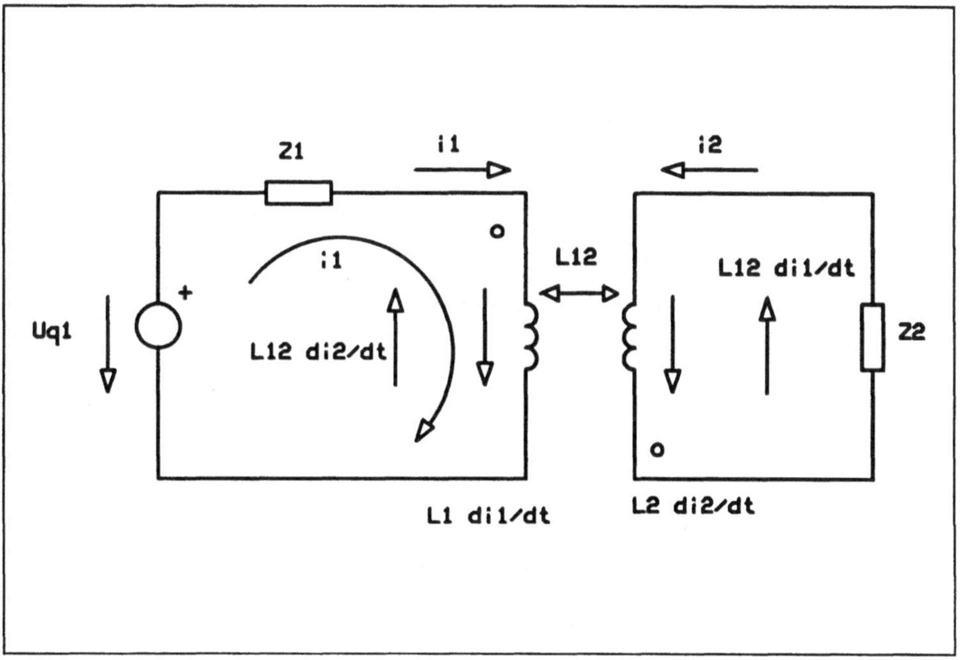

Bild 4.6.2: Netzwerk zur Herleitung der Transformatorgleichungen

Nach Festlegung der Wicklungspunkte werden die Zählpfeile der Spannungen in den gekoppelten Spulen durch folgendes Verfahren festgelegt (Bild 4.6.2):

Wenn der Stromzählpfeil in ein mit einem Punkt gekennzeichnetes Wicklungsende hineinfließt, erhält die mit einem Punkt gekennzeichnete zweite Wicklung an dieser Stelle einen Spannungszählpfeil, der vom Punkt wegweist. Der so festgelegte Spannungszählpfeil beschreibt die durch die Kopplung verursachte induzierte Spannung in der zweiten Spule.

Die Transformatorgleichungen können nach den bisherigen Vorarbeiten mit Bild 4.6.2 unter Verwendung der beiden Maschenströme i_1, i_2 und mit $\underline{Z}_1 = R_1$, $\underline{Z}_2 = R_2$ angeschrieben werden:

$$i_1 R_1 + L_1\, di_1/dt - L_{12}\, di_2/dt = uq_1$$
$$i_2 R_2 + L_2\, di_2/dt - L_{12}\, di_1/dt = 0$$

"Lineare" Transformatoren (z.B. durch nichtmagnetischen Kern realisiert) und mit $\underline{Z}_1 = R_1$, $\underline{Z}_2 = R_2$ beschaltet, reagieren auf eine sinusförmige Eingangsspannung mit einer sinusförmigen Ausgangsspannung:

$$\underline{I}_1 R_1 + j\omega L_1 \underline{I}_1 - j\omega L_{12} \underline{I}_2 = \underline{U}_{q1}$$
$$\underline{I}_2 R_2 + j\omega L_2 \underline{I}_2 - j\omega L_{12} \underline{I}_1 = 0$$

4.6.2 SPICE - Simulation von magnetisch gekoppelten Kreisen

Zur Simulation von zwei magnetisch gekoppelten Kreisen sind drei Angaben erforderlich:

- die primäre Induktivität L1
- die sekundäre Induktivität L2
- der Kopplungsfaktor k.

Für den in Bild 4.6.2 dargestellten Transformator sind z.B. folgende drei SPICE - Statements erforderlich:

L1   Knoten 1   Knoten 2   L1 in Henry,

L2   Knoten 3   Knoten 4   L2 in Henry   und

K12 L1 L2 k.

Die mit Knoten 1 bzw. 3 bezeichneten Ausdrücke beschreiben die mit Wicklungspunkten versehenen Anschlußpunkte der Spulen. Auf Grund der bisherigen Ausführungen zur Netzwerksimulation mit SPICE ist bekannt, daß jeder Knoten in einem zu simulierenden Netzwerk einen Gleichstrompfad zum Bezugsknoten haben muß. Bei einem Netzwerk mit magnetisch gekoppelten Kreisen kann der Fall auftreten, daß ein Kreis keinen Gleichstrompfad zum Bezugsknoten aufweist. Ein Gleichstrompfad kann in diesem Fall durch einen Widerstand zwischen den zwei gekoppelten Kreisen hergestellt werden.

Für die SPICE - Simulation des Netzwerkes in Bild 4.6.2 wird die in Bild 4.6.3 dargestellte Schaltung verwendet. Als Beispiel soll der Strom durch den Widerstand R2 und die Spannung am Widerstand R2 bestimmt werden, wenn die Eingangsspannung UQ1 eine Frequenz von 50 Hz und einen Effektivwert von 220 V besitzt. Die Induktivität L1 soll 5 H und die Induktivität L2 soll 10 H sein. Die Induktivität L12 beträgt 6 H. Zusätzlich soll die mittlere Leistung bestimmt werden, die im Netzwerk umgesetzt wird.

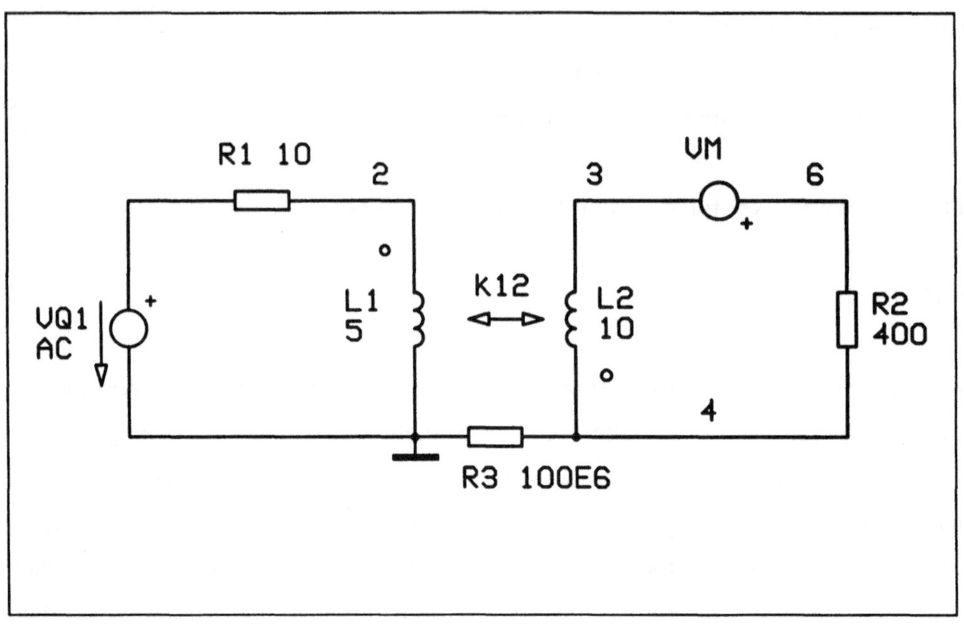

Bild 4.6.3: Modifiziertes Netzwerk für die SPICE - Simulation des Netzwerkes in
Bild 4.6.2

Der Kopplungsfaktor wird mit $k = L12/\sqrt{(L1\ L2)} = 0.6$. Aus der folgenden Eingabedatei ist die Zuordnung der Wicklungspunkte mit der Reihenfolge der Knotennummern von L1 und L2 abzulesen:

```
.AC LIN 1 50 50
.PRINT AC IM(VM) IP(VM) VM(4,6) VP(4,6)
K12 L1 L2 0.6
R1 1 2 10
L1 2 0 5
L2 4 3 10
VM 6 3
R2 6 4 400
R3 0 4 100E6
VQ1 1 0 AC 220 0
.END
```

Aus dem folgenden Auszug der Ausgabedatei (für 50 Hz) sind die gesuchten Größen abzulesen:

IM(VM) = 9.099E-2 A	VM(9,4) = 36.40 V
IP(VM) = -78.19 Grd	VP(9,4) = -78.19 Grd

Für die umgesetzte Leistung in R2 gilt: $P2 = (0.09099)^2\,A^2 * 400\ \Omega = 3.31$ W.

Der ideale Transformator läßt sich durch das Übersetzungsverhältnis $ü = N_1/N_2 = \underline{U}_1/\underline{U}_2 = -\underline{I}_1/\underline{I}_2$ beschreiben. Das negative Vorzeichen beim Quotienten der beiden Ströme tritt nur dann auf, wenn die Ströme mit den in Bild 4.6.2 abgebildeten Bezugspfeilen versehen sind und die Wicklungspunkte mit Bild 4.6.2 übereinstimmen. Der ideale Transformator hat keine Verluste und läßt sich mit $L_1 = L_2 -> \infty$, $k = 1$ annähern. Die induktiven Widerstände ωL_1 und ωL_2 müssen viel größer als die anderen Impedanzen im Netzwerk sein.

4.7 Netzwerke mit nichtcosinusförmigen Größen

Die bisherigen Betrachtungen von Netzwerken im stationären Zustand (Kapitel 4) beschränkten sich auf Netzwerke, die mit cosinusförmigen Eingangsgrößen einer bestimmten Frequenz angeregt wurden und deren Reaktion in cosinusförmigen Größen (Ströme, Spannungen) mit einer Frequenz (der Eingangsgrößen) bestand . Auch bei den Mehrphasensystemen (Kapitel 4.5) wurde eine Frequenz für alle Quellen verwendet. Die verschiedenen Quellen in Mehrphasensystemen hatten lediglich unterschiedliche Phasenwinkel. In der Praxis treten neben "reinen" cosinusförmigen Anregungen, die selbstverständlich periodisch sind, auch nicht cosinusförmige, periodische Anregungen auf. Derartige Anregungen lassen sich aus einer Reihe von cosinusförmigen Größen unterschiedlicher Frequenz zusammensetzen. Rechteckförmige oder sägezahnförmige Anregungen werden häufig zur Untersuchung von Schaltungen eingesetzt. Zur Analyse derartiger Netzwerke werden in den folgenden Kapiteln die erforderlichen mathematischen Beziehungen in Verbindung mit SPICE - Simulationen diskutiert.

4.7.1 Fourierreihen: Synthese von periodischen Größen

Nichtcosinusförmige, periodische Größen lassen sich durch Überlagerung von cosinusförmigen Größenerzeugen (synthetisieren). Bereits mit zwei cosinusförmigen Größen (Zeitreihen) unterschiedlicher Frequenz erhält man eine periodische, nichtcosinusförmige Zeitreihe. Dieser einfachste Fall der Überlagerung einer Spannung $v_1(t) = u_{s1} \cos(\omega_1 t + \psi_1)$ der Kreisfrequenz $\omega_1 = 2\pi f_1$, ($f_1 = 1$kHz) und der Amplitude $u_{s1} = 1$V mit einer Spannung $v_2(t) = u_{s2} \cos(\omega_2 t + \psi_1)$ der Kreisfrequenz $\omega_2 = 2\pi f_2$, ($f_2 = 2$kHz) und der Amplitude $u_{s2} = 1$V ist in Bild 5.7.1 dargestellt. Die Phasenwinkel ψ_1 und ψ_2 wurden jeweils identisch -90 Grad gesetzt. Die Überlagerung der beiden Spannungen führt zu einer periodischen Gesamtspannung v(1) mit einer Periodendauer von 1 msec. Die Periodendauer von v(1) ist also genauso groß wie die Periodendauer der Teilspannung mit der niedrigsten Frequenz ($v_1(t)$).

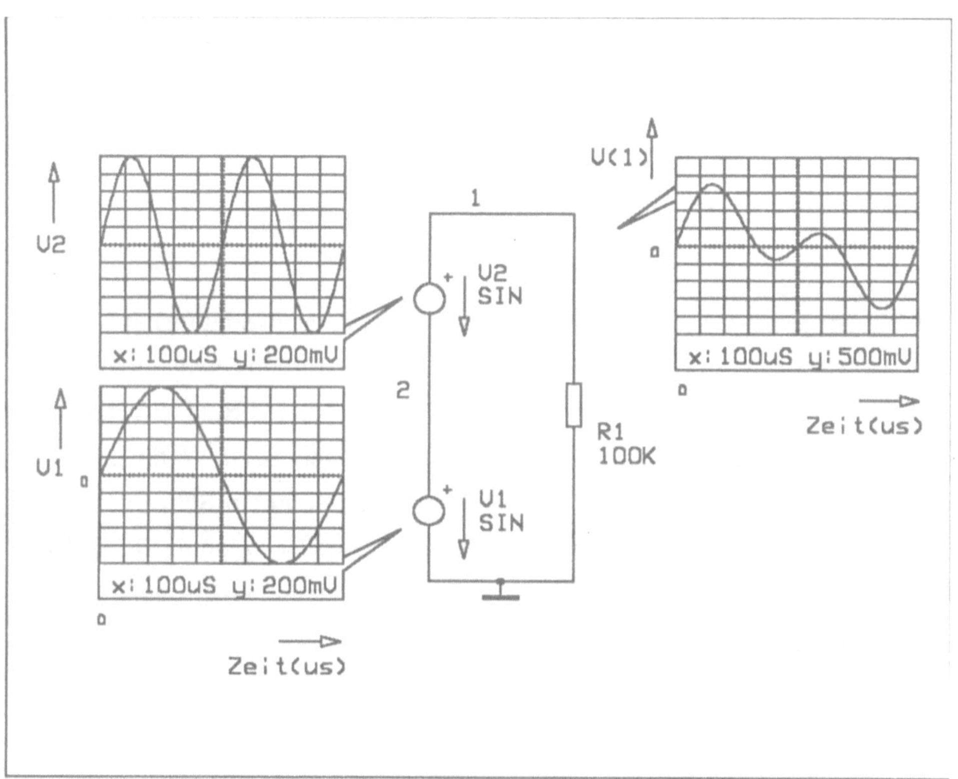

Bild 4.7.1: Erzeugung einer peridischen, nichtcosinusförmigen Zeitreihe

Die SPICE - Simulation der Zeitreihe v(1) kann mit folgender Datei durchgeführt werden:

```
.OPTIONS LIMPTS=1200
.TRAN 5US 1MS
.PRINT TRAN V(1) V(1,2) V(2)
.FOUR 1000 V(1)
R1 1 0 100K
V2 1 2 SIN 0 1 2000 0 0
V1 2 0 SIN 0 1 1000 0 0
.END
```

Wenn nicht nur zwei Spannungen überlagert werden, sondern unendlich viele Spannungsquellen, erhält man eine unendliche Reihe, die wegen der reellen Koeffizienten u_{sk} auch reelle Fourierreihe genannt wird. Die reelle Fourierreihe enthält zusätzlich einen Gleichstromanteil U_0, den man sich in Reihe zu den zeitabhängigen Quellen geschaltet vorstellen kann:

$$u(t) = U_0 + \sum_{k=1}^{\infty} u_{sk}\cos(k\omega_1 t + \psi_k)$$

Die Frequenz w_1 stellt die Grundfrequenz bzw. die Grundschwingung mit $k = 1$ der Reihe dar. Die weiteren Cosinusglieder mit $k = 2,3,4...$ werden Oberschwingungen genannt. In Abhängigkeit vom Amplitudenwert u_{sk} kann die Grundschwingung in der Reihe vorkommen oder ggf. auch nicht enthalten sein. Wenn z.B. eine Schwingung mit einer Frequenz von 1kHz mit einer weiteren Schwingung von 1.5kHz überlagert wird, so beträgt die Frequenz der Grundschwingung 0.5kHz. Die Grundschwingung mit der Frequenz von 0.5kHz hat jedoch eine Amplitude von $u_{s1} = 0V$ und kommt demnach in der Reihe nicht vor.

4.7.2 Fourierreihen: Analyse von periodischen Größen

In der Elektrotechnik werden oftmals periodische, nichtcosinusförmige Zeitreihen zum Prüfen von Schaltungen verwendet. Auch auf Grund von nichtlinearen Bauelementen (Dioden etc.) werden cosinusförmige Eingangsgrößen in nichtcosinusförmige, periodische Ausgangsgrößen umgeformt. Durch die Darstellung von periodischen, nichtcosinusförmigen Größen als Fourierreihe kann die Wirkung der einzelnen Teilschwingungen auf das Netzwerk untersucht werden. Hierzu muß eine gegebene Größe, z.B. der Strom i(t) zunächst in Teilschwingungen aufgespalten werden.

Die Aufspaltung einer mathematisch gegebenen, periodischen Größe in Teil-schwingungen wird als Fourier- Analyse bezeichnet. Unter Verwendung der Beziehung $\cos(x+c) = \cos(c)\cos(x)-\sin(c)\sin(x)$ läßt sich ein gegebener Strom i(t) als reelle Fourierreihe mit den zunächst unbekannten Fourier- Koeffizienten i_{ak} und i_{bk} darstellen:

$$i(t) = I_0 + \sum_{k=1}^{\infty} i_{ak}\cos(k\omega_1 t) + i_{bk}\sin(k\omega_1 t)$$

Die (reellen) Fourierkoeffizienten können mit folgenden Beziehungen bestimmt werden:

$$I_0 = \frac{1}{T}\int_0^T i(t)\, dt$$

$$i_{ak} = \frac{2}{T}\int_0^T i(t)\cos(k\omega_1 t)\, dt$$

$$i_{bk} = \frac{2}{T}\int_0^T i(t)\sin(k\omega_1 t)\, dt$$

Nachdem eine cosinusförmige Größe $\cos(x)$ als Realteil von e^{jx} dargestellt werden kann und darüberhinaus $\cos(x) = 0.5(e^{jx} + e^{-jx})$ gilt, liegt es nahe, in der reellen Fourierreihe die Cosinusausdrücke durch Exponentialausdrücke zu ersetzen. Konkret bedeutet dies, daß aus der rellen Fourierreihe mit den Teilschwingungen $i_{sk}\cos(k\omega_1 t + \psi_k)$ eine komplexe Fourierreihe wird:

$$i(t) = \sum_{k=-\infty}^{\infty} 0.5\, i_{sk}\, e^{j\psi_k}\, e^{k\omega_1 t}$$

212

Unter Verwendung der Abkürzung

$$\underline{i}_k = 0.5 i_{sk} e^{j\psi_k}$$

erhält man schließlich eine Reihe mit komplexen Koeffizienten. Die komplexen Koeffizienten lassen sich mit

$$\underline{i}_k = \frac{1}{T} \int_0^T i(t)\, e^{-jk\omega_1 t} dt$$

bestimmen. Zur Erläuterung der Fourieranalyse wird das in Bild 4.7.2 dargestellte Netzwerk mit einer rechteckförmigen, periodischen Spannung UQ verwendet. Die unbekannten Fourierkoeffizienten der Knotenspannung sollen bestimmt werden.

Zur Bestimmung der Fourierkoeffizienten der Knotenspannung am Knoten 1 wird zunächst der rechteckförmige Strom analysiert. Die Zeitreihe des Stromes stellt eine ungerade Funktion dar, so daß die Koeffizienten i_{ak} entfallen. Für die Koeffizienten i_{bk} gilt unter Berücksichtigung, daß während der Hälfte der Periodendauer (T/2 = 10msec) ein Strom von 0.1A fließt:

$$i_{bk} = \frac{2}{T} \int_0^{T/2} 0.1A \sin\left(\frac{k2\pi}{T} t\right) dt$$

Mit der Substitution z = k2πt/T folgt:

$$i_{bk} = \frac{0.2A}{k\pi} \int_0^{k\pi} \sin(z)\, dz$$

Für ungerade k = 1,3,5... folgt i_{bk} = 0.2A/(kπ). Für k = 2,4,6,.. folgt i_{ak} = 0. Für das Gleichstromglied erhält man I_0 = 0.05A. Die gesuchte Knotenspannung erhält man durch Multiplikation der einzelnen Glieder der Reihe mit R1 = 10Ω.

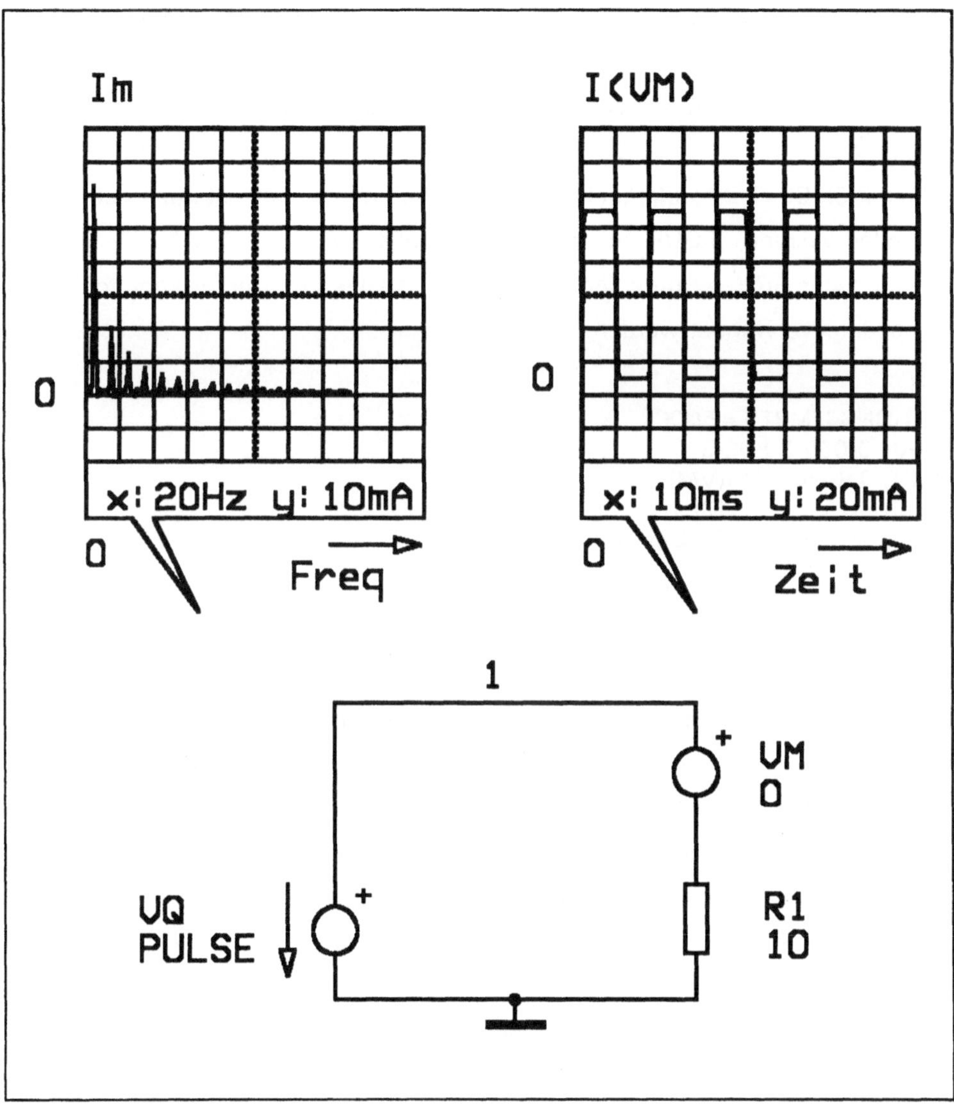

Bild 4.7.2: Erregung eines einfachen Netzwerkes mit rechteckförmiger Spannung

Für die SPICE - Simulation des Netzwerkes wird die Netzwerkbeschreibung mit der Kontrollanweisung .FOUR   W1 GR1 GR2 GR3 ... ergänzt. W1 stellt dabei die Grundfrequenz dar. Die Ausdrücke GR1, GR2, GR3 sind Platzhalter für diejenigen Größen im Netzwerk, für die eine Fourieranalyse durchgeführt werden soll.

Wenn mit SPICE eine Fourieranalyse durchgeführt werden soll, ist stets neben der Kontrollanweisung .FOUR auch eine Kontrollanweisung .TRAN für die zu untersuchende Größe erforderlich. Für die Analyse des Netzwerkes kann folgende Eingabedatei verwendet werden:

```
.OPTIONS LIMPTS = 5000
.TRAN 0.05E-3 80E-3
.PRINT TRAN V(1) I(VM)
.FOUR 50 V(1)   I(VM)
VQ 1 0 PULSE 0 1 0 1E-6 1E-6 10E-3 20E-3
VM 1 3
R1 3 0 10
.END
```

Die Anstiegszeit der Rechteckschwingung wurde mit $0.1\mu sec$ im Vergleich zur Impulsdauer sehr kurz gewählt. Die folgende Ausgabedatei der SPICE - Simulation des Netzwerkes, Bild 4.7.2, zeigt in der ersten Spalte die Ordnungszahl k (HARMONIC NO). In der zweiten Spalte der Ausgabedatei wird die Frequenz in Hz (FREQUENCY) angegeben. In der dritten Spalte werden die gesuchten Fourierkoeffizienten (FOURIER COMPONENT) der Knotenspannung V(1) angegeben. In der vierten Spalte wird die Phase (PHASE DEG) angegeben. Die Fourierkomponenten sind für ungerade Ordnungszahlen näherungsweise Null. Die Abweichungen von den mathematisch ermittelten Werten resultieren u. a. aus der endlichen Anstiegsgeschwindigkeit der Rechteckschwingung. Die SPICE - Ausgabedatei enthält neben einer Gleichspannungskomponente von ca. 0.5 V nur die ersten neun Fourierkomponenten.

```
FOURIER COMPONENTS OF TRANSIENT RESPONSE V(1)
DC COMPONENT  =   4.989D-01
HARMONIC   FREQ    FOURIER      NORMALIZED    PHASE
NO         (HZ)    COMPONENT    COMPONENT     (DEG)


  1     5.000D+01   6.366D-01    1.000000      0.162
  2     1.000D+02   2.100D-03    0.003299    -88.910
  3     1.500D+02   2.121D-01    0.333241      0.486
  4     2.000D+02   2.100D-03    0.003299    -87.820
  5     2.500D+02   1.272D-01    0.199834      0.810
  6     3.000D+02   2.099D-03    0.003298    -86.730
  7     3.500D+02   9.079D-02    0.142620      1.134
  8     4.000D+02   2.099D-03    0.003297    -85.641
  9     4.500D+02   7.054D-02    0.110803      1.457
```

Die Beträge der einzelnen Fourierkoeffizienten sind in Bild 4.7.2 als einzelne Linien über der Frequenz aufgetragen. Die Darstellung in Bild 4.7.2 wird auch als Linienspektrum bezeichnet. In der kompexen Fourierreihe wird jede Komponente durch Amplitude und Phase beschrieben. Man spricht in diesem Zusammenhang von einem Amplituden- und einem Phasenspektrum. Ein Skalenanteil auf der waagerechten Achse des Amplitudenspektrums in Bild 5.7.2 entspricht dabei 200 Hz. Ein Skalenanteil auf der senkrechten Achse des Amplitudenspektrums entspricht 10 mA.

Zur weiteren Verdeutlichung der Fourieranalyse wird ein RC-Netzwerk verwendet, das von einer rechteckförmigen Spannung angeregt wird (Bild 4.7.3). Für das RC-Netzwerk in Bild 4.7.3 ist der Verlauf der Ausgangsspannung $V(2) = u(t)$ von Interesse, wenn die Eingangsspannung $VQ = u_q(t)$ rechteckförmig ist. Erregt man das Netzwerk, Bild 4.7.3, zunächst nur mit einer Schwingung, so kann zur Bestimmung der Ausgangsspannung die bereits bekannte Vorgehensweise für stationäre Vorgänge herangezogen werden. Man erhält den Betrag und den Phasenwinkel für die Anregung mit einer Frequenz. Diese Frequenz könnte z.B. die Grundfrequenz der Rechteckschwingung sein. In einem zweiten Schritt wird die

Ausgangsspannung einer zweiten Schwingung mit einer anderen Frequenz ermittelt. Man erhält wiederum den Betrag und den Phasenwinkel für die zweite Anregung.

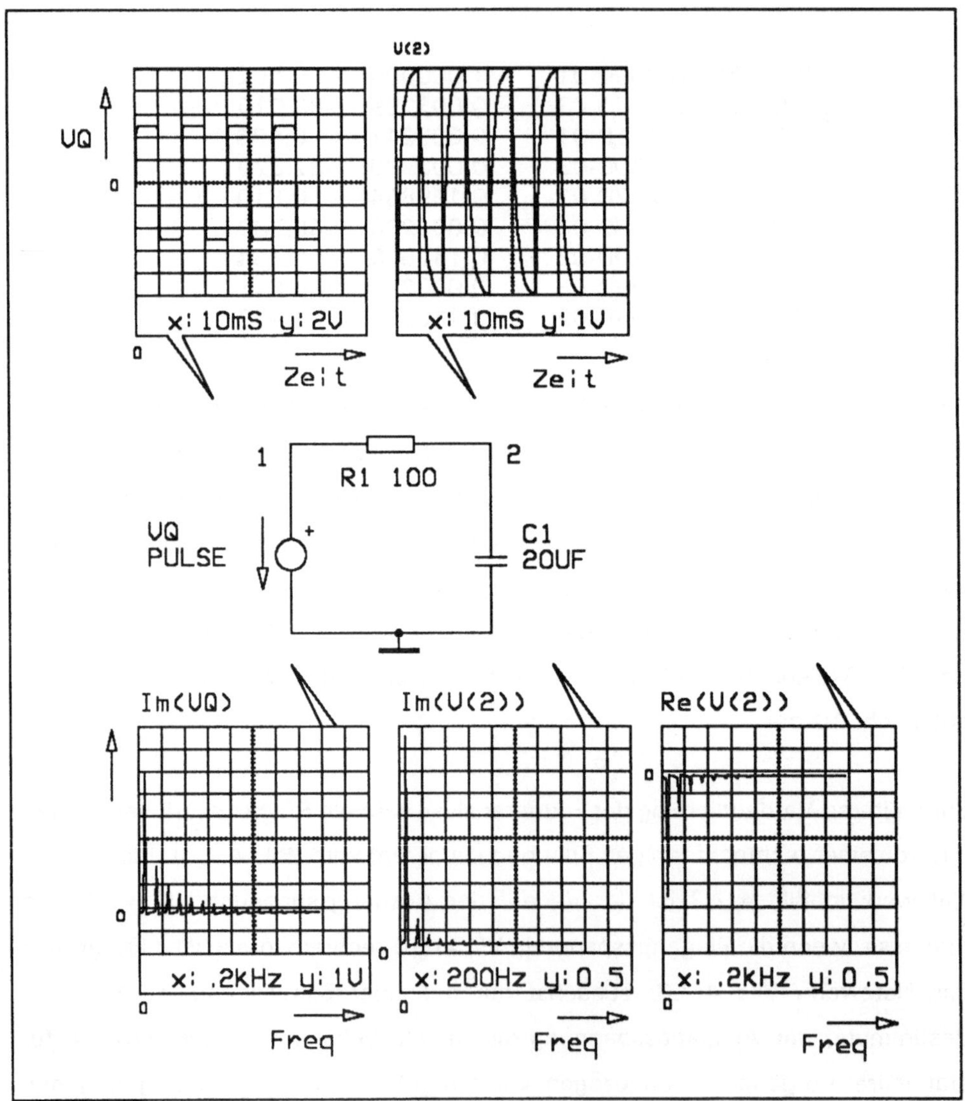

Bild 4.7.3: Fourieranalyse bei einem RC- Netzwerk

Nachdem ein lineares Netzwerk vorliegt, läßt sich die vollständige Ausgangsspannung durch Überlagerung der einzelnen Ausgangsspannungen gewinnen. Für die gegebene Rechteckspannung erhält man folgende Fourierreihe:

$u_q(t) = 6.37V\sin(\omega_1 t) + 2.12V\sin(3\omega_1 t) + 1.27V\sin(5\omega_1 t) + 0.91V\sin(7\omega_1 t)...$

Die Frequenz ω_1 beträgt $2\pi/(20sec)$. Die Amplituden der einzelnen Schwingungen betragen allgemein: $20V/(\pi k)$, $(k = 1,3,5,...)$. Mit der Übertragungsfunktion $\underline{H}(jk\omega_1) = 1/(1 + jk\omega_1)$ folgt $\underline{U}_2 = \underline{H}(jk\omega_1)\underline{U}_q$. Die Ausgangsspannung und die Eingangsspannung müssen jeweils mit der Frequenz $k\omega_1$ bestimmt werden. Mit Aufspaltung in Betrag und Phase folgt für die Ausgangsspannung bei $k\omega_1$:

$\underline{U}_2 = 20V/(\pi k\sqrt{2})e^{j(-90Grd)} \; 1/\sqrt{(1 + (jk\omega_1 RC)^2)} \; e^{j \, arctan(-k\omega 1\, RC)}$. Auf beiden Seiten der Gleichung stehen Effektivwerte. Die Überlagerung der einzelnen Ausgangsspannungen ergibt die Gesamtausgangsspannung.

Die SPICE - Simulation des Netzwerkes kann mit folgender Eingabedatei durchgeführt werden:

```
.OPTIONS LIMPTS = 2500
.TRAN 0.5MS 80MS
.PRINT TRAN V(1) V(2)
.FOUR 50HZ V(1) V(2)
R1 1 2 100
C1 2 0 20UF
VQ 1 0 PULSE -5V 5V 0S 0.1US 0.1US 10MS 20MS
.END
```

In Bild 4.7.3 sind sowohl die Zeitreihen als auch die Spektren der Eingangs- und der Ausgangsspannung aufgetragen. Beim Spektrum der Eingangsspannung treten nur Imaginäranteile auf. Beim Spektrum der Ausgangsspannung treten sowohl Imaginär- als auch Realanteile auf.

Mit der Simulation kann man auch erkennen, wie sich die Ausgangsspannung in Abhängigkeit von den Werten des Kondensators verändert (Bild 4.7.4). Bei großen Werten des Kondensators werden tendenziell mehr höherfrequente Schwingungen unterdrückt als bei kleinen Werten des Kondensators.

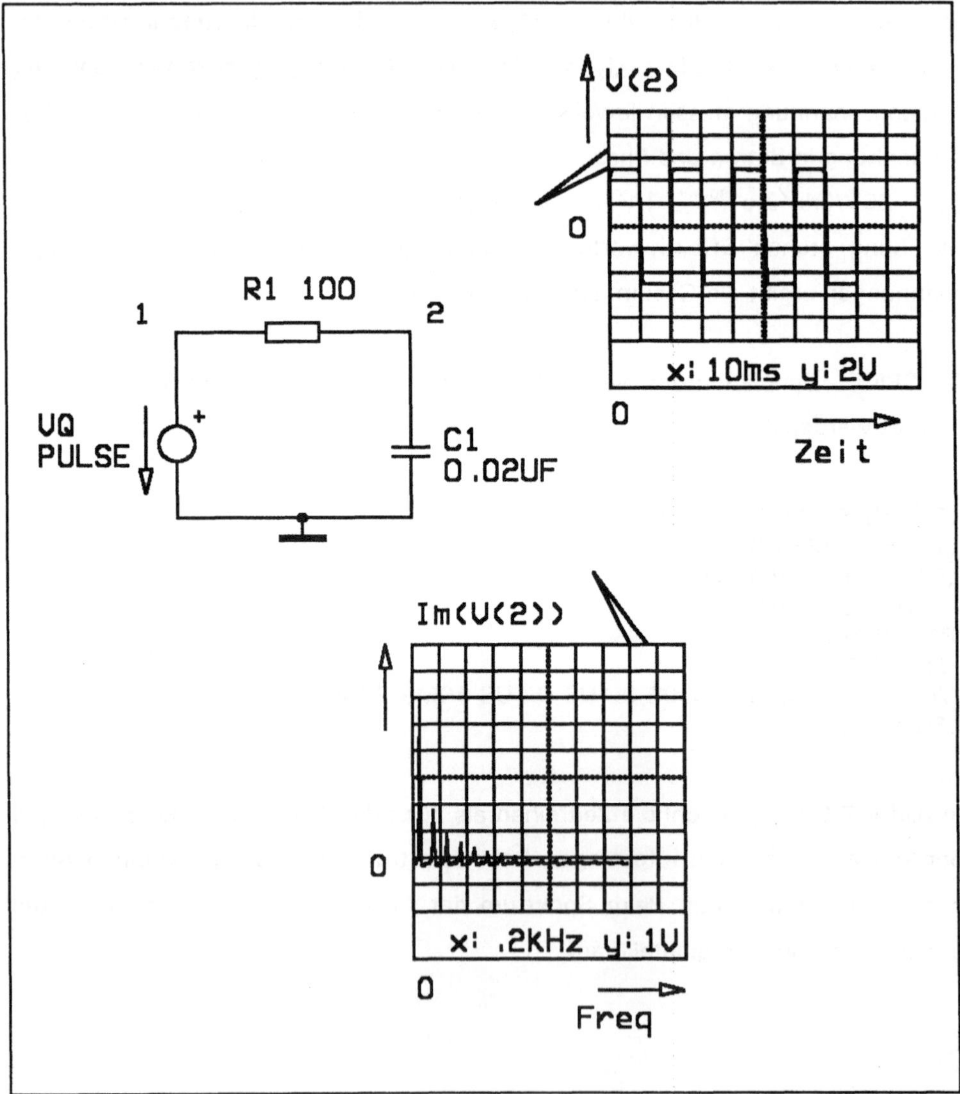

Bild 4.7.4: RC- Netzwerk mit kleiner Kapazität

Die Ausgangsspannung unterscheidet sich bei großen Werten des Kondensators stärker von der Form der Eingangsspannung. Das Spektrum bei kleinen Kapazitäten besteht im Wesentlichen nur aus einem Imaginärteil (Bild 4.7.4). Die Tendenz zur Veränderung der Form der Eingangsspannung (hin zur Abrundung) wird daher mit größer werdender Kapazität und einer damit verbundenen Speicherfähigkeit des Netzwerkes ebenfalls größer. Die Abweichung (Verzerrung) der Form der Ausgangsspannung gegenüber der Kosinusform nimmt zu, wenn mehr Oberschwingungsanteile vorkommen. Der Klirrfaktor (k_u für die Spannung u oder k_i für den Strom i)kann als Maß für die Verzerrung betrachtet werden:

$$k_u = 100 \; \frac{1}{U}\sqrt{\sum_{r=2}^{\infty} U_r^{\,2}}$$

Die einzelnen Komponenten U_r stellen Effektivwerte dar. Der Gleichanteil (r = 0) wird nicht in den Klirrfaktor einbezogen. Der Ausdruck für U kann auch als Effektivwert einer nichtcosinusförmigen Wechselspannung (ohne Gleichanteil) bezeichnet werden. Der Klirrfaktor stellt einen Quotienten der Effektivwerte der Oberschwingungen und der Grundschwingung dar und wird in Prozent angegeben.

Bei der SPICE-Simulation des Netzwerkes, Bild 4.7.3, ergab sich für die Ausgangsspannung V(2) ein Klirrfaktor (total harmonic distortion) von ca. 19.77 %. Bei der SPICE-Simulation des Netzwerkes, Bild 4.7.4, ergab sich ein Klirrfaktor von ca. 42.4 % für die Ausgangsspannung. Für den Klirrfaktor der Eingangsspannung V(1) bzw. VQ ergab sich ein Wert von ca. 42 %. Bei kleiner Kapazität liegt daher eine größere Verzerrung von der Kosinusform vor als bei großer Kapazität.

5. Analyse spezieller Netzwerke

Die in den Kapiteln 1 bis 4 behandelten Netzwerke dienten im wesentlichen zur Erläuterung der Verfahren zur Netzwerkanalyse und wurden aus didaktischen Gründen ausgewählt. Die Netzwerke in diesem Kapitel dienen zur Demonstration, daß mit den Analyseverfahren unter Verwendung von SPICE auch umfangreichere und in der Praxis vorkommende Schaltungen untersucht werden können. Alle in diesem Kapitel verwendeten Netzwerke sind mit aktiven Bauelementen aufgebaut, so daß ausgiebig mit gesteuerten Quellen gearbeitet wird. Bei allen Netzwerken werden die Vorteile von begleitenden SPICE- Simulationen verdeutlicht.

5.1 Untersuchung eines Instrumentenverstärkers

Instrumentenverstärker (Instrumentation Amplifier, INA) werden in der Meßtechnik zur Messung von Potentialdifferenzen verwendet (Bild 5.1.1). Im Gegensatz zur Messung einer Spannung mit einem festen Bezugspunkt (Ground, Masse, Erde) zeichnet sich die Messung von Potentialdifferenzen durch die weitgehende Un-

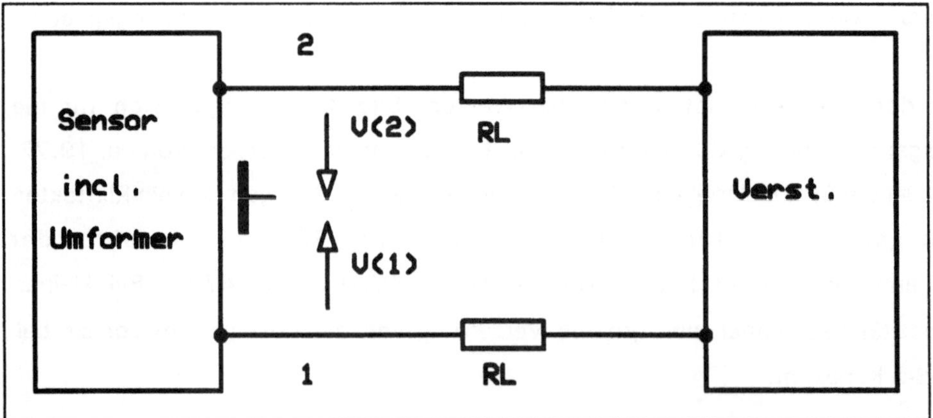

Bild 5.1.1: Meßsituation für die Messung von Potentialdifferenzen

abhängigkeit von einem gegebenenfalls schwankenden Bezugspunkt (Bezugs-
potential) aus. Bei der Messung einer Potentialdifferenz $U_D = V(2) - V(1)$ ist die
Unterdrückung von Gleichtaktspannungen $U_{gl} = 0.5 \, (V(2) + V(1))$ von Bedeutung.
Die Gleichtaktspannung kann dabei um mehrere Zehnerpotenzen höher liegen als
die zu messende Potentialdifferenz. Instrumentenverstärker liefern üblicherweise
eine Gleichtaktunterdrückung $G_{gl} = U_{gl} / U_D$ von mehr als 10^4.

Instrumentenverstärker werden z.B. in der Biomedizinischen Technik zur Messung
kleinster Aktionspotentiale von Muskeln eingesetzt. Als Folge der Herzaktionen
treten an bestimmten Stellen der Haut (Ableitstellen) Potentialdifferenzen im
Bereich weniger Millivolt auf. Das Elektrokardiogramm (EKG) ist Ausdruck der
elektrischen Erregungsvorgänge am Herzen und kann Auskunft über die Herzfrequenz und weitere aus medizinischer Sicht bedeutsame Größen (z.B. Erregungs-
störungen) geben. Häufig verwendete Ableitstellen für den Abgriff von Potentialen
befinden sich an den Extremitäten (Hände, Füße) und an der Brustwand.

Eine mögliche Schaltung zur Erfassung kleiner Potentialdifferenzen (Bild 5.1.2)
wird im folgenden untersucht. Der Instrumentenverstärker besteht aus den drei
beschalteten Operationsverstärkern OPV1, OPV2 und OPV3. Die nichtinvertierend
beschalteten Operationsverstärker OPV1 und OPV2 bilden die Eingangsstufe für die
Eingangsspannungen V1 und V2.

Bei einer nichtinvertierenden Beschaltung _eines_ Operationsverstärkers liegt der
Widerstand RG an Masse. Nachdem beide Operationsverstärker OPV1 und OPV2
den gemeinsamen Widerstand RG verwenden, erhält man über RG eine gemeinsame
Gegenkopplung. Der Operationsverstärker OPV3 stellt einen Differenzverstärker
dar, der die Differenz der Spannungen an den Punkten C und D bildet. Für die
Analyse der Schaltung, Bild 5.1.2, sollen die Operationsverstärker als ideal mit
unendlich hoher Leerlaufverstärkung, unendlich hohem Eingangswiderstand und
einem Ausgangswiderstand von Null angesetzt werden.

Die Eingangsspannungen V1 und V2 liegen wegen der vernachlässigbaren Diffe-
renzspannungen V(A) - V1, bzw. V(B) - V2 an den Anschlüssen von RG (A, B) an,
d.h: V2 - V(C) = I1 RF, V1 - V(B) = I2 RF, V1 - V2 = IG RG. Für die Knoten
A bzw. B gilt: - IG - I1 = 0 bzw. IG - I2 = 0. Durch Einsetzen folgt aus den
vorgenannten Gleichungen die Ausgangsspannung des OPV1:

$$V(C) = (V1-V2)\,\frac{RF}{RG}+V1$$

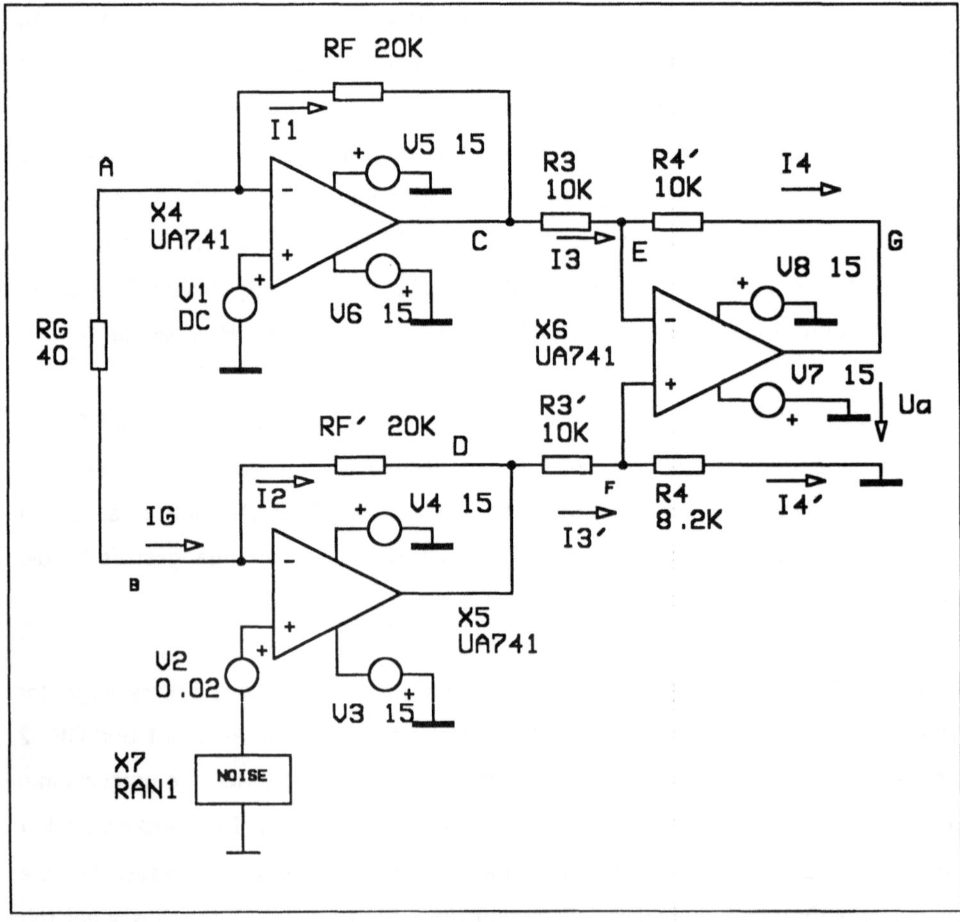

Bild 5.1.2: Instrumentenverstärker

und für die Ausgangsspannung des OPV2:

$$V(D) = (V2-V1)\,\frac{RF}{RG} + V2$$

Der Differenzverstärker mit dem OPV3 bildet die Ausgangsspannung

$$Ua = (V(C) - V(D))\,\frac{R4}{R3}$$

Mit den Ausgangsspannungen der Operationsverstärker OPV1 und OPV2 folgt:

$$Ua = (2\,\frac{RF}{RG}\,(V2-V1) + V2 - V1)\,\frac{R4}{R3}$$

und mit R3 = R4 schließlich:

$$Ua = (1 + 2\,\frac{RF}{RG})\,(V2-V1))$$

Aus der Beziehung für Ua folgt mit V2 = V1 Ua = 0; dies bedeutet, daß identische Eingangsspannungen (Gleichtaktspannungen) nicht am Ausgang erscheinen. Die Gleichtaktspannungen stellen das Gleichtakteingangssignal dar und müssen für eine möglichst gute Differenzverstärkerfunktion unterdrückt werden. Die Unterdrückung übernimmt die zweite Stufe mit dem Operationsverstärker OPV3. Die Gleichtakt-unterdrückung ist abhängig von der Übereinstimmung der Widerstände R3, R3´, R4 und R4´ des Differenzverstärkers (in realen Schaltungen sind weitere Einflüsse vorhanden).

Für die SPICE- Simulation der Schaltung, Bild 5.6.2, werden SUBCKT´s der Operationsverstärker (UA 741) verwendet, die bereits in Kapitel 1.5 eingeführt wurden. Die Spannung V1 wird in Schritten von 5 mV, beginnend mit 10 mV, verändert.

Die Ergebnisse der Simulation zeigen, daß bei identischen Eingangsspannungen V1, V2 eine Ausgangsspannung von ca. 2.2 mV auftritt. Die sonstigen Ausgangsspannungen sind etwa um den Faktor 1000 größer (mit Pfeil markiert):

V1	V(2)	V(9) = Ua
1.0E-2	2.0E-2	9.962
1.5E-2	2.0E-2	4.982
2.0E-2	2.0E-2	0.0022 <----
2.5E-2	2.0E-2	-4.978
3.0E-2	2.0E-2	-9.958
3.5E-2	2.0E-2	-14.94
4.0E-2	2.0E-2	-19.92

Die Ausgangsspannung steigt auf Grund des verwendeten Modells für den OPV auf Werte oberhalb bzw. unterhalb der Betriebsspannung an.

Die Simulation kann mit folgender Eingabedatei durchgeführt werden:

```
.SUBCKT UA741 2   3 6  7  4
RP 4 7 10K
RXX 4 0 10MEG
 IBP 3 0 80NA
RIP 3 0 10MEG
CIP 3 0 1.4PF
IBN 2 0 100NA
RIN 2 0 10MEG
CIN 2 0 1.4PF
VOFST 2 10 1MV          <--------- Anmerkung: Offsetspannung
RID 10 3 200K
EA 11 0 10 3 1
R1 11 12 5K
R2 12 13 50K
C1 12 0 13PF
GA 0 14 0 13 2700
C2 13 14 2.7PF
RO 14 0 75
```

```
L 14 6 30UHY
RL 14 6 1000
CL 6 0 3PF
ENDS.

.DC V1 0.01  0.04 0.005
.PRINT DC V(1) V(2) V(9)
RF' 19 6 20K
RG 18 19 40
V1 1 0 DC 0.01
V2 2 0 0.02
R3 4 7 10K
R3' 6 8 10K
R4' 7 9 10K
R4 8 0 10K                   <----------- Anmerkung: Offsetabgleich
V3 0 5 15
V4 3 0 15
V5 10 0 15
V6 0 11 15
V7 0 12 15
V8 13 0 15
X4 18 1 4 10 11 UA741
X5 19 2 6 3 5 UA741
X6 7 8 9 13 12 UA741
RF 18 4 20K
.END
```

Eine Verbesserung der Gleichtaktunterdrückung kann durch Verringerung der Offsetspannung (siehe Anmerkung in der o.g. Eingabedatei) erfolgen. Die Offsetspannung eines Operationsverstärkers ist diejenige Spannungsdifferenz, die man an den Eingang eines Operationsverstärkers anlegen muß, damit die Ausgangsspannung Null wird. Die Offsetspannung stellt ein wichtiges Gütemerkmal eines Operationsverstärkers dar und liegt beim UA 741 bei ca. 2 mV (Tietze, 1991). Bei dem verwendeten SUBCKT für den UA 741 wird eine Offsetspannung von 1 mV eingesetzt. Eine Verringerung der Offsetspannung von 1 mV auf 0.01 mV liefert bei sonst gleichem Netzwerk eine Reduktion der Ausgangsspannung $V(9) = U_a$ auf $2.2 * 10^{-4}$ bei identischen Eingangsspannungen.

Die Gleichtaktverstärkung bzw. die Gleichtaktunterdrückung kann durch Veränderung der Widerstände R3, R3´, R4 und R4´ verändert werden:

R3 = R3´	R4	R4´	Ua = V(9)
10 K	10 K	10.5 K	2.743 E-3
10 K	10 K	9.5 K	1.631 E-3
10 K	10 K	8.2 K	2.211 E-6
10 K	10 K	11 K	3.260 E-3

Aus obiger Tabelle ist ersichtlich, daß die Ausgangsspannung Ua bei identischen Eingangsspannungen durch einen Widerstand R4 = 8.2 KΩ wesentlich reduziert werden kann. In der Praxis wird die Gleichtaktunterdrückung durch einen veränderlichen Widerstand R4 optimiert.

Dagegen ist eine Verbesserung der Gleichtaktunterdrückung durch Offsetspannungsreduktion in der Praxis durch andere Operationsverstärker mit geringerer Offsetspannung oder ggf. durch Offsetspannungskompensation möglich. Die Offsetspannung ist jedoch (ebenso wie andere Größen im Netzwerk) temperaturabhängig. Insgesamt wird daher die Gleichtaktunterdrückung durch einstellbare Widerstände und hochwertige Oerationsverstärker bevorzugt.

5.2 Untersuchung eines Tiefpaßfilters

Tiefpaßfilter sind Filter, mit denen Signalkomponenten oberhalb einer bestimmten Frequenz gedämpft werden. Die zu untersuchende Schaltung, Bild 5.2.1, stellt ein aktives Tiefpaßfilter dar. Aktive Filter sind Filter, bei denen aktive Elemente (Transistoren, Operationsverstärker, etc.) verwendet werden. Ein einfaches (passives) Tiefpaßfilter wurde bereits in Kapitel 4.3 untersucht und es wurde dabei eine Übertragungsfunktion der Form $1/(1+sRC)$ gefunden. An Hand der Frequenzkennlinien wurde dann der Tiefpaßcharakter des Filters demonstriert. Tiefpaßfilter werden in vielen Bereichen der Elektrotechnik eingesetzt. In Netzteilen dienen sie zur Unterdrückung der Netzfrequenz. Bei Analog - Digital - Wandlern werden Tiefpaßfilter zur Unterdrückung von Signalkomponenten benötigt, die oberhalb der Hälfte der Abtastfrequenz des A/D- Wandlers liegen.

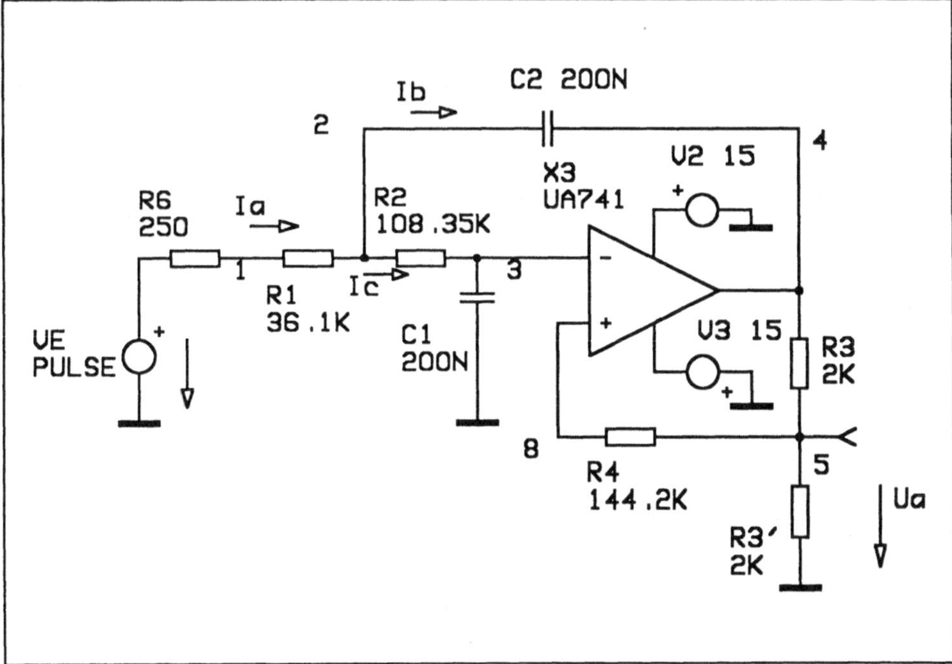

Bild 5.2.1: Aktives Tiefpaßfilter

In der Medizintechnik z.B. benötigt man Tiefpaßfilter zur Unterdrückung von Brummeinstreuungen aus elektromagnetischen Feldern mit Netzfrequenz. Die Unterdrückung unerwünschter Signalkomponenten mit einem realen Filter zeichnet sich durch einen mehr oder weniger steilen Abfall der Verstärkung oberhalb einer bestimmten Frequenz (Grenzfrequenz) aus. Je flacher der Übergang vom Durchlaßbereich (unterhalb einer bestimmten Frequenz) in den Sperrbereich (Frequenzbereich mit sehr hoher Dämpfung) erfolgt, um so niedriger muß die Grenzfrequenz liegen, damit für die zu unterdrückenden Frequenzen eine ausreichende Dämpfung erzielt wird. Bei der Festlegung der Grenzfrequenz dürfen jedoch keine Nutzfrequenzen (d.h. Signalkomponenten, die ungedämpft übertragen werden sollen) gedämpft werden. Zunächst muß daher der Frequenzbereich des zu übertragenden Signals und der Frequenzbereich der Störquelle festgestellt werden. Im Falle der Störung durch die Netzfrequenz ist die Störfrequenz mit 50 Hz bekannt. Das Tiefpaßfilter der Abbildung 5.2.1 soll einem EKG- Vorverstärker, Bild 5.1.2, nachgeschaltet werden. Der EKG- Verstärker soll für die Registrierung der Herzfrequenz eingesetzt werden, so daß der Nutzfrequenzbereich unterhalb von 10 Hz liegt. Durch die folgende Analyse soll der Frequenzgang des Filters festgestellt werden (idealer Operationsverstärker):

Für die Knoten 2 und 3 gilt: Ia - Ib - Ic = 0, V(2) -V(3) = Ic R2, V(3) = Ic/sC und Ic = sC V(3). Mit der Abkürzung P = sC folgt dann für den Knoten 2:

$$\frac{V(1)-V(2)}{R1} + \frac{V(3)-V(2)}{R2} + (V(4)-V(2))P = 0$$

Die Spannung am Knoten 4 ist auf Grund des gewählten Widerstandsverhältnisses von R3 und R3´ doppelt so hoch wie am Knoten 5, d.h.: V(4) = 2 V(3). Mit V(2) = P R2 V(3) + V(3) folgt:

$$\frac{V(1)}{V(3)} = 1 + PR2 + P^2 R1 R2$$

Beim idealen Operationsverstärker fließt durch R4 kein Strom, die Differenzeingangsspannung kann vernachlässigt werden: V(5) ≈ V(3) , V(3) = Ua/2.

Man erhält schließlich die gesuchte Übertragungsfunktion mit der Variablen $P = sC$:

$$G_2(P) = \frac{Ua}{V(1)} = \frac{2}{1 + PR2 + P^2 R1 R2}$$

Führt man die Variable $P = sC$ in der Übertragungsfunktion des passiven Tiefpasses $1/(1 + sRC)$ ein, so erhält man:

$$G_1(P) = \frac{1}{1 + PR}$$

Mit den Übertragungsfunktionen für den Tiefpaß 1. Ordnung G_1 und für den Tiefpaß 2. Ordnung G_2 wird eine ganze Klasse von Übertragungsfunktionen definiert, die allgemein Tiefpässe der 2*i-ten Ordnung beschreiben:

$$G_i(P) = \frac{A}{(1 + Pa_1 + P^2 b_1)(1 + Pa_2 + P^2 b_2)...(1 + Pa_i + P^2 b_i)}$$

Die Koeffizienten a_i und b_i sind von Bauelementen der Schaltung abhängig. Beispielsweise gilt für den o.g. Tiefpaß 2. Ordnung G_2: $a_1 = R2$ und $b_1 = R1\,R2$. Die Koeffizienten sind für die verschiedenen Filterordnungen tabelliert (Tietze, 1991; Breyer, 1989).

Für die SPICE - Simulation wird folgende Eingabedatei mit den bereits angeführten SUBCKT´s für den UA 741 verwendet:

```
.SUBCKT UA741 2   3  6   7   4
    .
    .                               <------- hier ist die Beschreibung für
    .                                        den SUBCKT einzufügen
.ENDS
.OPTIONS LIMPTS = 2500
.AC DEC 20 0.1 10E + 6
.PRINT AC   VDB(5) VP(5)
 R2 2 3 108.35K
C1 3 0 200N
C2 2 4 200N
R3 4 5 2K
R3' 5 0 2K
R4 8 5 144.2K
R6 7 1 250
VE 7 0 AC 0.2 0
X3 3 8 4 6 9 UA741
V2 6 0 15
V3 0 9 15
R1 1 2 36.1K
.END
```

Der Betrag der Übertragungsfunktion für das Netzwerk, Bild 5.2.1, ist dem Bild 5.2.2 zu entnehmen.

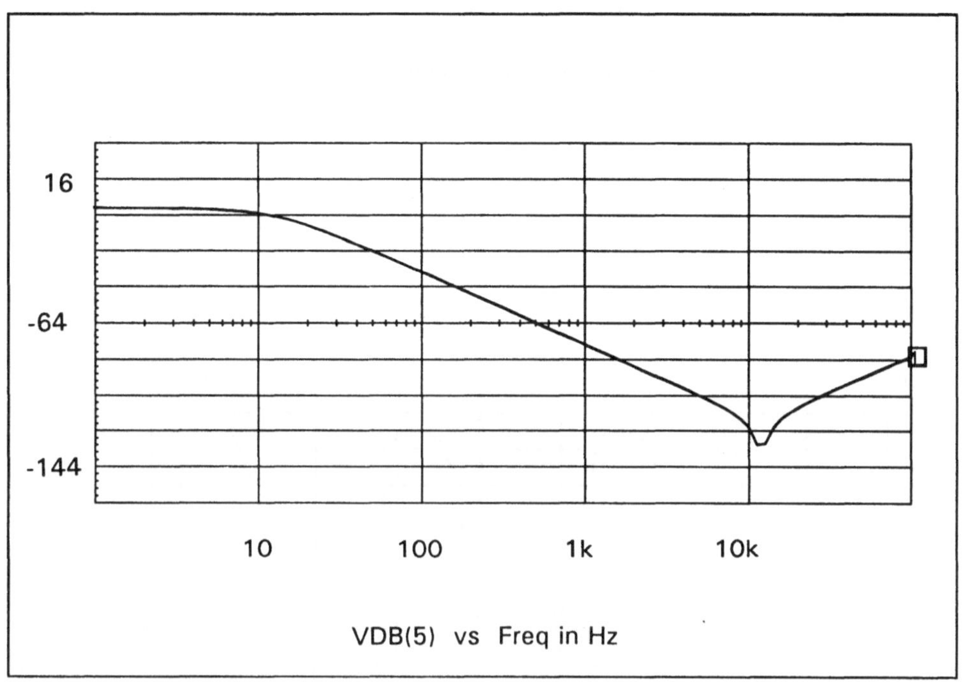

Bild 5.2.2: Amplitudenverlauf (dB) der Übertragungsfunktion zum Netzwerk
in Bild 5.2.1

Der Verlauf der Ausgangsspannung in Bild 5.2.3 wurde mit folgender Ergänzung
zur SPICE - Eingabedatei erzeugt:

```
VE 7 0 PULSE 0.1 0.2 0S 0 0 0.1 0.25
.TRAN 0.001S 1S
.PRINT TRAN V(5)
```

Aus Bild 5.2.3 ist zu entnehmen, daß die "Ecken" der rechteckförmigen Eingangs-
spannung durch die Wirkung des Filters abgerundet werden. Zur Erklärung dieses
Sachverhaltes überlegt man sich, daß die Rechteckspannung aus vielen einzelnen
Komponenten mit unterschiedlicher Frequenz besteht. Wenn nun durch den Tiefpaß

ein Teil der Komponenten mit einer Frequenz oberhalb der Grenzfrequenz gedämpft wird, so erhält man eine abgerundete Ausgangsspannung. Für die ursprüngliche Rechteckspannung müßten alle Frequenzen ungedämpft übertragen werden.

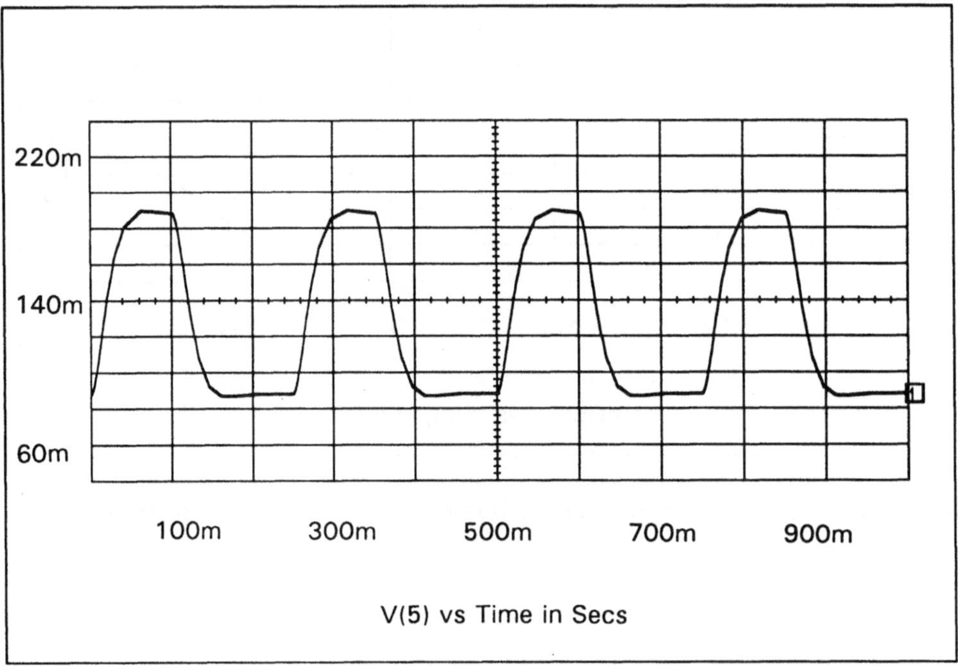

Bild 5.2.3: Ausgangsspannung bei rechteckförmiger Eingangsspannung VE

Ein ideales Tiefpaßfilter hat einen kontinuierlichen Amplitudenabfall. Betrachtet man jedoch Bild 5.2.2, so ist oberhalb einer Frequenz von ca. 10 KHz ein Amplitudenanstieg zu erkennen. Dieser Amplitudenanstieg ist auf den nichtidealen Operationsverstärker mit verschiedenen internen Kapazitäten (siehe Beschreibung des SUBCKT UA 741) zurückzuführen. Aus Bild 5.2.2 ist zu entnehmen, daß Eingangsspannungen mit einer Frequenz von 50 Hz gedämpft werden. Die Dämpfung beträgt jedoch nur 20 dB. In einigen praktischen Fällen wird diese Dämpfung nicht ausreichend sein. Eine höhere Dämpfung erhält man durch eine Hintereinanderschaltung mehrerer Filter. Schaltet man dem Filter 2. Ordnung in Bild 5.2.1 ein weiteres Filter 2. Ordnung nach, so erhält man die doppelte Dämpfung. Die Auswahl der frequenzbestimmenden Bauteile liefert jedoch andere Werte als bei dem vorgeschalteten Filter. Unter der Voraussetzung gleicher Kondensatoren $C1 = C2 = 200$ nF für den vorgeschalteten Filter (Bild 5.2.1) und ebenfalls gleicher Kondensatoren $C1^* = C2^* = 200$ nF für den nachgeschalteten Filter erhält man für den Widerstand $R1^*$ einen Wert von 40 KΩ und für den Widerstand $R2^*$ einen Wert von 60.16 KΩ . Der Widerstand $R4^*$ müßte ebenfalls angepaßt werden und ist abhängig vom Ausgangswiderstand der ersten Stufe (ca. 1 KΩ). Für $R4^*$ erhält man einen Wert von 99.16 KΩ .

Die obige Vorgehensweise bei der Auswahl der Bauelemente der einzelnen Filterstufen berücksichtigt, daß Kondensatoren mit genauen Werten schwierig zu beschaffen sind. Es werden daher aus einem Kollektiv von Kondensatoren gleiche Kondensatoren C ausgemessen und mit den folgenden Beziehungen die Werte für die Widerstände bestimmt:

$R1 = R1N / (C f_g)$, $R2 = R2N / (C f_g)$, $R4 = R1 + R2$ - Ausgangswiderstand der Quelle bzw. der vorhergenden Stufe. Die Grenzfrequenz f_g beträgt hier 10 Hz. Die Werte für R1N und R2N werden folgender Tabelle entnommen (Breyer, 1989):

Filterordnung	Filterstufe Nr.	R1N	R2N
2	1	0.0722	0.2167
4	1	0.0581	0.2132
	2	0.0800	0.1232

6 Literaturverzeichnis

Duyan, H.; Hahnloser, G.; Traeger D.:
PSpice
Eine Einführung
Teubner, Stuttgart, 1991

Meares, L.; Hymowitz, C. E.:
Simulating with SPICE
Intusoft, San Pedro,1988

Müller, K. H.:
Elektronische Schaltungen und Systeme
simulieren, analysieren, optimieren mit SPICE
Vogel, Würzburg, 1990

Justus, O.:
Dynamisches Verhalten elektrischer Maschinen
Eine Einführung in die numerische Modellierung mit PSpice
Vieweg, Wiesbaden, 1991

Haybatolah K.; Mayer A.; Oetinger R.:
Entwurf und Simulation von Halbleiterschaltungen
mit SPICE
Expert Verlag, Ehningen,1991

Nilsson, J.; W.:
Electric Circuits
Addison-Wesley,1990

Tuinenga, P.:
SPICE: A Guide to Circuit Simulation
and Analysis using PSpice
Prentice Hall, London, 1992

Tietze, U.; Schenk, C.:
Halbleiter-Schaltungstechnik
Springer, Berlin, 1991

Atwell, B.:
Schaltungstechnik für Vierfach-
Operationsverstärker
Elektronik, 1988, H. 20, S. 110-116

Breyer, P.:
Aktive Tiefpaßfilter - einfach zu bauen
Elektronik, 1989, H. 10, S. 64-68

Timmermann, C.:
Symbolische Schaltungsberechnung mit SSpice
Elektronik, 1993, H. 3, S. 62-65

Nielinger, H.:
OP - Makromodell für korrekte Simulation
des Gleichtaktverhaltens
Elektronik, 1989, H. 11, S. 88-92

Edel, H.:
Schaltnetzteil - Simulation
im Zustandsraum
Elektronik, 1991, H. 2, S. 48-52

Kile, M.:
Modellbau - Untersuchung des Zeitverhaltens
eines Temperatursensors an Hand eines Modells
Elrad, 1988, H. 7/8, S. 78-83

Wolfram, S.:
Mathematica
Addison-Wesley, 2nd ed., 1991

Brammer, K., Siffling, G.:
Stochastische Grundlagen des Kalman-Bucy-Filters
R. Oldenbourg Verlag, München, 1975

Schlittgen, R., Streitberg, B.:
Zeitreihenanalyse
R. Oldenbourg Verlag, München, 1987

Intusoft:
SPICENET USER´S GUIDE
Intusoft, San Pedro, USA, 1992

Intusoft:
INTUSCOPE USER´S GUIDE
Intusoft, San Pedro, USA, 1991

Intusoft:
PRESPICE USER´S GUIDE
Intusoft, San Pedro, USA, 1991

MicroSim Corp.:
THE DESIGN CENTER
Circuit Analysis - User´s Guide
MicroSim, Irvine, USA, 1992

MicroSim Corp.:
THE DESIGN CENTER
Schematic Capture - User´s Guide
MicroSim, Irvine, USA, 1992

MicroSim Corp.:
THE DESIGN CENTER
Circuit Analysis - Reference Manual
MicroSim, Irvine, USA, 1992

Unbehauen R.:
Systemtheorie
R. Oldenbourg, München, 1993

7 Stichwortverzeichnis

Duyan/Hahnloser/ Traeger
PSpice

Eine Einführung

PSpice ist eines der leistungsfähigsten
Programme zur Berechnung elektronischer
Schaltungen auf dem Personal Computer.
Von PSpice existieren leistungsfähige
Demoversionen, die frei kopiert werden
dürfen und in Industrie, an Hochschulen
und im Heimbereich weit verbreitet sind.
Dieses Buch stellt eine Einführung in
dieses leistungsfähige Programm dar.
Anhand leicht verständlicher Beispiele wird
der Leser in das Programm eingeführt und
lernt Schritt für Schritt auch komplizierte
Schaltungen mit PSpice einfach und
schnell zu berechnen und die Ergebnisse
als ansprechende Grafik ausdrucken zu
lassen.

Behandelt werden unter anderem:
Schaltplaneingabe, Frequenzverhalten und
Einschwingvorgänge elektronischer
Schaltkreise, Dämpfungsverläufe, PSpice
Control Shell Menüführung, besondere
Darstellungsmöglichkeiten der Grafik,
Vergleich mehrerer Schaltungen und
Zusammenfassen verschiedener Kurven zu
einer vergleichenden Grafik und vieles
mehr.

Der Leser, der gerade erst seine ersten
Gehversuche mit PSpice oder der Elektronik unternimmt, wird gleichsam an der
Hand genommen und systematisch in die
Elektronikberechnung am PC eingeführt,
was durch leicht verständliche und schnell
nachvollziehbare Beispiele unterstützt
wird.

Von Dipl.-Ing. (FH)
Harun Duyan
Sony Europa GmbH,
München
Dipl.-Ing. (FH)
Guido Hahnloser
Richard Hirschmann GmbH
& Co, Esslingen
und Dipl.-Ing. (FH)
Dirk H. Traeger
Toplan GmbH, Sindelfingen

2., vollständig
überarbeitete und
aktualisierte Auflage.
1992. XV, 235 Seiten
mit zahlreichen Bildern.
12,7 x 18,8 cm.
Kart. DM 23,80
ÖS 186,– / SFr 23,80
ISBN 3-519-10143-2

Teubner Studienskripten,
Band 143

Preisänderungen vorbehalten.

Demjenigen, der mit PSpice
bereits vertraut ist, gibt
dieses Buch wertvolle Hin-
weise, um seinen Berech-
nungen und Grafiken den
letzten Schliff zu geben und
stellt für die Praxis ein wichtiges Nachschlagewerk dar.

B. G. Teubner Stuttgart